"十三五"普通高等教育本科规划教材

U0168953

Pro/E Wildfire 5.0
三维建模及运动学仿真

主　编　周　龙

副主编　周甲伟　李　克

编　写　杜保国　刘　瑜　吕宝占

主　审　刘送永

中国电力出版社

CHINA ELECTRIC POWER PRESS

内 容 提 要

本书为"十三五"普通高等教育本科规划教材。本书以 Pro/ENGINEER Wildfire 5.0 软件为操作平台，较为系统地介绍了机械 CAD 技术和运动仿真的相关内容。本书共五章，主要包括概论、草绘模块、三维实体特征建模、零件装配和机构运动仿真。本书内容翔实，图文并茂，注重三维实体建模理念和机械工程应用的结合，通过详细地讲解实例所涉及的知识点和操作步骤，使读者真正掌握机械 CAD 技术及运动仿真的精髓。

本书可作为高等院校机械工程、车辆工程及相关专业本科生和研究生的教材，也可作为相关领域工程技术人员的参考用书及培训教材。

图书在版编目（CIP）数据

Pro/E Wildfire 5.0 三维建模及运动学仿真/周龙主编 . —北京：中国电力出版社，2020.6
"十三五"普通高等教育本科规划教材
ISBN 978-7-5198-3462-3

Ⅰ.①P… Ⅱ.①周… Ⅲ.①机械设计—计算机辅助设计—应用软件—高等学校—教材 Ⅳ.①TH122

中国版本图书馆 CIP 数据核字（2019）第 155716 号

出版发行：中国电力出版社
地　　址：北京市东城区北京站西街 19 号（邮政编码 100005）
网　　址：http://www.cepp.sgcc.com.cn
责任编辑：周巧玲
责任校对：黄　蓓　郝军燕
装帧设计：郝晓燕
责任印制：吴　迪

印　　刷：北京天宇星印刷厂
版　　次：2020 年 6 月第一版
印　　次：2020 年 6 月北京第一次印刷
开　　本：787 毫米×1092 毫米　16 开本
印　　张：16.25
字　　数：395 千字
定　　价：48.00 元

前　言

本书总码

　　计算机辅助设计（computer aided design，CAD）是借助计算机软硬件平台对产品进行总体设计、零部件设计、工程分析（如运动学、动力学、结构、传热、流动等）、信息输出、文档编制等的方法和技术，它是通过人-机交互的操作方式，将设计师的灵感通过计算机再现的一种全新的技术。现阶段，CAD 技术已成为机械产品开发设计的有效载体，相应地以CAD 技术为核心的产品开发体系业已成为评价企业核心技术和可持续发展的主要指标。而作为目前通用的 CAD/CAM/CAE 集成软件的 Pro/E（全称 Pro/ENGINEER），已广泛应用于产品的造型设计、机械设计、模具设计、加工制造、有限元分析、运动仿真等方面，是当今最为出色的三维建模及运动仿真软件之一。

　　本书以机械 CAD 模型为例，全面介绍了 CAD 技术、Pro/E 三维建模、零件装配及运动仿真的相关内容。本书理实并重，在将实践经验完美融入于基础理论的过程中，做到内容完整、层次清晰、案例典型和方法得当。全书贯穿体系统一、一题多解和纠错过程等特征，这一主线有助于读者循序渐进地掌握好的设计方法和软件操作经验。

　　本书具有以下特色：

　　（1）体系统一。以人们所熟知和感兴趣的机械产品为例，从二维草绘、三维建模、零件装配到运动仿真，都是采用同一套数据模型，这就使得整本书的体系统一，进而能让读者真真切切熟悉从二维草绘、三维建模、零件装配到运动仿真的整个脉络，并掌握各环节的相关细节，能切实体会到整套模型的数据流动过程，达到"知其然，也知其所以然"的终极目标，以提高其理论学习和软件操作的效率，使得其少走弯路。换句话说，整本书既具有数据的一致性，又具有行业的针对性，二者协调统一、相辅相成。

　　（2）一题多解。就三维建模而言，一题多解，顾名思义即一个模型的建模方法不是唯一的，可以由多种途径来建立。一题多解的引入，在让读者体会到"条条大路通罗马"真谛的同时，真正能起到启发和引导读者从不同角度和不同思路来思考问题，或运用不同的方法和策略来分析问题，进而建立三维模型，其最终目的就是在发散读者思维的同时，达到举一反三、触类旁通的效果，从而提高读者分析问题和解决问题的能力。

　　（3）典型问题和纠错过程。以典型问题和纠错过程作为本教材的特色，表面上看是改变传统教材只讲正确方式的写作模式，实则是给读者提供软件操作遇到问题时的正确解决方案。实际上，引入典型问题和纠错过程，不但能丰富读者软件操作的实践经验、减少错误操作的概率，而且能加深读者对相关基础理论和所设计内容的理解，从而达到事半功倍的效果。

　　本书共分五章。章节内容安排如下：第一章介绍机械 CAD 概述、CAD 建模技术基础、Pro/E 软件简介和 Pro/E 三维实体特征建模及运动仿真的一般过程；第二章介绍草绘模块，包括草绘模块介绍、草绘界面操作及草绘综合实例；第三章介绍三维实体特征建模，包括创建基准特征、创建基础实体特征、创建放置实体特征、特征操作、实体特征建模综合实例及一题多解；第四章介绍零件装配，包括装配设计概述、装配技术基础、零件装配综合实例、分解装配体和自顶向下设计；第五章介绍机构运动仿真，包括概述和机构运动仿真实例。全书体系一致，思路清晰，内容翔实，图文并茂。

本书由周龙任主编，周甲伟和李克任副主编。编写具体分工如下：河南理工大学吕宝占编写第一章；大连理工大学杜宝国编写第二章第一节；河南理工大学周龙编写第二章第二、三节和第五章；华北水利水电大学周甲伟编写第三章第一节；河南理工大学刘瑜编写第三章第二～六节，河南理工大学李克编写第四章。全书由周龙统稿和定稿。

本书由中国矿业大学刘送永教授主审，并对本书提出了宝贵的意见和建议。同时，河南理工大学薛铜龙和陈国强等老师对本书的编写工作提出了许多建议。在此一并表示感谢。

鉴于编者水平所限，书中难免存在不足或疏漏之处，敬请广大读者批评指正。

编　者

2020.1

目　　录

第一章 概 论

第一节 机械 CAD 概述

一、CAD 技术的概念

CAD 技术，即计算机辅助设计（computer aided design）技术是 20 世纪 60 年代初期随着计算机软硬件技术水平的提高而兴起的一种新型设计方法和技术。本质上，CAD 就是应用计算机软硬件技术来辅助人们进行诸如设计、绘图、建模、模拟、文档制作等的设计活动。就基础理论或技术原理而言，CAD 是一门涵盖计算机图形处理、几何拓扑、信息管理、数据交换、网络应用、文件处理、多媒体、接口开发、虚拟仿真、人工智能等跨学科原理构成的一个高度融合的理论体系；而就工程应用或现实实践而言，CAD 通过将产品的现实模型转化为能存储于计算机或其他相关媒介中的数字化模型，为产品及其后续结构、工艺、制造、管理等环节提供信息的共享载体，大大提高了产品设计和开发的效率。

CAD 技术以设计者为主体，由设计者对产品设计进行构思、分析、综合、仿真、评价、完善、决策、文档制作等创造性活动。这样，设计者的理解能力、创新能力、经验、形象思维和逻辑思维能力等就会与计算机的高速处理能力、图形图像显示程度、信息检索功能力相互结合，进而应用相关学科的基本原理和技术实现问题的求解、产品的设计及表述，以缩短产品的设计和开发周期，从而加快其更新换代的速度。当然，设计者要想成功高效地进行计算机辅助设计，必须合理利用 CAD 系统所提供的各种资源，包括工程图设计、实体模型建立、图形图像处理、数值模拟、结构优化、结果输出、数据交换、界面接口、产品检验所需的规范、原材料的工艺参数等。

任何设计都表现为一种过程，每个过程又可分解为若干设计活动。活动可分为串行的设计活动和并行的设计活动两类。目前除市场调研和可行性分析等设计活动外，大多数活动都可以通过 CAD 技术来实现。将能用 CAD 技术实现的各技术活动组合在一起就组成了 CAD 过程。计算机辅助设计的工作过程一般包括以下步骤：

（1）以相关的科学原理或专业理论为基础，以实现产品的功能设计。

（2）对产品结构（包括内、外结构）进行初步设计，并绘制相应的装配图。

（3）由装配图拆画零件图，并通过有限元模拟使零件的结构和尺寸等符合设计和使用要求。

（4）对零件的注塑（针对塑料制品）、锻压、冲压等过程进行模拟，进而提出零件设计的修改方案。

（5）在对产品进行运动学、动力学和其他相关功能模拟的基础上，评价、分析和优化产品的结构设计。

图 1-1 所示为机械产品开发流程图，从中可以看出 CAD 技术在机械产品开发过程中所处的位置和作用。图 1-1 的具体过程可简述如下：

（1）市场调研。通过市场调研，了解市场的需求信息和功能需求。

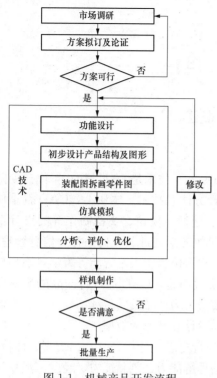

图 1-1　机械产品开发流程

（2）拟订和论证产品方案。假如方案可行性不符合要求，则重新进行市场调研及方案制订和论证，直到满足可行性要求为止。

（3）详细设计。首先运用 CAD 技术对产品功能、结构和图形进行设计，然后由装配图得到零件图，并进行仿真模拟，最后通过评价、分析及优化得到产品的结构设计。

（4）样机制作。通过样机制作，检验样机的结构和性能是否满足要求。如果不符合要求，则对样机重新进行 CAD 设计，直到满足要求为止。

（5）批量生产。当制作的样机满足结构和性能要求时，即可进行批量生产。

二、CAD 技术的特点

CAD 技术不仅是现代生产过程中不可或缺的技术手段，而且是评判企业设计能力和竞争力强弱的重要标志。这是因为 CAD 技术已成为企业提高产品质量、有效缩短产品开发和更新换代周期、降低生产成本的重要手段。

CAD 技术的特点主要表现如下：

（1）设计效率提高和设计成果的重复利用。设计人员利用 CAD 软件的人机交互界面进行操作来代替传统的手工劳作，不但能降低劳动强度、提高设计效率，而且能使图面整洁统一，一改传统手工图纸脏乱差的局面。另外，有效利用 CAD 软件携带的分类图库和通用详图，以及用户根据需要自定义的模块库，都会使设计成果得到重复利用。

（2）设计质量提高和易于修改。应用 CAD 软件提供的计算功能、仿真能力和优化技术，可以减少人为的计算误差，提高产品设计质量。此外，装配图和零件图以及二维和三维模型之间数据关联性的合理使用也可提高修改的效率。

（3）产品数据的标准化。可以将行业内相关企业或企业自身的设计、图纸和技术文档等标准化为数据库，不但有利于积累产品资源和继承知识财富，而且有利于数据的存储、转换和传输。

（4）以互联网为媒介进行产品的协同设计。借助互联网的互联互通功能，设计人员可以在不同地点、不同部门协同设计同一产品。

三、CAD 技术的产生及发展

CAD 技术的发展最早可追溯到 20 世纪 50 年代。麻省理工学院（MIT）研究人员于 1950 年在"旋风"计算机上做成的阴极射线管图形终端及后来出现的光笔，为 CAD 技术的发展奠定了理论和应用基础，此阶段被称为 CAD 技术发展的准备和酝酿时期。

进入 20 世纪 60 年代，交互式计算机图形学的发展有力地促进了 CAD 技术的发展，此阶段被公认为 CAD 技术的兴起和初步应用时期。1962 年，麻省理工学院的一名研究生在"人机对话图形通信系统"一文中提出了 Sketchpad 系统，该系统允许设计者在图形显示前操作光笔和键盘进行交互式图形设计与修改。而后，计算机图形学、交互技术、分层存储符号的数据结构等技术在 CAD 技术中的应用，促使 CAD 技术开始由理论研究转向工业应用。而通用汽车公司的 DAC-1 系统和洛克希德飞机公司的 CADAM 系统成为当时 CAD 技术两个最为典型的应用实例。但是，当时的 CAD 技术仍然受到计算机内存、运行速度和图形显示技术等方面的限制，而不能实现计算机辅助制造（computer aided manufacturing，CAM）和计算机辅助工程（computer aided engineering，CAE）的功能。

到了 20 世纪 70 年代，随着大规模集成电路在计算机上的应用及汽车和飞机制造业的发展，自由曲线、曲面生成算法及理论日渐成熟，尤其是图形处理关键技术的提高，使得此阶段成为 CAD 技术的广泛应用时期。以 CATIA 为代表的曲面造型软件和其他面向中小企业的所谓交钥匙系统（turnkey system）的出现，不仅能让零部件的相关信息在计算机中得以描述，而且也为 CAM 技术的发展奠定了现实基础。但是，此时的 CAD 系统不但不能计算模型的质量、重心和转动惯量等，而且各 CAD 系统的数据结构尚不统一，直接影响数据的传输和共享，从而阻碍了 CAE 技术的发展。

直到 20 世纪 80 年代，随着微机工作站和超级微型计算机的出现，PC（personal computer）机开始进入家庭，各 CAD 厂商纷纷将原来在大型机和小型机上的 CAD/CAM 系统向新的硬件平台移植或重新开发。这一阶段的实体造型理论开始形成并得到应用，数据结构也已被统一化，称之为 CAD 发展的突破性时期。不过，这一时期的三维实体建模系统仍存在集成化程度低、系统庞大和使用不便等弊端。

20 世纪 90 年代以来，随着计算机软硬件技术的发展及 PC 机在家庭的普及，以 PC 机为目标用户的 CAD 系统得到了广泛应用，这一阶段被称为开放化、标准化、智能化和集成化的发展时期。这一阶段 CAD 系统的特点如下：出现了很多新的与 CAD 技术相关的理论、方法和技术；大型商业软件一般都会采用参数化、变量化、逆向工程、超变量化、并行设计等新的建模技术，而且软件的集成性、智能性、网络性和可操作性都得到了很大改善。21 世纪以来，CAD/CAM 系统打破了原有 UNIX 操作系统的羁绊，在 Windows NT/XP/7/8 工作站与操作系统上得到了全面的拓展。

从上述 CAD 技术的发展历程来看，未来 CAD 技术有以下发展趋势：

（1）集成化。计算机集成制造系统（computer integrated manufacture system，CIMS），是指在信息技术、自动化技术和制造技术的基础上，将计算机辅助设计（CAD）、计算机辅助制造（CAM）、计算机辅助工程（CAE）和计算机辅助工艺过程设计（computer aided process planning，CAPP）各子系统集成起来的一种集成化和智能化制造系统。而为了提高 CIMS 系统的集成化水平，CAD 技术还需在数字化建模、数据交换、数据管理及完善系统内应用软件功能四个方面获得相应的发展。

（2）网络化。因互联网的发展和工作需要而兴起的网络协同模式给 CAD 技术提出了两方面要求：能够提供诸如电子会议、协同编辑、图形和文字的浏览与批注、共享电子白板以及异构计算机辅助设计和产品数据管理（product data management，PDM）的数据集成等功能的协同设计环境；能够提供诸如设计任务规划、设计冲突检测和网上虚拟装配等 CAD 应用服务。

（3）智能化。现有的 CAD 技术还只能完成机械设计中的计算、分析和绘图方面的数值型工作，而对设计中出现的方案拟订与选择、结构设计、评价、决策、参数选择等推理型工作尚无能为力。而这些工作的完成需要将人工智能技术、知识工程技术和 CAD 技术进行整合，这就对 CAD 系统提出了新的要求：发展并行设计、概念设计、创新设计、标准化设计、模块化设计、协同设计等设计理论与方法；研究有关设计知识的表示、建模、推理、发掘等基本理论与技术问题。

（4）标准化。随着 CAD 技术的发展及广泛应用，标准化问题的重要性越来越凸显，因为只有统一且协调的标准才能保证数据的无缝传输与共享。迄今为止，国际标准化组织已制定了不少标准，例如面向图形设备的标准 CGI，面向用户的图形标准 GKS 和 PHIGS，以及面向不同 CAD/CAM/CAE 软件的数据交换标准 IGES、STEP、窗口标准等。此外，在航空、航天、汽车等行业中，还针对具体的 CAD 软件制定了相应的行业标准。相信随着技术的进步和应用领域的拓展，一定还会不断出现新的标准。

（5）并行工程。随着 CAD 和 CIMS 技术的发展而提出的并行工程是一种并行地、集成地设计产品及其开发的过程。并行工程要求开发人员在产品设计初期就考虑质量、成本、进度和用户需求等与生命周期有关的所有要求，以使产品开发效率及一次成功率得到更大限度的提高。从本质上讲，并行工程就是用双向信息流的并行设计方法来代替单向信息流的串行设计方法。也就是说，并行设计模式下的每个成员一方面可通过 CAD 工作站完成自己的设计；另一方面可根据目标要求，利用相应的通信工具、公共数据库和知识库，与其他成员进行通信，以便根据其他成员的要求修改自己的设计，也可要求其他成员实现自己的要求。总之，并行工程就是通过协调机制并行协调地进行群体设计小组的各项设计。

（6）虚拟设计技术。虚拟设计技术是一种由多学科形成的综合系统技术，其本质是在产品设计阶段，以数值仿真为载体，实时地模拟产品开发全过程及对产品的影响，以预测产品的性能、制造成本、可制造性、可维护性、可拆卸性等，以便达到提高产品设计一次成功率的目的。虚拟设计技术应用的成功与否直接关系到产品开发周期的长短和制造成本的高低，如今通用公司、波音公司、奔驰公司、福特公司等在产品设计中都已广泛采用这一技术。随着 CAD 技术的发展和计算机软硬件水平的提高，虚拟设计技术必将在产品的概念设计、装配设计、人机工程学等方面发挥重要作用。

四、主流机械 CAD 软件简介

CAD 技术已经历了半个世纪左右的发展，尤其是进入 20 世纪 90 年代以来，三维 CAD 技术、具有自动划分网格功能的有限元分析技术和图形化 NC 编程技术得到了广泛的应用，涌现了一批功能强大的 CAD 软件，并推动了 CAD 技术和应用向纵深阶段发展。目前，全球已有很多商业化的 CAD 软件，它们具有各自的技术特点和优势，并在不同行业得到应用。下面将对主流机械 CAD 软件进行简单介绍。

1. Pro/E 软件

Pro/E 是美国参数技术公司（parametric technology corporation，PTC）的一款非常优秀的集 CAD/CAE/CAM 于一体的工业设计软件，于 1988 年问世。Pro/E 以参数化著称，是参数化技术的最早应用者，在目前的三维造型软件领域中占有重要的地位。Pro/E 是全方位的三维产品开发软件包，已广泛应用于汽车、船舶、电子、机械、航空航天、家电、玩具、模具、医疗器械等行业。

Pro/E 软件具有以下主要特点：

（1）基于特征建模。Pro/E 是一个基于特征的实体建模工具，以特征作为组成模型的基本单元，实体模型是通过特征完成设计的，即实体模型是特征的叠加。整个模型是通过多个建构区块的方式建立起来的。设计者只需根据每个加工过程，在模型上构建一个单独特征，也就是说，特征是最小的构建区块。

（2）参数化设计。Pro/E 为一参数化系统，即特征之间存在相互关系，使得某一特征的修改会同时牵动其他特征的变更，以满足设计者的要求。如果某一特征参考到其他特征时，特征之间就存在了父/子（parent/child）关系。

（3）全相关性。各功能模块之间是相互关联的，如改变某一个零件的工程图，系统将会自动地在装配图中的该零件和零件图上发生变化。

（4）在装配图中构建实体。根据已建好的实体模型，在装配模块中，以特征（平面、曲面或轴线）为基准，直接构建新的实体模型。这样建立的模型便于装配，在系统默认状态下，完成装配。

2．AutoCAD 软件

AutoCAD 是美国 Autodesk 公司开发的一个交互式绘图软件，是世界上最流行的绘图软件之一，它具有很强的二维绘图及三维设计功能，用户可以使用它来创建、浏览、管理、打印、输出和共享富含信息的设计图形，已广泛应用于机械、电子、测绘、建筑、航空航天、工艺美术和工程管理等领域。AutoCAD 软件是目前世界上应用最广的 CAD 软件，市场占有率位居世界第一。

AutoCAD 软件具有以下特点：

（1）具有完善的图形绘制功能。

（2）具有强大的图形编辑功能。

（3）可以采用多种方式进行二次开发或用户定制。

（4）可以进行多种图形格式的转换，具有较强的数据交换能力。

（5）支持多种硬件设备。

（6）支持多种操作平台。

（7）通用性强，易学易用，适用于各类用户。

除直接应用 AutoCAD 软件本身携带的各项功能外，用户还可以通过 AutoCAD 软件留有的接口、Autodesk 公司或其他软件开发商基于 AutoCAD 系统所开发的应用软件，将AutoCAD 软件改造为满足设计和开发需要的软件或工具。

3．SolidWorks 软件

SolidWorks 是世界上第一个基于 Windows 平台开发的三维 CAD 系统，能帮助设计师减少设计时间，增加准确性，提高设计的创新性，进而使产品快速、高效地推向市场。SolidWorks 公司是专业从事三维机械设计、工程分析和产品数据管理、软件开发和营销的跨国公司。第一套 SolidWorks 三维机械设计软件于 1995 年推出，至 2010 年已经有 300 家经销商在全球 140 个国家销售该产品。1997 年被法国达索（Dassault）公司收购，作为达索终端市场的主打产品。

SolidWorks 软件具有以下特点：

（1）用户界面友好，便于操作和管理。SolidWorks 提供了一整套完整的动态界面和鼠标拖放控制，减少了多余的对话框，避免界面凌乱；采用包含所有设计数据和参数的属性管理器来管理整个设计过程和步骤，操作简便，界面直观；采用类似于 Windows 资源管理器风格的文件管理系统，可以方便地管理 CAD 文件；具有标准件和标准特征模板，提供了数据共享的高效环境；采用 AutoCAD 模拟器，使得 AutoCAD 用户在原有绘图习惯的基础上，可方便地从二维设计向三维实体设计转变。

（2）配置管理。作为 SolidWorks 软件特点之一的配置管理，涉及零件设计、装配设计和工程图。配置管理使得用户能在一个 CAD 系统中，通过不同参数的变换和组合，派生出不同的零件或装配体。

（3）协同工作。SolidWorks 提供有能通过互联网进行协同工作的工具；通过 eDrawings 可以实现 CAD 文件的共享功能；可利用三维托管网站展示生动的实体模型；Web 目录功能能让用户将文件像存放在本地硬盘一样存放在互联网文件夹中；3D Meeting 能让不同设计人员在不同地点通过互联网实时协同工作。

（4）全相关性。SolidWorks 的零件模块、装配模块和工程图模块是数据全相关的，任何一处的修改都会引起其他各处的相应变化。

4. UG 软件

UG（Unigraphics NX）是美国 Siemens PLM Software 公司开发的一个产品设计系统，它为用户的产品设计及加工过程提供了数字化造型和验证手段。UG 软件是一个集 CAD/CAE/CAM 为一体的计算机辅助机械设计系统，适用于航空航天、汽车、船舶、通用机械、模具等的设计、分析和制造。

UG 软件具有以下特点：

（1）数据库统一化。UG 软件真正实现了 CAD/CAE/CAM 等系统各模块之间的无数据交换的自由切换，并可实施并行工程。

（2）建模技术复合化。UG 软件可将实体建模、曲面建模、线框建模、基于特征建模与参数化建模融为一体。

（3）模型建立特征化。用基于特征（如孔、凸台、型腔、槽沟、倒角等）的建模和编辑方法作为实体造型基础，形象直观，类似于工程师传统的设计方法，并能用参数驱动。

（4）曲面建模样条化。曲面设计采用非均匀有理 B 样条作基础，可用多种方法生成复杂的曲面，特别适合于汽车外形设计、汽轮机叶片设计等复杂曲面造型。

（5）良好的界面和二次开发接口。在对象操作时，具有自动推理功能，且大部分功能都可通过图标来实现；在每个操作步骤中，都有相应的提示信息，便于用户进行正确的选择。此外，UG 软件还提供了良好的二次开发工具 GRIP 和 UFUNC，并能通过高级语言接口，使 UG 软件的图形功能与高级语言的计算功能紧密结合起来。

5. CATIA 软件

CATIA（computer aided three-dimensional interface application）是法国达索公司与 IBM 公司一起开发的 CAD/CAE/CAM 软件系统。CATIA 软件的产品功能模块有三维设计、实体几何、高级曲面、绘图、影像设计、建库、数控铣削、机器人、有限元分析、接口模块、交互式图形接口、服务管理访问等。CATIA 软件是一个先进的自动化设计、制造及工程分析软件，主要用于飞机、汽车、航空航天、船舶、仪器仪表、建筑、电气管道、通信工程等方面。

CATIA 软件的主要特点如下：

（1）系统化的设计思想和解决方案。根据工业生产的工艺过程，提供从概念设计、风格设计、详细设计、工程分析、设备及系统工程、制造乃至应用软件开发等面向过程的设计思想和解决方案。

（2）高精度的曲线造型方法。采用 1～15 次 Bezier 曲线面和非均匀有理 B 样条计算方法。

（3）较强的曲面造型和加工编程功能。具有较强的三维复杂曲面造型和加工编程功能，适用于飞机、汽车等复杂机械产品外形几何设计和数控加工编程。

（4）统一的界面和多样化的接口。提供统一的用户界面数据管理，完全兼容的模块数据和应用程序接口。

第二节　CAD 建模技术基础

CAD 建模技术就是将物体及其属性转化为计算机内部数字化表达的原理和方法，是定义产品在计算机内部表示的数字模型、数字信息及图形信息的工具，是产品信息化的源头，它为产品设计、制造、装配、工程分析、生产过程管理等提供有关产品的信息描述与表达方法，是实现计算机辅助设计与制造的前提条件，也是实现 CAD/CAE/CAM 集成化的核心内容。

CAD 建模技术始于 20 世纪 60 年代中期，历经半个世纪左右的发展，主要由几何建模和产品建模两大部分组成。几何建模可分为线框建模、曲面建模和实体建模等；产品建模主要有参数化建模技术、基于特征建模技术和逆向工程技术。

一、几何建模技术

几何建模（modeling）就是以计算机能够理解的方式，对实物原型进行确切的定义，赋予一定的数学描述，再以一定数据结构形式对所定义的实物原型加以描述，从而在计算机内部构造一个实体的几何模型。通过这种方法定义、描述的几何实体必须是完整的、唯一的，而且能够从计算机内部的模型上提取该实体生成过程中的全部信息，或者能够通过系统的计算分析自动生成某些信息。而将实物原型在计算机中进行描述的方式就是几何建模技术。几何建模过程如图 1-2 所示，包含以下步骤：将实物原型抽象为想象中的模型；将想象中的模型格式化为符号或算法表示的形式，形成信息模型，该模型表示了物体的信息类型和逻辑关系；将信息模型利用一定的方式具体化为计算机内部的数字化存储模型。

在几何建模过程中，设计对象的几何形状可以由点、线、面、体等基础几何元素构成，选择不同类型的基础几何元素可以产生不同类型的几何模型。根据描述方法、存储的几何信息和拓扑信息的不同，

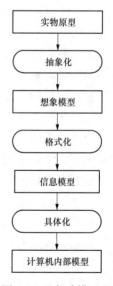

图 1-2　几何建模过程

传统的三维几何造型系统主要有线框建模、曲面建模和实体建模三种类型。

1. 线框建模

线框建模就是采用线框模型来描述三维形体的方法，也就是说用顶点和边线来表示形体的方法，更通俗一点就是用一个铁丝做一个骨架来表示一个形体的方法。线框建模利用基本线素来定义设计目标的棱线部分，构成立体框架图。用这种方法生成的三维模型是由一系列的直线、圆弧、点及自由曲面构成的，描述的是产品的外形轮廓，在计算机中生成三维映

像，还可以实现视图变换及空间尺寸的协调。线框建模的数据结构是网状结构，在计算机内部则存储为表结构。

线框建模具有以下特点：

（1）建模的描述方法所需信息量少，数据运算和结构简单，存储空间的占用也较小，对硬件的要求不高，容易掌握，处理时间较短。

（2）容易生成三视图，绘图处理容易，速度快。

（3）对于曲面模型，线框建模不太准确。例如对圆柱形状的准确表达，需要额外添加母线。

（4）当零件形状复杂时，易引起歧义性。这主要是由于线框模型没有构成面的信息，不存在内、外表面的区别，从而造成信息表达不完整的缘故。

（5）不能计算形体几何特性（如体积、面积、质量、重心、惯性矩等），不便于消除隐藏线，不能满足表示特性的组合和存储多坐标数控加工刀具的轨迹生成等方面的要求。

线框建模不适用于需要进行完整信息描述的场合。由于它有较好的响应速度，因而适合于仿真技术或中间结果的表示，例如运动结构的模拟、干涉检查、有限元网格划分后的显示等。另外，线框建模可以在建模过程中快速显示某些中间结果。

2. 曲面建模

曲面建模就是在线框建模的基础上，用空间曲面来表达物体的外形轮廓，用曲面集合来表示物体，而用环来定义曲面的边界。曲面建模广泛应用于飞机、汽车、船舶、汽轮机、家用电器、工业造型设计、医疗、地理、地貌描述等领域。因此，曲面建模是 CAD 建模和计算机图形学中最为活跃、最为关键的分支学科之一。

采用曲面建模时，首先要将复杂的物体外表面分解成若干个组成面，即基本面元素。基本面元素可以是平面、圆柱面、球面等二次曲面，也可以是样条曲面。然后要定义在计算机内部的数据结构。在计算机内部数据表示中，曲面建模仍可采用数据表结构，数据表中除了线框建模中的边线、顶点信息外，还要提供构造三维曲面模型组成各面元素的信息。相对于线框建模，曲面建模增加了模型的面与边线的拓扑关系描述，因此可以对模型进行表面光照明暗处理、消隐处理，形成具有真实感的视觉效果，并且还可以产生数控刀具路径数据，进行有限元网格划分，以为各种分析提供几何模型信息。但是，与实体建模相比，曲面建模缺少对"体"信息的描述，也没有记录体、面之间的拓扑关系，导致无法对物体的一些物理量进行计算。

曲面建模具有以下特点：

（1）增加了有关"面"的信息，扩大了线框建模的应用范围，可以提供更加完整、真实和严密的三维实体信息。

（2）能够比较完整地定义三维立体的表面，所能描述的零件范围广，特别是像汽车车身、飞机机翼等难以用简单数学模型表达的物体，均可采用曲面建模方法来构造相应的模型。

（3）可以为 CAD/CAE/CAM 中的其他场合提供数据，例如有限元分析中的网格划分，就可以直接利用曲面建模构造的模型；在数控自动编程中，可以直接利用曲面建模生成刀具路径等。

（4）由于曲面建模所描述的仅仅是实体的外表面，因此不能描述零件内部的信息，不能用于描述设计对象的表面积、体积、转动惯量、重心等几何特性。

（5）曲面建模也不能将某一物体作为一个整体去考查它与其他物体间的相互关系，例如是否相交等。这种不确定性同样会给物体的质量特性分析带来问题。

3. 实体建模

实体建模是在计算机内部，以实体形式描述现实世界中的物体，使 CAD 模型更完整、更清晰和更真实。这是因为实体建模不但描述了实体的全部几何信息，而且定义了所有点、线、面和体的拓扑信息。实体建模与曲面建模的本质差别在于：曲面建模所描述的面是孤立的面，没有方向，没有与其他面或体的关联；实体建模提供了面和体之间的拓扑关系。利用实体建模系统可对实体信息进行全面完整的描述，能够实现消隐、剖切、有限元分析、数控加工，以及对实体着色、光照及纹理处理、外形计算等操作。

通俗而言，实体建模就是以棱柱、棱锥、圆柱、圆锥、球体、圆环等为基本元素，通过集合运算（拼合或布尔运算），生成各种复杂几何形体的一种建模技术。从上面的定义可以看出，实体建模包括两方面的内容，即体素的定义与描述以及体素之间的布尔运算（并、差和交）。

（1）体素的定义与描述。体素的定义有基本体素描述和轮廓扫描体描述两种方式。基本体素描述就是用少量的参数描述最常用、最简单的三维几何体。CAD 中常用的基本体素有棱柱、棱锥、圆柱、圆锥、球体和圆环。基本体素定义时，除了需要定义体素的基本尺寸参数外，还要描述基本体素在空间的位置和方向等，同时基本体素基准点也要定义。例如，棱柱可用长、宽和高三个参数定义尺寸大小和形状，同时还要定义一个基准点和基准面（如用棱柱右下角作基准点，底面作基准面）。

轮廓扫描体描述是指由一个截面轮廓沿着某一空间路径扫描生成的体素。截面轮廓通常与二维线框系统紧密结合，通过草图等线框造型工具构建。扫描路径的形式可以有多种，最常见的有平移扫描和旋转扫描，也可以由空间曲线定义扫描路径。

（2）体素之间的布尔运算。两个或两个以上的体素通过求并、求交和求差集合运算得到实体的表示称为布尔运算模型。因此，这种体素集合运算也称为布尔运算。为了保证实体造型的可靠性和可操作性，要求参与布尔运算的形体是正则刚体。

正则刚体具有以下性质：

1）刚性。一个正则形体的形状与其位置和方向无关，始终保持不变。

2）维数的均匀性。正则形体的各部分均是三维的，不可有悬点、悬边和悬面。

3）有界性。一个正则形体必须占有一个有效的空间。

4）边界的确定性。根据一个正则形体的边界可区分出实体的内部和外部。

5）可运算性。一个正则形体经过任意序列的正则运算后，仍为正则形体。

一般情况下，由正则形体通过集合运算所生成的形体不一定仍然是正则的，因而早期的实体造型理论特别引入了正则运算的概念，相应的正则集合运算方式有正则并、正则交和正则差三种。

二、参数化建模技术

参数化建模（parametric modeling）作为一种设计方法，是指在模型的约束条件保持不变的前提下，以模型尺寸的改变作为源动力来驱动模型变化，进而获得新模型的建模技术。在进行参数化建模时，一方面通过约束模型的图元位置或相对位置来达到设计人员的意图，另一方面则依据模型尺寸数值的改变来生成新模型。通常把用参数化建模技术生成的模型称为参数化模型。因此，只需对模型上的尺寸数值进行修改，参数化模型就会变成一种全新的模型。

参数化建模一般采用以下流程：创建原始图形；确定尺寸驱动参数；由模型结构和相关专业理论确定图形参数与模型结构参数之间的关系；生成所需模型及相关文档。参数化建模的优势直接体现为模型修改的便利性和模型数据的可继承性。应用参数化建模技术后，设计人员就可以把主要的时间和精力应用于模型的功能、概念和总体的创造性设计上，进而提高产品设计和开发的效率。

参数化建模技术的主要特点如下：

（1）基于约束。参数化建模技术是基于约束的。约束是指利用一些法则或限制条件来规定实体元素之间的关系。

（2）尺寸驱动。参数化建模技术的实体或图形是基于尺寸驱动的。当通过约束推理确定需要修改某一尺寸参数时，系统自动检索出此尺寸对应的数据结构，找出相关参数计算的方程组并计算出参数，驱动几何形状改变。

（3）数据全相关。对形体某一模块尺寸参数的修改导致相关模块中的相应尺寸得以全盘更新。这彻底改变了自由建模的无约束状态，几何形状被尺寸控制，如打算修改零件形状时，只需编辑尺寸数值即可实现形状上的改变。

（4）基于特征。将某些具有代表性的几何形状定义为特征，并将其所有的尺寸存为可调参数，进而形成实体，以此为基础来实现更为复杂的几何形体的构造。

三、基于特征建模技术

基于特征建模（feature-based modeling）技术是 20 世纪 90 年代出现并广泛应用的技术，它有力地促进了三维建模的效率和模型编辑的灵活性，同时为后续 CAPP、CAM 技术的应用奠定了基础。现有 CAD 系统大多采用这种建模技术。一种几何结构相对简单的基本几何体称为特征，基于特征的建模将任何三维模型视为一系列特征的组合。这样，无论模型复杂与否，都可以通过一定数量的特征按照特定的方式组合而成。

基于特征建模技术的优点如下：

（1）建模过程与产品的实际加工过程类似，步骤清晰，各步操作明确。因此，建模过程十分方便和高效。

（2）三维模型建立后，系统将详细记录模型的生成过程以及每步操作中的特征类型和参数，即每个模型都有一个完整的特征历程树。基于该特征历程树，用户可以选择其中任意特征，并对选中特征的定义、几何参数、位置参数及各种特性进行修改，然后更新特征历程树，便可以得到新的三维模型。

基于特征建模技术涉及以下两个重要概念：

（1）特征。具有一定形状的几何体，是构成复杂模型的基本几何单元。CAD 系统会提供一定类型的特征供用户直接调用，用户也可根据需要自定义特征。其中，应用最为广泛的基础特征当属二维草图。

（2）组合。特征的累积方式。常见组合方式有并、差和交布尔运算，其中应用最多的是并和差组合。由于草图是一种特征，因此，由二维截面草图形成三维模型的扫描（可以看作由旋转和拉伸组合而成）也可视为一种组合方式。

在基于特征建模技术中，零件被看作各种特征的集合，因此零件的建模过程就是特征不断生成的过程。基于特征建模技术一般包含以下步骤：

（1）规划零件。分析零件的特征组成和零件特征之间的相互关系，理清特征的构造顺序和构造方法。

（2）创建基本特征。在创建零件基本特征的基础上，根据零件规划结果依次添加其他相关特征。

（3）编辑修改特征。在特征造型中的任何时候都可以修改特征，包括特征的形状、尺寸和位置，或是特征从属关系的修改，必要时可对已建好的特征进行删除操作。

四、逆向工程技术

逆向工程（reverse engineering，RE）又称为反求工程或反向工程。广义的逆向工程包括形状（几何）反求、工艺反求、材料反求等，是一个复杂的系统工程。目前，有关逆向工程的研究主要集中在形状反求方面。所谓形状反求的逆向工程是指用一定的测量手段对实物或模型进行测量，根据测量数据采用三维几何建模方法重构实物的 CAD 模型的过程；是一个从样品生成产品数字化信息模型，并在此基础上进行产品设计开发及加工制造的全过程。作为一种逆向思维的工作方式，逆向工程技术与传统的产品正向设计方法不同。它是根据已存在的产品或零件原型来构造产品的工程设计模型或概念模型，在此基础上对已有产品进行解剖、深化和再制造，是对已有设计的再设计。逆向工程不是简单地把原有物体还原，而是在还原的基础上进行二次创新。因此，逆向工程是一个认识原型—再现原型—超越原型的过程。图1-3 给出了逆向工程的具体流程。

逆向工程可分为数据获取、数据预处理、数据分块与曲面重构、CAD 模型重构和快速原型五大关键技术。

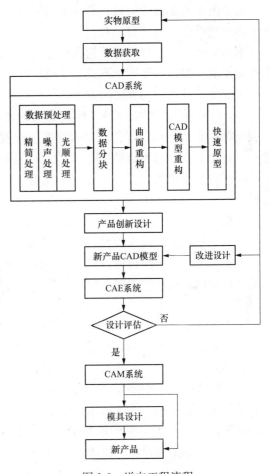

图 1-3　逆向工程流程

（1）数据获取。数据获取是逆向工程 CAD 建模的首要环节。根据测量方式不同，数据采集方法可分为接触式和非接触式测量两大类。接触式测量通过传感探头与样件的接触而记录样件表面点的坐标位置；非接触式测量主要是基于光学、声学、磁学等领域中的基本原理，将一定的物理模拟量通过适当的算法转换为样件表面的坐标点。

（2）数据预处理。数据预处理是逆向工程 CAD 建模的关键环节，它的结果将直接影响后期模型重构的质量。此过程一般包括多视拼合、噪声处理与数据精简等多方面的工作。多视拼合的任务是将多次装夹获得的测量数据融合到统一坐标系中，也可称为坐标归一或坐标统一。目前，多视拼合主要有点位法、固定球法和平面法等。由于实际测量过程中受到各种人为和随机因素的影响，所得数据不连续或出现数据噪声。为了降低或消除噪声对后续建模质量的影响，有必要对测量点云进行平滑滤波。数据平滑通常采用高斯、平均或中值滤波等方法来完成。对于高密度点云，由于存在大量的冗余数据，有时需要按一定要求减少测量点的数量。一般而言，精简方式的选择与点云的类型有关：散乱点云通常采用随机采样法来精简；扫描线点云和多边形点云则采用等间距缩减、倍率缩减、等量缩减、弦偏差等方法进行数据缩减；网格化点云一般采用等分布密度和最小包围区域法来精简。

（3）数据分块与曲面重构。在逆向工程中，产品表面往往无法由一张曲面进行完整描述，而是由多张曲面片组成，必须将测量数据分割成隶属于不同曲面片的数据子集，进而对各子集分别构造曲面模型。数据分块大体可分为基于边、基于面和基于边、面的数据分块混合技术。曲面重构的目的是要构造出能满足精度和光顺性的要求，并与相邻的曲面光滑拼接的曲面模型。根据曲面拓扑形式的不同，可以将曲面重构的方法分为基于矩形域曲面的方法和基于三角形域曲面的方法两大类。

（4）CAD 模型重构。CAD 模型重构的实质就是用完整一致的边界来表示 CAD 模型，即用完整的面、边和点信息来表示模型的位置和形状。由于重构的曲面之间可能存在着裂缝，或者缺少曲面边界信息等因素，这就使得表示产品模型的几何信息和拓扑信息不完整。因此，有时要使用诸如延伸、求交、裁剪、缝合等其他手段来建立模型完整的面、边和点信息。

就重构出来的 CAD 模型的检验与修正而言，主要包括精度和模型曲面品质的检验与修正等方面。精度反映反求模型与产品实物差距的大小。其评价指标分为整体指标、局部指标、量化指标和非量化指标。模型与实物的对比问题可以转换为计算点到曲面距离的问题，其精度指标可直接转换为距离指标。精度评价是逆向工程的一项重要内容，产品性能达不到原设计要求，其中重构模型不能准确还原原型是主要原因之一。目前精度评价仍无标准，对反求模型的精度评价主要依靠一些能具体量化的指标，并通过最终产品的实际应用效果加以检验。在曲面品质评价时，可采用控制顶点、曲率梳、斑马线、反射线、等照度线、高光线、高斯曲率等方法，对曲面的内部品质和曲面拼接连续性精度进行评价。

（5）快速原型。快速原型一般也被认定为逆向工程的一个必要环节。在逆向工程中，快速原型机或者数控加工机床可用来快速制作实物，能实现原型的放大、缩小、修改等功能。通过对制得的原型产品进行快速、准确的测量，用来验证零件与原设计中的不足，可形成一个包括设计、制造和检测的快速设计制造的闭环反馈系统，以提高产品设计的完善程度。

第三节　Pro/E 软件简介

一、Pro/E 的核心建模理念

任何一个 Pro/E 三维实体模型的建立，都是首先从创建基础实体特征开始的，而基础实体特征作为 Pro/E 中最重要和最基本的特征，其创建方法非常灵活，在造型时应该根据实际情况进行合理选择。

基础实体特征的创建一般在 Pro/E 系统的零件模块下进行。零件模块是 Pro/E 的核心模块。Pro/E 系统根据用户创建特征的具体情况而显示相应的特征操控板，在系统提供的操控板中，用户可以完成特征创建的绝大部分操作，从而大幅度提高产品的设计效率。

Pro/E 系统的三维实体建模一般都是从二维草绘开始，绘制出二维草绘截面几何后，通过对草绘截面的不同操作来生成三维实体。例如，将草绘截面沿法向拉伸一段距离即可生成拉伸实体特征，将草绘截面沿指定曲线做扫描运动则可以生成扫描实体特征，将草绘截面沿指定的中心轴线旋转则可以生成旋转实体特征，将若干草绘截面按照一定的方式依次连接则可以生成混合实体特征。因此，按照对二维草绘截面的不同操作方式，Pro/E 创建三维实体特征的方法主要有拉伸实体特征、旋转实体特征、扫描实体特征、混合实体特征等。

Pro/E 系统可以在零件上创建多种特征，包括实体特征、曲面特征、其他种类的具体应用特征等。Pro/E 零件建模的实质是创建实体特征和一些用户自定义特征。其中，有些特征可以通过添加材料的方式创建，有些特征则可以通过去除材料的方式创建。

在 Pro/E 系统中，添加材料的最基本方式是通过伸出项来进行，而去除材料的最基本方式是通过切口来进行。通常将通过去除材料的方式创建的特征简称为剪切特征。

综上所述，Pro/E 系统的三维实体建模与二维截面草绘密切相关。无论是创建实体特征还是曲面特征，都需要首先绘制好二维截面草绘，然后通过对草绘截面的拉伸、旋转、扫描及混合等特征操作来生成所需要的特征。因此，二维截面草绘是 Pro/E 软件三维实体建模及曲面建模的关键。

另外，对于复杂的三维实体模型，一般可通过点、线、面和体的顺序来建模，即先建立一些关键点，然后由点创建线，再由线生成曲面，最后由曲面得到符合设计要求的实体模型。当然，对于比较简单的实体模型，可以直接由草绘截面通过拉伸、旋转、扫描、混合等特征操作来完成建模。

总之，绝大多数的三维实体造型都可以通过对二维草绘截面的特征操作来完成。在由二维草绘截面建模无能为力或生成比较困难的情况下，可以依据点、线、面和体的顺序来完成三维模型的建立。

二、Pro/E 的主要功能模块

Pro/E 是一个大型软件包，包括多个功能模块，每一个模块都有自己独立的功能。设计人员可以根据需要来调用其中的某一个模块进行设计，不同的功能模块创建的文件具有不同的文件扩展名。另外，对于有更高要求的用户，还可以调用系统的附加模块或者使用软件留有的接口进行二次开发工作。

Pro/E 软件的主要功能模块如下：

1. 草绘模块

草绘模块用于绘制和编辑二维截面草图。绝大部分的三维模型都是通过对二维草绘截面的一系列操作而得到的。所以二维截面草图绘制在整个三维实体建模的过程中具有非常重要的作用，是使用零件模块进行三维建模的重要步骤。

在使用零件模块建立三维实体特征时，在需要进行二维截面草图绘制时，系统会自动切换到草绘模块。另外，在零件模块中绘制二维截面草图时，也可以直接读取在草绘模块下绘制并存储的文件。

2. 零件模块

零件模块用于创建和编辑三维实体模型。在大多数情况下，创建三维实体模型是使用Pro/E 软件进行产品设计和开发的主要目的，因此零件模块也是参数化实体造型最基本和最核心的模块。

利用 Pro/E 软件建立三维实体模型的过程，实质上就是利用零件模块依次创建各种类型特征的过程。这些特征可以各自独立，也可以相互之间存在一定的参照关系，例如各特征之间存在父子关系等。在产品的设计过程中，特征之间的相互关系不可避免，在操作中要尽量减少特征之间复杂的参照关系，这样可以方便地对某一特征进行独立的编辑和修改，而不会发生意想不到的设计错误。

3. 装配模块

装配就是将多个零件按照实际的空间位置关系组装成一个部件或完整产品的过程。装配模块是一个参数化组装管理系统，能根据用户自定义方式装配零件及可自动地更换零件。当然用户也可以根据需要添加新零件或对已有零件进行编辑和修改。

使用 Pro/E 软件装配模块进行产品组装是一项轻松的工作。在装配过程中，按照装配要求，用户不但可以临时修改零件的尺寸参数，而且可以使用爆炸图来直观地显示已组装零件相互间的位置关系。

4. 曲面模块

曲面模块用于创建各种类型的曲面特征。使用曲面模块创建曲面特征的基本方法和步骤与使用零件模块创建三维实体特征非常类似。曲面特征虽然不具有厚度、质量、密度、体积等物理属性，但是通过对曲面特征进行适当的操作就可以非常方便地使用曲面来围成实体特征的表面，还可以进一步把由曲面围成的模型转化为实体模型。

曲面造型功能在创建形状特别复杂的零件时具有举足轻重的地位。

5. 工程图模块

使用零件模块和曲面模块创建三维模型后，就要在生产第一线将三维模型转化为产品。这时，设计人员将零件的二维工程图送到加工现场，用于指导加工生产。

Pro/E 软件可以通过工程图模块直接由三维实体模型生成二维工程图。系统提供的二维工程图包括一般视图（主视图、俯视图和左视图）、剖视图、局部视图、断面图和局部放大图等。用户可以根据零件的表达需要灵活选取所需的视图类型。

使用 Pro/E 软件由三维模型生成二维工程图非常方便，设计人员只需对系统自动生成的视图进行简单的修改或标注就可以完成工程图的绘制。由于 Pro/E 是尺寸驱动的 CAD 系统，在整个设计过程的任何一处发生改动，也可以前后反映在整个设计过程的相关环节上。例如，一旦实体模型或者工程图两者之一有任何改变，改变的结果也完全反映在另一个之中。

6. 机构运动仿真模块

利用 Pro/E 的机构运动仿真功能（Pro/Mechanica）不仅可以使原来在二维图纸上难以表达和设计的运动变得非常直观和易于修改，并且可以最大限度地简化机构的设计与开发过程，提高产品质量。用户通过对机构添加运动副、驱动器使其运动起来，以实现机构的运动模拟。此外，运用机构运动仿真模块中的后处理功能可以查看机构的运动状况，并可实现机构的运动轨迹、位移、速度、加速度和运动干涉情况分析。

三、Pro/E Wildfire 5.0 中文版的工作界面

用户一般可通过以下三种方式来启动 Pro/E Wildfire 5.0 中文版的工作界面：双击 Pro/E 桌面快捷方式图标🖥；单击快速启动栏 Pro/E 快捷方式图标🖥；使用开始菜单方式，如在 Windows 系统中，打开【开始】菜单，然后从【程序】子菜单中选择【PTC】/【Pro EN-

GINEER】程序组，最后从中选择【Pro ENGINEER】命令即可。

　　另外，用户还可以通过双击有效格式的 Pro/ENGINEER 文件，或者双击 Pro/E Wildfire 5.0 中文版安装目录下的"bin"文件夹下的"proe"图标▣来启动该软件。

　　Pro/E Wildfire 5.0 中文版启动后的初始工作界面如图 1-4 所示，它主要由标题栏、菜单栏、工具栏、状态栏区、导航区、浏览器、设计绘图区和过滤器构成。当新建或者打开一个零件模型文件时，浏览器窗口可由显示模型的图形窗口替代。当然，用户可以根据需要来设置浏览器窗口和图形窗口同时显示在当前工作界面中。

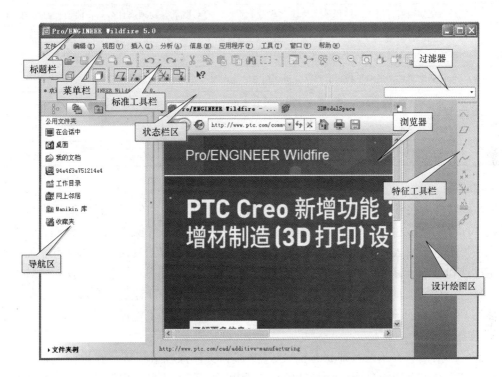

图 1-4　Pro/E Wildfire 5.0 初始工作界面

下面介绍 Pro/E Wildfire 5.0 工作界面的主要组成部分。

1. 标题栏

标题栏位于 Pro/E Wildfire 5.0 工作界面的最顶部，显示软件的名称和相应的图标。在标题栏右上角，还提供了【最小化】按钮▬、【向下还原/最大化】按钮▣/▣和【关闭】按钮▨。

当新建或打开模型文件时，在标题栏中还显示该文件的名称。如果该文件处于当前活动状态，则在该文件名后面显示有"活动的"字样。

2. 菜单栏

菜单栏位于标题栏的下方。Pro/E 将大部分的系统命令集成到菜单栏中，为用户提供基本的窗口操作命令与建模处理功能。菜单栏的命令选项说明见表 1-1。

注意：在不同的设计模式下，菜单栏中显示的主菜单选项可能会有所不同；在菜单栏的相关菜单中，不适用于活动窗口的命令将不可见或者不可用，通常以灰色显示。

表 1-1 菜单栏的命令选项说明

名称	说　　明
文件	对文件进行新建、打开、保存、另存为、拭除、打印、发送、导入、导出等操作
编辑	镜像、复制、投影、阵列、修剪、设计变更、删除、动态修改等操作
视图	模型显示设置与视角控制，如系统颜色、光照、材质等设置
插入	进行拉伸、旋转、扫描、混合、基准建立等特征操作
分析	进行诸如距离、面积、体积等几何属性测量，质量、转动惯量等物理属性分析，曲面、曲线的属性分析等
信息	实体模型的各种相关信息
应用程序	包括运动仿真、逆向工程、有限元分析、加工后处理和会议等不同模块
工具	包含关系、参数、程序、族表、绘图环境及其他功能
窗口	对模型窗口进行管理
帮助	提供在线帮助功能

3. 工具栏

Pro/E 软件有两种工具栏：位于菜单栏下方的标准工具栏和位于设计绘图区右侧的特征工具栏。标准工具栏包括：用于文件新建、打开、保存、打印等操作的文件管理工具栏；用于对模型视图进行放大、缩小、定位、刷新等操作的视图管理工具栏；用于基准平面、基准轴、基准点和基准坐标系的显示与否的基准显示工具栏；以及用于控制模型显示方式的模型显示工具栏。特征工具栏又称快捷工具栏，它集成了大部分特征建立命令，这样不但方便用户的使用，同时减少了用户移动鼠标的频率和次数，大大提高了建模的效率。

4. 状态栏区

状态栏区由信息提示区（即状态栏）、过滤器和特征操控板组成。在操作过程中，相关的信息会显示在信息提示区中，如特征常见步骤提示、警告信息、出错信息、结果和数值输入信息等。信息提示区默认显示最后几次信息，可用右侧滚动条查看以前的提示信息，也可直接拖动来调整显示的行列数。系统根据不同的情况以特定的图标显示不同的信息。

当面对众多特征的复杂设计模型时，常常发生无法顺利选取目标对象的情况，这时可以通过设置过滤器来选择需要的对象类型（如特征、几何和曲线等），选中以后就可以在鼠标点选时过滤掉不是此类型的特征对象。

特征操控板用于直观地引导用户进行整个建模过程，与特征工具栏配合使用，可以轻松地控制特征的生成和修改。特征操控板是 Pro/E 软件中命令的载体，许多复杂的命令，如操作对象的选取、多个参数及多种控制选项的设定都可以在特征操控板内进行。

特征操控板一般由消息提示区、主设定区、上滑面板区和控制区四部分组成。消息提示区用于确认用户的操作，并指导用户完成建模操作；主设定区中列出命令操作过程中的主要步骤；上滑面板区由辅助性的菜单组成，各菜单的弹出与否通过单击相应的菜单标签来操作，上滑面板的菜单和面板元素因建模环境的不同而不同；控制区中可以预览操作结果的状况，确认和取消当前的操作等。图 1-5 所示为拉伸特征操控板。

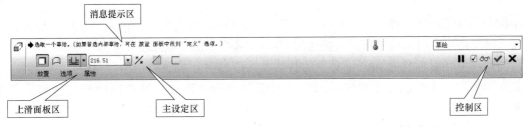

图 1-5 拉伸特征操控板

5. 导航区

导航区包括【模型树/层数】、【文件夹浏览器】和【收藏夹】三个选项卡，如图 1-6 所示。导航区选项卡的功能见表 1-2。

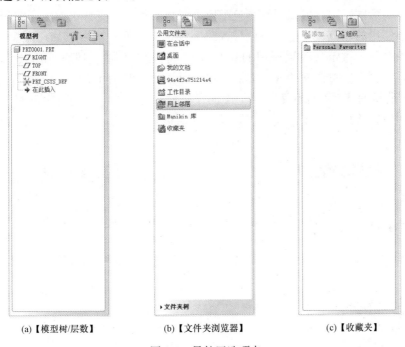

(a)【模型树/层数】　　　　(b)【文件夹浏览器】　　　　(c)【收藏夹】

图 1-6 导航区选项卡

表 1-2	导航区选项卡的功能
选项卡	功能用途及说明
模型树/层数	模型树以树状结构形式显示模型的层次关系；当选中层命令时，该选项卡可显示层数结构。利用该选项卡来管理模型特征很直观和便捷
文件夹浏览器	该选项卡类似于 Windows 资源管理器，可以浏览文件系统及计算机上可供访问的其他位置。当访问某个文件夹时，该文件夹的内容会显示在 Pro/E 浏览器中
收藏夹	可以添加收藏夹和管理收藏夹，主要用于有效组织和管理个人资料

6. 设计绘图区

设计绘图区是完成二维和三维模型的显示和处理等重要工作的区域。二维草图绘制、零件模型的建立、装配设计和运动仿真等工作都离不开设计绘图区。

7. 浏览器

Pro/E 内嵌的浏览器支持 HTTP 和 FTP 文件访问，可为用户访问及共享网络资源提供方便。用户还可通过浏览器窗口直接访问 PTC 主页提供的一些帮助信息和范例。

当通过 Pro/E 软件查询制订对象的具体属性信息时，系统将调出浏览器。浏览器可以覆盖图形窗口，也可以与图形窗口同时显示在界面中（通过巧妙地拖动相关的边界条来实现）。

四、Pro/E 操作基础

1. 系统颜色设置

利用 Pro/E 软件提供的默认的系统颜色，可以轻松地标识模型几何、基准和其他重要的显示元素。

选择【视图】/【显示设置】/【系统颜色】命令，弹出如图 1-7 所示的【系统颜色】对话框。利用该对话框，用户可以保存颜色配置以便再次使用，打开以前使用的颜色配置，定制用户界面中使用的颜色，将全部颜色配置改为预定义的颜色配置（如白底黑色），改变顶部或底部背景颜色，重定义模型所用的基本颜色，指定几何或基准图元所使用的颜色。其中，通过【系统颜色】对话框的【文件】菜单，可以打开现有的颜色配置或保存当前配置；通过如图 1-8 所示的【系统颜色】对话框中的【布置】菜单，可以更改颜色配置，这些颜色配置包括【初始】、【缺省】、【白底黑色】、【黑底白色】、【绿底白色】和【使用 Pre-Wildfire 方案】等。

图 1-7 【系统颜色】对话框

图 1-8 【系统颜色】对话框的【布置】菜单

颜色配置选项的一些功能如下：

【初始】：将颜色配置重置为配置文件设置所定义的颜色。

【缺省】：将颜色配置重置为 Pro/E Wildfire 默认配置（背景的灰度级由浅到深）。

【白底黑色】：在白色背景上显示黑色图元。

【黑底白色】：在黑色背景上显示白色图元。

【绿底白色】：在深绿色背景上显示白色图元。

【使用 Pre-Wildfire 方案】：将颜色配置重置为 Pro/E 2001 版本（蓝黑色背景）。

2．界面定制

为了使界面简洁明了，用户可以根据个人、组织或公司需要定制 Pro/E 界面，以便将常用的工具栏和工具栏按钮显示在界面上，以及消息区位置的更改等。一般可以通过下列方式来设置工作界面。

在菜单栏中选择【工具】/【定制屏幕】命令，或在工具栏区域单击鼠标右键，在打开的右键快捷菜单中选择【命令】命令，系统打开如图 1-9 所示的【定制】对话框。在该对话框中可以定制菜单栏和工具栏。默认情况下，所有命令都将显示在【定制】对话框中。

勾选【定制】对话框中的【自动保存到】复选框，可以保存当前设置，所有设置都将保存在 "config. win" 文件中；如果取消对【自动保存到】复选框的勾选，则定制的结果只应用于当前的进程中。该对话框有 2 个菜单和 5 个选项卡，分别介绍如下：

（1）文件菜单。在【文件】菜单下有两个命令，一个是【打开设置】命令，通过该命令可以打开如图 1-10 所示的【打开】对话框，在该对话框中可以打开已经存在的 "config. win" 文件，通过载入和编辑该文件，即可实现对窗口感观的设置。

图 1-9　【定制】对话框

图 1-10　【打开】对话框

【文件】菜单下的另一个命令【保存设置】可以将当前定制屏幕的配置文件保存起来，以便下次启动时应用，如图 1-11 所示。保存时可以选择路径，也可以为配置文件重新起名。

（2）视图菜单。在【视图】菜单中有【仅显示模式命令】命令，该命令可控制【命令】选项卡中命令的显示。选择该命令，则在【命令】选项卡中只显示模式命令；否则将显示所有命令。

（3）【工具栏】选项卡。单击【定制】对话框中的【工具栏】选项卡，弹出如图 1-12 所示的对话框。利用该选项卡可以定制相应的工具栏是否显示，以及显示在屏幕中的具体位置。如果清除某工具栏名称前的复选框，则该工具栏将不在屏幕中显示。在每个工具栏名称的右侧具有一个下拉列表框，里面提供了相关选项来定制工具栏位于图形窗口的顶部、左侧或右侧。

图 1-11 【保存窗口配置设置】对话框

（4）【命令】选项卡。单击【定制】工具栏中的【命令】选项卡，弹出如图 1-9 所示的对话框。要添加某一个菜单项或按钮，可将其从【命令】列表框拖动到菜单栏或工具栏中。要移除某一个菜单项或按钮，从菜单栏或工具栏中将其拖出即可。

（5）【导航选项卡】选项卡。利用如图 1-13 所示的【导航选项卡】选项卡，可以设置导航选项卡和模型树的放置及尺寸，并可设置在默认情况下显示【历史记录】。在该选项卡的【模型树设置】选项组中，可以从【放置】列表框中选择【作为导航选项卡一部分】选项、【图形区域上方】选项或【图形区域下方】选项，单击【应用设置】按钮可将当前设置应用到模型树。

图 1-12 【工具栏】选项卡

图 1-13 【导航选项卡】选项卡

（6）【浏览器】选项卡。利用如图 1-14 所示的【浏览器】选项卡，可以设置浏览器初始窗口的宽度。另外，该选项卡还包括【在打开或关闭时进行动画演示】和【缺省情况下，加载 Pro/ENGINEER 时展开浏览器】复选框，用户可以根据需要自行选择。

（7）【选项】选项卡。利用如图 1-15 所示的【选项】选项卡，可以设置次级窗口的尺寸和菜单显示。例如，次级窗口可以以缺省尺寸打开，也可以采用最大化打开。

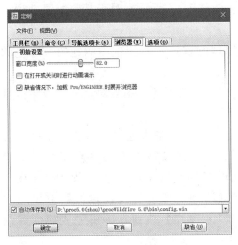 

图 1-14 【浏览器】选项卡　　　　　　　　图 1-15 【选项】选项卡

3. 绘图环境设置

在使用 Pro/E 软件时，经常需要对软件的绘图环境进行设置，例如测量单位和操作参数的精度等。绘图环境设置可以通过选择【工具】/【选项】命令进行。

在【工具】菜单中选择【选项】命令，打开如图 1-16 所示的【选项】对话框。通过该对话框输入 "config.pro" 配置文件选项及其值，可以定制配置 Pro/E 的绘图环境。其中，"config.pro" 是最主要的系统配置文件，它具有大量的配置选项，主要用来设置诸如系统颜色、单位、尺寸显示方式、界面语言和零件搜索路径等。另外，

图 1-16 【选项】对话框

"config.pro" 的每一选项包含的基本信息有配置选项名称、缺省和可用的变量或值、描述配置选项的说明和注释。

从图 1-16 所示【选项】对话框的【显示】下拉列表框中选择【当前会话】，并清除【仅显示从文件加载的选项】复选框后，【当前会话】下的列表框中按字母顺序排列显示所有配置选项，用户也可以从【排序】下拉列表框中选择【按类别】选项来排序所有配置选项。

由于 "config.pro" 配置选项众多，本书不对各选项进行介绍，读者可在今后的设计练习或工作中多加留意和积累。下面以配置选项 "pro_unit_length" 的值设置为 "cm" 为例，说明如何设置 Pro/E 的基本配置选项。

（1）在【工具】菜单中选择【选项】命令，打开【选项】对话框。

（2）在【选项】对话框中，从【显示】列表框中选择【当前会话】，并选中【仅显示从文件加载的选项】复选框，以查看当前已载入的配置选项，或者清除此复选框以查看所有的

配置选项。

（3）从列表框中选取配置选项"pro_unit_length"，或在【选项】文本框中输入配置选项名称为"pro_unit_length"。

（4）在【值】下拉列表框中选取"unit_cm"，如图 1-17 所示。对于某些配置选项，则需要在【值】文本框中输入一个值。

（5）单击【添加/更改】按钮。在列表框中会出现配置选项及该选项的新值。绿色的背景颜色用于对所做的修改进行确认。

（6）配置完成后，单击【确定】按钮完成该项配置并关闭【选项】对话框，或单击【应用】按钮完成该项配置并进行下一项配置。

如果在设置过程中，一时找不到所需的配置选项，可以在【选项】对话框中单击【查找】按钮，弹出如图 1-18 所示的【查找选项】对话框。在【输入关键字】文本框中输入部分关键字，并设置【查找范围】，接着单击【立即查找】按钮，搜索结果出现在【选择选项】列表框中，在该列表框中选择所需要的配置选项，然后在【设置值】下拉列表框中选择所需要的选项或输入一个值，最后单击【添加/更改】按钮，即可完成该配置选项的修改设置。

图 1-17　设置配置选项的值

图 1-18　【查找选项】对话框

4. 工作目录设置

工作目录是指分配存储 Pro/E 文件的区域。通常，默认工作目录是 Pro/E 的启动目录。要按照需要更改当前 Pro/E 进程的工作目录，可以采取的方式如下：

（1）从启动目录选取工作目录。通常 Pro/E 是从工作目录启动的，系统给定的默认工作目录也是加载目录。工作目录是在安装过程中设定的，可以通过下面的方式修改工作目录。

鼠标右键单击桌面上的 Pro/E 快捷图标██或鼠标右键单击【开始】/【所有程序】/【PTC】/【Pro ENGINEER】/【属性】命令，在弹出的【Pro ENGINEER 属性】对话框中单击【快捷方式】选项卡，如图 1-19 所示。在该对话框中将【起始位置】设为工作目录的路径，单击【确定】按钮完成。设置好以后，重新启动 Pro/E 后，自动将启动目录作为工作目录。例如，图 1-20 通过修改【Pro ENGINEER 属性】对话框中【起始位置】的路径已经将 Pro/E 的默认工作目录设置为"D：\ Proe workspace"。

图 1-19　【Pro ENGINEER 属性】对话框

图 1-20　Pro/E 工作目录设置

（2）从文件夹浏览器选取工作目录。单击模型树上方的【文件夹浏览器】按钮，出现如图 1-21 所示的【文件夹浏览器】。选取要设置为工作目录的目录，然后单击右键，出现如图 1-22 所示的快捷菜单。在该菜单中单击【设置工作目录】命令。这时消息区出现一条消息，确认工作目录已更改。

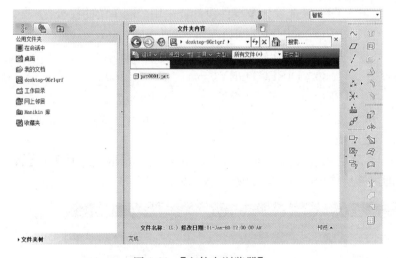
图 1-21　【文件夹浏览器】

图 1-22　右键快捷菜单

（3）从文件菜单选取工作目录。单击【文件】/【设置工作目录】命令，打开如图 1-23 所示的【选取工作目录】对话框。浏览至需要设置为新工作目录的目录，显示一个后跟句点的文件夹，指示工作目录的位置。单击【确定】按钮将其设置为当前的工作目录。

如果从工作目录以外的目录中检索文件，然后保存文件，则文件会保存到从中检索该文件的目录中。如果保存副本并重命名文件，副本会保存到当前的工作目录中。还可以从【文件打开】、【保存对象】、【保存副本】和【备份】对话框访问工作目录。

5. 设置公制单位

在安装 Pro/E Wildfire 5.0 软件时，系统即会询问用户所使用的单位为英制或公制，若选择公制，则系统会自动在 Pro/E 安装目录下的"text"文件夹下产生"config.pro"文件，该文件内容中有两项是设置长度单位为公厘、重量单位为公斤：

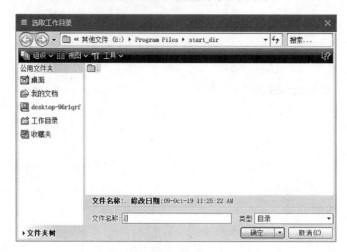

图 1-23 【选取工作目录】对话框

| pro _ unit _ length | unit _ mm |
| pro _ unit _ mass | unit _ kilogram |

以下四项是令组件设计、工程制图、钣金设计及零件设计皆采用公制单位的模板：

template _ designasm	$ PRO _ DIRECTORY _ asm _ design. asm
template _ drawing	$ PRO _ DIRECTORY _ drawing. drw
template _ sheetmetalpart	$ PRO _ DIRECTORY _ part _ sheetmetal. prt
template _ solidpart	$ PRO _ DIRECTORY _ part _ solid. prt

当用户启动 Pro/E 时，系统会到 Pro/E 安装目录下的"text"文件夹下加载"config.pro"，即系统已经让作业环境成为公制。

若打开一个 Pro/E 文件，不确定此文件为公制或英制单位，则可选取【文件】/【属性】命令，由【单位】栏框即可知所使用的单位，如图 1-24 所示。

图 1-24 【模型属性】对话框

若要改变单位，则按【单位】栏框右侧的【更改】按钮，在【单位管理器】对话框下选取新的单位。如在图 1-25 中，将单位由英制的"英寸磅秒"改为公制的"毫米牛顿秒"，按【设置】按钮后，【改变模型单位】对话框出现下列两个选项：

【转换尺寸】：物体大小一样，但尺寸值会改变。

【解释尺寸】：尺寸值一样，但物体大小会改变。

例如一个尺寸为"1×1×1"的立方体，若以转换尺寸更改为"mm"的单位，则尺寸

图 1-25　【单位管理器】和【改变模型单位】对话框

将变为"25.4mm×25.4mm×25.4mm"(体积大小不变);若以解释尺寸为之,则尺寸将变为"1mm×1mm×1mm"(体积缩小)。

6. 图层

利用 Pro/E 软件进行三维零件设计时,按工具栏的【层】按钮 ⊘,则主窗口的左侧会显示出图层树,可以将点、线和面等几何图元放到不同的图层中,然后指定图层为隐藏或打开,以控制点、线和面等几何图元的显示与否。

在图层树中点选一个图层,按住鼠标右键,选取【隐藏】命令,如图 1-26 所示,即可隐藏此图层(即令此图层所含的图元不显示在屏幕上);反之,点选一个被隐藏的图层,按住鼠标右键,选取【取消隐藏】命令,如图 1-27 所示,即可打开此图层(即令此图层所含的图元重新显示在屏幕上)。

图 1-26　隐藏图层

图 1-27　取消隐藏图层

创建一个新零件时，Pro/E 会预设如图 1-26 所示的 8 个图层，具体含义如下：

【01 _ PRT _ ALL _ DTM _ PLN】：Part all datum planes 的缩写，隐藏此图层可使所有的基准平面都不显示在屏幕上。

【01 _ PRT _ DEF _ DTM _ PLN】：Part default datum planes 的缩写，隐藏此图层可使零件默认的 3 个基准平面 RIGHT、TOP 及 FRONT 不显示在屏幕上。

【02 _ PRT _ ALL _ AXES】：隐藏此图层可使所有的基准轴都不显示在屏幕上。

【03 _ PRT _ ALL _ CURVES】：隐藏此图层可使所有的曲线都不显示在屏幕上。

【04 _ PRT _ ALL _ DTM _ PNT】：Part all datum points 的缩写，隐藏此图层可使所有的基准点都不显示在屏幕上。

【05 _ PRT _ ALL _ DTM _ CSYS】：Part all datum coordinate systems 的缩写，隐藏此图层可使所有的坐标系都不显示在屏幕上。

【05 _ PRT _ DEF _ DTM _ CSYS】：Part default datum coordinate systems 的缩写，隐藏此图层可使零件默认的坐标系 PRT _ CSYS _ DEF 不显示在屏幕上。

【06 _ PRT _ ALL _ SURFS】：Part all surfaces 的缩写，隐藏此图层可使所有的曲面都不显示在屏幕上。

除了使用上述的 8 个图层外，也可在图层树的任意处，按住鼠标右键，在快捷菜单中选取【新建层】命令，以创建一个新的图层；或选取一个特定的图层，按住鼠标右键，在快捷菜单中选取【层属性】命令，以设置此图层的内容。另外，可利用【删除层】命令来删除现有的图层，利用【重命名】命令来更改图层的名称，利用【保存状态】命令将图层被隐藏或打开的状态保存下来。

7. 键盘和鼠标

在 Pro/E Wildfire 5.0 中，大部分的操作都是使用三键式鼠标完成的。其中，滚轮式鼠标的滚轮相当于三键式鼠标的中键。通过鼠标的三键操作，再配合键盘上的控制键 Ctrl 和 Shift，可以进行图形对象的选取，以及视图的缩放和平移等操作。

（1）鼠标左键。用于选择菜单和工具按钮，明确绘图元素的起始点和终止点，确定文字的注释位置，以及选择模型中的对象等。在选取多个特征或零件时，与控制键 Ctrl 和 Shift 配合，用鼠标左键选取所需的特征或零件。

（2）鼠标右键。选取在工作区的对象、模型树中的对象和图标按钮等；在工作区中单击鼠标右键，会显示相应的快捷菜单。

（3）鼠标中键。单击鼠标中键可以结束当前的操作。一般情况下，鼠标中键的单击操作与菜单中的【完成】按钮、对话框中的【确定】按钮具有相同的功能。另外，鼠标中键还可用于控制视图方向、动态缩放显示模型、动态平移显示模型等。具体操作如下：

1）按住鼠标中键并移动鼠标，可以动态旋转显示在工作区中的模型。

2）移动鼠标的滚轮可以动态放大或缩小显示在工作区中的模型。

3）同时按住 Ctrl 键和鼠标中键，上下拖动鼠标可以动态放大或缩小显示在工作区中的模型。

4）同时按住 Shift 键和鼠标中键，拖动鼠标可以动态平移显示在工作区中的模型。

8. 模型显示控制

Pro/E 提供了一系列的模型显示控制命令，以便在设计过程中从不同角度、不同方式和不同距离来观察模型。图 1-28 和图 1-29 所示分别为 Pro/E 在零件模块下的【视图】菜单和【视图】工具栏。其中，【视图】菜单主要用于调整模型视图、定向视图、隐藏和显示图元、创建和使用高级视图以及设置显示选项；而【视图】工具栏则集成了常用模型视图工具按钮，如控制模型显示视角的按钮。

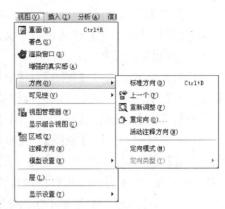

图 1-28 【视图】菜单

(1) 重画视图。【重画】命令的功能是刷新图形区，在完成操作后视图或者模型状况没有发生相应的改变时，可以用【重画】视图功能清除所有临时显示信息。【重画】视图功能重新刷新屏幕，但不再生模型。单击【视图】/【重画】命令或者单击【重画】按钮![]即可完成该操作。

(2) 常用视角。除了可以用鼠标和键盘组合来缩放、平移和旋转视图外，还可以单击【视图管理器】按钮![]，弹出如图 1-30 所示的【视图管理器】对话框。该对话框的【定向】选项卡视图列表中提供了【标准方向】、【Front】、【Left】、【Right】等常用视角。

图 1-29 【视图】工具栏

还可以定制自己所需要的视角，单击【重定向】按钮![]，弹出如图 1-31 所示的【方向】对话框。从类型列表框中可以选择【按参照方向】、【动态定向】和【首选项】来重定向模型。

图 1-30 【视图管理器】对话框

图 1-31 【方向】对话框

【按参照方向】：在【方向】对话框的【类型】列表框中选择【按参照方向】选项作为定向类型，接着在【选项】选项组中分别定义参照 1 和参照 2 即可定向模型。如果需要，还可以保存通过重定向而得到的视图。

【动态定向】：在【方向】对话框的【类型】列表框中选择【动态定向】选项，接着在【选项】区域中通过拖动滑块或指定参数值来进行平移、缩放和旋转操作。如果单击【重新调整】按钮，则使模型适合屏幕；如果单击【中心】按钮，则拾取新的屏幕中心。

【首选项】：在【方向】对话框的【类型】列表框中选择【首选项】为定向类型，接着在【旋转中心】选项组中，可以选取【模型中心】、【屏幕中心】、【点或顶点】、【边或轴】和

【坐标系】作为旋转中心之一。另外，在【缺省方向】选项组中，还可将视图默认方向设置为【等轴测】、【斜轴测】或【用户定义】方向。

（3）模型显示和基准显示。

1）基准显示。选择【视图】/【显示设置】/【基准显示】命令，弹出如图 1-32 所示的【基准显示】对话框，从中可以进行相关的显示设置。可以从【点符号】下拉列表框中选择【十字型】、【点】、【圆】、【三角形】和【正方形】选项之一来定义点符号。

2）模型显示。选择【视图】/【显示设置】/【模型显示】命令，弹出如图 1-33 所示的【模型显示】对话框。该对话框由【一般】选项卡、【边/线】选项卡和【着色】选项卡组成。其中，利用【一般】选项卡可以设置显示造型方式（着色、线框、隐藏线和消隐）、显示选项、重定向时显示的内容、重定向时的动画方式等；利用【边/线】选项卡，则可以更改边和线的质量和细节，可以使用【电缆显示】选项组将电缆的显示样式设置为【粗细】或【中心线】等；利用【着色】选项卡，则可以更改着色区的质量和细节，可以使用【启用】选项组设置【纹理】、【透明】和【实时渲染】（包括设置【环境映射】、【反射模型】和【阴影】等）。

图 1-32　【基准显示】对话框　　　　图 1-33　【模型显示】对话框

9. 文件管理

本部分内容将介绍 Pro/E 的文件基本操作，如新建文件、打开文件、保存文件等，注意硬盘文件和进程中文件的异同，以及删除和拭除的区别。

（1）新建文件。选择【文件】/【新建】命令或单击工具栏中的【新建】按钮，系统打开如图 1-34 所示的【新建】对话框。从图中可以看出，Pro/E 提供了以下几种文件类型：

【草绘】：绘制二维截面文件，扩展名为".sec"。

【零件】：创建三维零件模型，扩展名为".prt"。

【组件】：创建三维装配件，扩展名为".asm"。

【制造】：制作数控加工程序，扩展名为 ".mfg"。

【绘图】：生成二维工程图，扩展名为 ".drw"。

【格式】：生成二维工程图的图框，扩展名为 ".frm"。

【报告】：生成一个报表，扩展名为 ".rep"。

【图表】：生成一个电路图，扩展名为 ".dgm"。

【布局】：组合规划产品，扩展名为 ".lay"。

【标记】：为所绘装配件添加标记，扩展名为 ".mrk"。

在【新建】对话框的【类型】选项组中默认点选【零件】选项组，【子类型】选项组中可点选【实体】、【复合】、【钣金件】和【主体】单选按钮，默认选项为【主体】。

在该对话框中勾选【使用缺省模板】复选框，生成文件时将自动使用缺省模板，否则单击【新建】对话框中的【确定】按钮后将打开【新文件选项】对话框，以便选择相应的模板。图 1-35 所示为在点选【零件】单选按钮后弹出的【新文件选项】对话框。

图 1-34 【新建】对话框

图 1-35 【新文件选项】对话框

(2) 打开文件。选择【文件】/【打开】命令或单击工具栏中的【打开】按钮，系统打开如图 1-36 所示的【文件打开】对话框。单击该对话框中的【预览】按钮，则打开文件预览框，可以预览所选择的 Pro/E 文件。单击【文件打开】对话框中的【在会话中】按钮，选择当前进程中的文件，单击【打开】按钮即可打开该文件。

图 1-36 【文件打开】对话框

(3) 保存文件。选择【文件】/【保存】命令或单击工具栏中的【保存】按钮 🖫，系统打开如图 1-37 所示的【保存对象】对话框。该对话框接受默认目录或浏览至新目录，且其【查找范围】框中的目录默认为下列目录之一：

1) 我的文档（仅限 Windows 平台）。如果在当前 Pro/E 进程中还未设置工作目录，或之前已经将对象保存到另一目录中。

2) 当前进程设置的工作目录。

3) 最近访问用以打开、保存、保存副本或备份文件的目录。

(4) 保存副本。选择【文件】/【保存副本】命令，系统打开如图 1-38 所示的【保存副本】对话框。该对话框用以将一个文件以不同的文件名保存，还可以将 Pro/E 文件输出为不同格式，以及将文件另存为图像。

图 1-37 【保存对象】对话框图

图 1-38 【保存副本】对话框

(5) 备份文件。选择【文件】/【备份】命令，系统打开如图 1-39 所示的【备份】对话框。该对话框用以将同一模型在不同的目录下以相同的名称来保存文件，而【保存副本】命令是将同一模型在同一目录下以不同的名称来保存，与其他软件中的【另存为】功能相同。

图 1-39 【备份】对话框

（6）重命名文件。Pro/E 还支持对模型进行重命名操作。选择【文件】/【重命名】命令，系统打开如图 1-40 所示的【重命名】对话框。从图中可以看出，当前模型名称出现在【模型】框中。选取要重命名的模型，在【新名称】框中输入新文件名，然后单击【确定】按钮，即可完成【重命名】操作。

图 1-40　【重命名】对话框

（7）删除文件。选择【文件】/【删除】命令，系统打开如图 1-41 所示的【删除】子菜单。该子菜单中各命令的含义和功能如下：

图 1-41　【删除】子菜单

【旧版本】：删除同一个文件的旧版本，即将除最新版本以外的同名文件全部删除。使用【旧版本】命令可以删除数据库中的旧版本文件，而硬盘中这些文件依然存在。

【所有版本】：删除选中文件的所有版本，包括最新版本。注意此时硬盘中的文件也将不存在。

（8）拭除文件。拭除文件是将文件从内存中删除，但不从磁盘中删除。单击【文件】/【拭除】命令，系统打开如图 1-42 所示的【拭除】子菜单。该子菜单中各命令的含义和功能如下：

图 1-42　【拭除】子菜单

【当前】：用于擦除进程中的当前版本文件。

【不显示】：用于擦除进程中除当前版本之外的所有同名版本文件。

10. 系统窗口与活动窗口

（1）系统窗口。选择【窗口】/【打开系统窗口】命令，可直接在 Pro/E 中打开系统窗口（在 Windows 中称为命令提示窗口），从中编辑配置文件或运行其他操作系统命令，只有退出系统窗口，才能继续使用其他的 Pro/E 功能。

例如，在选择【窗口】/【打开系统窗口】命令后，在如图 1-43 所示的命令行中输入"d:"，按 Enter 键，进入 D 盘后，输入"cd\ Proe workspace"，按 Enter 键，就可进入"d: \ Proe workspace"目录；若在命令行直接输入"exit"命令，然后按 Enter 键，就可关闭该窗口。

图 1-43　系统窗口

（2）活动窗口（当前窗口）。Pro/E支持同时打开多个窗口，各个窗口可以在不同的模块下运行，例如可以同时打开一个零件设计窗口和一个组件设计窗口。要使用一个对象的Pro/E特征时，必须激活包含该对象的窗口。可通过下列两种方式转换活动窗口：

1）从任务栏选择要激活的文件，然后单击【窗口】/【激活】命令，或使用Ctrl＋A快捷键激活该文件窗口。

2）从【窗口】菜单的列表中选择对象。在活动窗口中，"活动的"一词出现在标题栏上模型名称的后面，并且所有在该窗口中的菜单和相应的工具按钮都变成可用的。

第四节   Pro/E 三维实体特征建模及运动仿真的一般过程

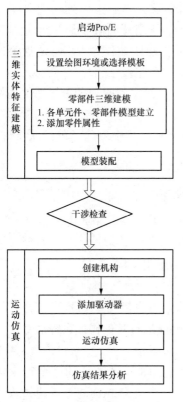

图1-44   三维实体特征建模及
运动仿真流程

在使用Pro/E软件进行运动仿真之前，首先要熟悉Pro/E软件三维实体特征建模及运动仿真的一般过程。如图1-44所示，Pro/E软件三维实体特征建模及运动仿真一般包括三维实体特征建模、干涉检查和运动仿真三个过程，其具体的操作流程如下：

（1）启动Pro/E软件。

（2）设置绘图环境或选择模板。用户可根据需要选择Pro/E软件自带的模板或导入用户自定义的模板；用户也可根据需要设置相应的绘图环境，包括系统颜色、字体大小、定制屏幕、模型视角、图层和配置选项等设置。

（3）零部件三维建模。用户一般可采用两种方式依次建立各零部件的三维模型：首先在草绘模块中绘制零部件的二维截面草绘，或导入以前绘制好的二维截面草绘，然后转到零件模块建立相应零部件的三维模型；采用点、线、面和体的顺序依次建立零部件的三维模型。根据仿真需要依次添加零件的属性信息。

（4）模型装配。将各零部件导入到装配模块中，根据各自的位置组装成装配模型。

（5）干涉检查。在进行机构运动仿真之前，需要对所装配的模型进行干涉检查，以消除各零部件之间的干涉，保证各零部件的正确装配。

（6）创建机构。机构运动仿真的第一步是创建机构，过程与零件装配相似。创建机构主要包括新建机构文件、载入主体机构、定义连接和约束等操作。

（7）添加驱动器。由于机构由原动件、机架和从动件三部分构成，因此在载入机构、完成机构连接和约束定义后，需要为原动件添加驱动器，以便使机构按照正确的方式运动。

（8）运动仿真。在给原动件添加完驱动器后，需要对其定义运动类型，以此来进行机构运动仿真。

（9）仿真结果分析。机构运动仿真的最后一步是查看仿真结果，从而对机构模型进行分析。

小 结

本章是机械 CAD 概述，包括 CAD 技术的概念、特点、产生和发展，以及主流机械 CAD 软件简介。通过本部分内容的学习，读者可以清楚地了解到 CAD 技术的大致发展历程和特点，以及应用于机械行业中主流 CAD 软件的特点及应用领域等。

介绍了 CAD 建模技术基础，包括几何建模技术、参数化建模技术、基于特征建模技术和逆向工程技术。其中，几何建模技术包括线框建模技术、曲面建模技术和实体建模技术；参数化建模技术就是在模型约束条件不变的条件下，通过调整模型尺寸来驱动模型变化的一种建模技术；基于特征建模技术是将建模过程转化为建立组成该模型的一系列特征的过程；逆向工程技术是根据已存在的产品或零件原型来构造产品的工程设计模型或概念模型，在此基础上对已有产品进行解剖、深化和再制造，是对已有设计的再设计。

对本书所采用的 Pro/E 软件进行了系统介绍，包括 Pro/E 软件的特点、功能模块、工作界面和操作基础等。其中，图形用户界面部分的主要内容包括标题栏、菜单栏、工具栏、状态栏区、导航区、设计绘图区和浏览器的特点和用途；操作基础部分主要包括工作目录设置、屏幕定制、图层设置和文件操作等。

最后介绍了 Pro/E 三维实体特征建模及运动仿真的一般过程，由三维实体特征建模、干涉检查和运动仿真三个过程构成。而要进行运动仿真就必须要让模型能够动起来，所以需要对模型加载驱动器。

希望通过对本章内容的学习，读者能对 CAD 技术、Pro/E 软件系统及三维实体特征建模和运动仿真等内容有一个全面的了解，从而为正式开始软件的学习打下良好的理论基础。

操作视频

第二章 草 绘 模 块

第一节 草绘模块介绍

一、常用术语

为了在草绘模块下更好地绘制和编辑截面几何，需熟知以下常用术语。

（1）图元：截面几何的任何元素，如点、直线、矩形、圆、圆弧、样条曲线、坐标系等。

（2）参照图元：创建特征截面或轨迹时所参照的图元。

（3）约束：定义图元几何或图元间关系的条件。约束符号出现在应用约束的图元旁边。例如，可以约束两条直线相互平行，这时会出现一个平行约束符号。

（4）参数：草绘模块中的辅助数值，用来定义图元的形状和位置。

（5）弱尺寸或弱约束：由系统自动创建的尺寸或约束称为弱尺寸或弱约束，以灰色显示。当用户添加确定的约束关系或尺寸时，系统会自动删除它们。

（6）强尺寸或强约束：由用户创建的尺寸或约束称为强尺寸或强约束，以较深的颜色显示，系统不能自动删除它们。当几个强尺寸或强约束冲突时，系统会要求删除其中一个。

（7）冲突：两个或多个强尺寸或强约束的矛盾或多余条件。当出现这种情况时，必须通过删除一个不需要的约束或尺寸来解决。

二、工作界面

在 Pro/E 中，二维截面草图是通过草绘模块来绘制的。用户可以通过两种方式进入草绘模块：一是通过创建一个草绘文件进入；二是在零件或组件模块中通过相应的对话框进入。

1. 新建草绘文件，进入草绘模块

（1）启动 Pro/E 系统，进入初始界面后，选择【文件】/【新建】命令，或者单击工具栏中的【新建】按钮 ，打开【新建】对话框。

（2）在【新建】对话框的【类型】选项组中选择【草绘】单选按钮，在【名称】文本框中输入草绘文件的名称或接受系统默认名称。

（3）单击【新建】对话框中的【确定】按钮，进入草绘模块的工作界面。

2. 由零件或组件模块进入草绘模块

（1）选择【插入】/【模型基准】/【草绘】命令，或者单击工具栏中的【草绘】按钮 ，系统弹出如图 2-1 所示的【草绘】对话框，此时对话框默认打开的是【放置】选项卡。

（2）选择相应的草绘平面和参照平面，单击该对话框中的【草绘】按钮，系统进入草绘环境。

3. 其他方法进入草绘模块

用户也可通过基本特征操控板进入草绘模块。例如由【旋转】特征操控板进入草绘模块的操作步骤如下：

（1）选择【插入】/【旋转】命令，或者单击特征工具栏中的【旋转】按钮🔹，系统弹出【旋转】特征操控板。

（2）在弹出的【旋转】特征操控板中单击【放置】按钮，展开如图 2-1 所示的【放置】菜单上滑面板，单击【定义】按钮，系统弹出如图 2-2 所示的【草绘】对话框。

图 2-1 【放置】菜单上滑面板   图 2-2 【草绘】对话框

（3）设置相应的草绘平面和参照平面后，单击【草绘】按钮，系统即可进入草绘环境。进入草绘模块后的工作界面如图 2-3 所示。此时在菜单栏中多了【草绘】菜单，工具栏中多了【草绘】、【草绘器】及【草绘器诊断工具】工具栏。

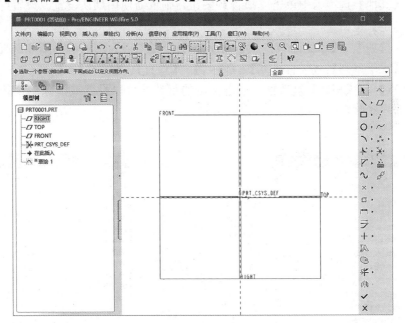

图 2-3 草绘工作界面

三、草绘环境设置

用户可根据设计需要对草绘环境进行诸如草绘器首选项、拾取过滤等方面的设置。

1. 草绘器首选项设置

选择【草绘】/【选项】命令，打开【草绘器首选项】对话框。该对话框具有【其他】选项卡、【约束】选项卡和【参数】选项卡。利用该对话框，可以设置【栅格】、【顶点】、

【约束】、【尺寸】和【弱尺寸】的显示与否，可以设置草绘器约束优先选项，可以改变栅格参数以及改变草绘器精度和尺寸的小数点位数。

（1）其他选项卡。【草绘器首选项】对话框中的【其他】选项卡（也称【杂项】选项卡）如图 2-4 所示。利用该选项卡，可以对具有下列名称和功能的杂项进行设置。

【栅格】：选中该复选框，则显示屏幕栅格。

【顶点】：选中该复选框，则显示顶点。

【约束】：选中该复选框，则显示约束。

【尺寸】：选中该复选框，则显示所有截面尺寸。

【弱尺寸】：选中该复选框，则显示弱尺寸。

【帮助文本上的图元 ID】：选中该复选框，则显示帮助文本中的图元 ID。该帮助文本与图元 ID 同时显示在【所选项目】对话框中。

【捕捉到栅格】：选中该复选框，则光标捕捉到草绘器栅格。

【锁定已修改的尺寸】：选中该复选框，则锁定已修改的尺寸，以便移动。

【锁定用户定义的尺寸】：选中该复选框，则锁定用户定义的强尺寸，以便移动。

【始于草绘视图】：选中该复选框，则进入草绘器时定向模型，使草绘平面平行于屏幕。

【导入线造型和颜色】：选中该复选框，则剪切、复制和粘贴时，以及从文件系统或草绘器调色板中导入".sec"文件时，保留原草绘器几何的线型和颜色。

如果在【其他】选项卡中单击【缺省】按钮，则重新使用默认设置。设置好相关的杂项后，单击【确定】按钮✔。

（2）约束选项卡。【草绘器首选项】对话框中的【约束】选项卡如图 2-5 所示。该选项卡中提供了【水平排列】、【竖直排列】、【平行】、【垂直】、【等长】、【相等半径】、【共线】、【对称】、【中点】和【相切】复选框。单击所需的复选框可以设置或清除一个选中标记，从而控制草绘器自动假定的约束。

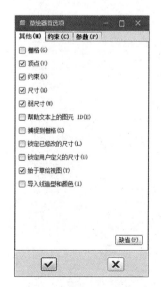

图 2-4 【其他】选项卡

图 2-5 【约束】选项卡

（3）参数选项卡。【草绘器首选项】对话框中的【参数】选项卡如图 2-6 所示。在该选项卡的【栅格】选项组中，可以修改栅格【原点】、【角度】和【类型】。在【栅格间距】选项组中可以更改相应坐标系中栅格的间距，从下拉列表框中可以选择【自动】选项或【手动】选项，当选择【自动】选项时，依据缩放因子调整栅格比例；当选择【手动】选项时，"X"和"Y"保持恒定的指定值。而【精度】选项组用于设置系统显示尺寸的小数位数及草绘器求解的相对精度。

图 2-6 【参数】选项卡

2. 过滤器设置

为方便绘图，可对位于状态栏中的过滤器设置相应的拾取过滤条件，如图 2-7 所示。在过滤器列表中，可供选择的选项名称和功能如下：

【全部】：选取包括尺寸、参照、约束和几何图元在内的所有草绘器对象。

【几何】：仅选取在当前草绘环境中存在的草绘器几何图元。

【尺寸】：选取弱（强）尺寸或参照尺寸。

【约束】：选取在当前草绘环境中存在的约束。

当选取过滤器选项后，只选择或加亮该过滤器类型的对象。可以通过将草绘包围在选项框中，以便选取该过滤器类型的所有对象，或者通过鼠标逐一单击该过滤器类型的图元依次选取它们。

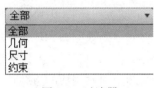

图 2-7 过滤器

3. 选取设置

（1）选择【编辑】/【选取】命令，打开如图 2-8 所示的【选取】子菜单。随后，在【选取】子菜单中选择【首选项】命令，打开如图 2-9 所示的【选取首选项】对话框。

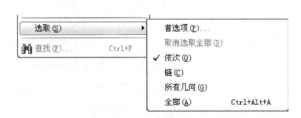

图 2-8 【选取】子菜单

图 2-9 【选取首选项】对话框

（2）勾选该对话框中的【预选加亮】复选框，当光标在草绘环境中移动并落在某个特征上时，如基准面、基准轴等，则此特征将加亮显示；取消勾选【预选加亮】复选框，则不会加亮显示。

（3）在【选取】子菜单中选择【依次】命令，单击可以选取草绘环境中的每一个特征，需同时选择多个特征时可按住 Ctrl 键进行选择；【链】命令表示可以选取作为所需链的一端或所需环一部分的图元，从而选取整个图元；【所有几何】命令表示选中设计环境中的所有几何；【全部】命令表示可以选中设计环境中的所有特征，包括几何、基准、尺寸等。

第二节　草绘界面操作

一、图元绘制

图元绘制包括线、矩形、圆、圆弧、椭圆、点、坐标系、样条曲线、圆角、文本等。在草绘器中绘图时，应注意鼠标的一些应用技巧，例如用鼠标左键在屏幕上选择，用鼠标中键终止当前操作，用鼠标右键则可调出常用草绘命令的快捷菜单等。

1. 绘制线

（1）绘制直线。通过【线】命令可任意选取两点绘制直线。

选择【草绘】/【线】/【线】命令，或者单击特征工具栏中的【线】按钮＼；在绘图区指定直线的第一点，在绘图区指定直线的第二点，可以继续通过指定点来绘制其他直线（注意：上一点为后续直线的第一点）；单击鼠标中键，结束该命令操作。

（2）绘制切线。通过【直线相切】命令可绘制一条与已存在的两个图元相切的直线。

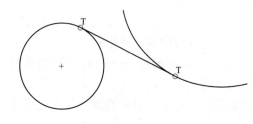

图 2-10　绘制切线

选择【草绘】/【线】/【直线相切】命令，或者单击特征工具栏中的【直线相切】按钮＼；在绘图区选取要相切的第一个图元，该图元为圆或圆弧；移动鼠标至另一个图元（如圆或圆弧）预定区域，系统通常会捕捉到相切点，此时单击鼠标左键，完成绘制一条与所选两个图元相切的直线；单击鼠标中键，结束该命令操作，如图 2-10 所示。

（3）绘制中心线。中心线用来定义在同一剖面内的一条对称直线，或用来绘制构造线。中心线是无限延伸的线，不能用来绘制特征几何。

选择【草绘】/【线】/【中心线】命令，或者单击特征工具栏中的【中心线】按钮 ⋮ ；在绘图区中单击选取中心线的起点位置，这时一条橡皮筋状的中心线附着在光标上；单击选取中心线的终点，系统将过两点绘制一条中心线；单击鼠标中键，结束该命令操作。

（4）绘制几何中心线。利用【几何中心线】命令可以任意绘制旋转特征的旋转轴。

选择【草绘】/【线】/【几何中心线】命令，或者单击特征工具栏中的【几何中心线】按钮 ⋮ ；在绘图区中单击指定中心线经过的第一点；移动鼠标调整中心线的方向，然后单击指定中心线经过的第二点，系统将绘制一条通过两点的中心线；单击鼠标中键，结束中心线的绘制。

2. 绘制矩形

在 Pro/E Wildfire 5.0 中，绘制矩形的方式有三种，即常规矩形、斜矩形和平行四边形。

选择【草绘】/【矩形】/【矩形】命令，或者单击特征工具栏中的【矩形】按钮 □ ；选取绘制矩形的第一个顶点，移动光标选取另一个顶点单击；单击鼠标中键即可完成矩形的绘制，如图 2-11 所示。

3. 绘制圆

圆是最常见的基本图元之一，可以用来表示柱、轮、轴、孔等截面。在 Pro/E Wildfire 5.0 中，提供了多种绘制圆的方法，通过这些方法可以方便地绘制出满足要求的圆。

（1）绘制中心圆。通过确定圆心和圆上的一点绘制中心圆，具体操作步骤如下：选择【草绘】/【圆】/【圆心和点】命令，或者单击特征工具栏中的【圆心和点】按钮 ◯，默认缺省类型为【圆心和点】；在绘图区中选取一点作为圆心，移动鼠标单击另外一点作为圆周上的一点，从而完成圆的绘制；单击鼠标中键，结束绘制圆命令，如图 2-12 所示。

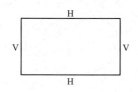

图 2-11 绘制矩形

图 2-12 绘制中心圆

（2）绘制同心圆。同心圆是以选取一个参照圆或圆弧的圆心为圆心绘制圆，具体操作步骤如下：选择【草绘】/【圆】/【同心】命令，或者单击特征工具栏中的【同心】按钮 ◎；在绘图区中单击一个已有的参照圆或圆弧来定义中心点（也可直接单击圆心），然后移动鼠标在适当位置处单击便可确定一个同心圆；单击鼠标中键，完成同心圆的绘制，如图 2-13 所示。

（3）通过 3 点绘制圆。3 点圆是通过在圆上给定 3 个点来确定圆的位置和大小，具体操作步骤如下：选择【草绘】/【圆】/【3 点】命令，或者单击特征工具栏中的【3 点】按钮 ◯；指定圆上第 1 点，指定圆上第 2 点，接着指定圆上第 3 点，从而绘制一个圆；单击鼠标中键，完成三点圆的绘制，如图 2-14 所示。

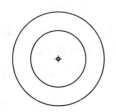

图 2-13 绘制同心圆

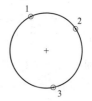

图 2-14 通过 3 点绘制圆

（4）绘制与 3 个图元相切的圆。绘制与 3 个图元相切的圆，首先需要给定 3 个参考图元，然后绘制与之相切的圆。

选择【草绘】/【圆】/【3 相切】命令，或者单击特征工具栏中的【3 相切】按钮 ◯；在一个图元（弧、圆或直线）上选取一个位置，在第 2 个图元（弧、圆或直线）上的预定位置处单击，移动鼠标至第 3 个图元（弧、圆或直线）的预定位置处单击；单击鼠标中键，结束相切圆的绘制，如图 2-15 所示。

注意：在创建与 3 个图元（弧、圆或直线）相切的圆时，需要考虑圆或弧的选择位置，选择位置可决定创建的圆是内相切形式还是外相切形式。

4. 绘制椭圆

在绘制椭圆以前，首先需要了解椭圆的主要特性：椭圆的中心点可以作为尺寸和约束的参照；椭圆可以由长轴半径和短轴半径定义。

（1）通过长轴端点绘制椭圆。选择【草绘】/【圆】/【轴端点椭圆】命令，或者单击特征工具栏中的【轴端点椭圆】按钮⊘；在绘图区选取一个点作为椭圆一个长轴端点，再选取另一点作为长轴的另一个端点，此时出现一条直线，向其他方向拖动鼠标绘制椭圆；将椭圆拉成所需形状；单击鼠标中键，结束该命令的操作，如图 2-16 所示。

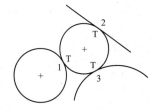

图 2-15　绘制与 3 个图元相切的圆

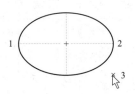

图 2-16　通过长轴端点绘制椭圆

（2）通过中心和轴绘制椭圆。通过中心和轴绘制椭圆就是根据椭圆的中心点和长轴的一个端点绘制椭圆。

选择【草绘】/【圆】/【中心和轴椭圆】命令，或者单击特征工具栏中的【中心和轴椭圆】按钮⊘；在绘图区选取一点作为椭圆的中心点，再选取一点作为椭圆的长轴端点，此时出现一条关于中心点对称的直线，向其他方向拖动鼠标绘制椭圆；移动鼠标确定椭圆的短轴长度，完成椭圆的绘制；单击鼠标中键，结束该命令的操作，如图 2-17 所示。

5. 绘制圆弧与圆锥弧

（1）通过 3 点绘制圆弧或通过在弧的端点与图元相切绘制圆弧。此方式是通过给定的 3 点生成圆弧，可以沿顺时针或逆时针方向绘制圆弧。指定的第一点为起点，指定的第二点为圆弧的终点，指定的第三点为圆弧上的一点，通过该点可改变圆弧的弧长。

选择【草绘】/【弧】/【3 点/相切端】命令，或者单击特征工具栏中的【3 点/相切端】按钮⌒；在绘图区选取一点作为圆弧的起点；选取第二点作为圆弧的终点，此时将出现一个橡皮筋状的圆弧随光标移动；通过移动光标选取圆弧上的一点；单击鼠标中键，完成圆弧的绘制，如图 2-18 所示。

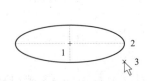

图 2-17　通过中心和轴绘制椭圆

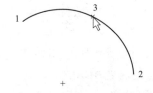

图 2-18　通过 3 点绘制圆弧

（2）绘制同心弧。选择【草绘】/【弧】/【同心】命令，或者单击特征工具栏中的【同心】按钮◌；选择已有的圆弧或圆来定义圆心（也可以直接单击圆心），移动光标可以看到系统产生一个以虚线显示的动态同心圆；拾取圆弧的起点，然后绕同心圆顺时针或者逆时针方向来制定圆弧的终点；单击鼠标中键，完成同心弧的绘制，如图 2-19 所示。

（3）通过圆心和端点绘制圆弧。选择【草绘】/【弧】/【圆心和端点】命令，或者单击特征工具栏中的【圆心和端点】按钮 ；在绘图区单击指定圆弧的圆心，此时绘图区出现一个随鼠标移动的虚线圆；单击确定圆弧的起始点，移动鼠标指针到合适的位置再单击确定终点；单击鼠标中键，即可完成圆弧的绘制，如图 2-20 所示。

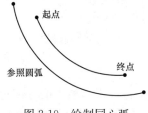

图 2-19　绘制同心弧

图 2-20　通过圆心和端点绘制圆弧

（4）绘制与 3 个图元相切的圆弧。选择【草绘】/【弧】/【3 相切】命令，或者单击特征工具栏中的【3 相切】按钮 ；依次选取 2 个图元（如直线、圆和圆弧）；在选择了两个图元之后，会出现一个与所选两图元相切并随鼠标指针移动的圆弧，当鼠标指针移至第三相切图元时，系统会自动捕捉相切点，单击即可给出相切弧线；单击鼠标中键，完成该操作，如图 2-21 所示。

（5）绘制圆锥弧。选择【草绘】/【弧】/【圆锥】命令，或者单击特征工具栏中的【圆锥】按钮 ；在绘图区单击选取圆锥的第一个端点，选择圆锥的第二个端点，这时会出现一条连接两端点的参考线和一段虚线圆锥曲线，同时连接两端点的一条弧线附着在鼠标指针上，移动鼠标，在适当位置单击，确定圆锥弧的锥点；单击鼠标中键，完成该操作，如图 2-22 所示。

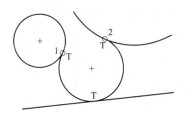

图 2-21　绘制与 3 个图元相切的圆弧

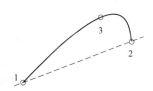

图 2-22　绘制圆锥弧

6. 绘制圆角

绘制圆角有三种方式可供选择，即选择【草绘】/【圆角】命令，或者单击特征工具栏中的【圆角】按钮，还可以在绘图区单击鼠标右键，在弹出的快捷菜单中选择【圆角】命令。创建圆角有圆形和椭圆形两种类型。

（1）绘制圆形圆角。选择【草绘】/【圆角】/【圆形】命令，或者单击特征工具栏中的【圆形】按钮 ，也可单击鼠标右键，在弹出的快捷菜单中选择【圆角】命令；选取要倒圆角的第 1 条边，在适当位置单击；选取要倒圆角的第 2 条边，单击；单击鼠标中键，完成操作，如图2-23 所示。

（2）绘制椭圆形圆角。选择【草绘】/【圆角】/【椭圆形】命令，或者单击特征工具栏中的【椭圆形】按钮 ；选取要倒圆角的第 1 条边，单击；选取要倒圆角的第 2 条边，单击；单击鼠标中键完成操作，如图 2-24 所示。

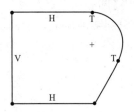

图 2-23　绘制圆形圆角

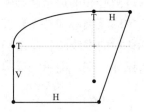

图 2-24　绘制椭圆形圆角

7. 绘制二维倒角

选择【草绘】/【倒角】/【倒角修剪】命令，或者单击特征工具栏中的【倒角修剪】按钮 ；选取两个图元，则在这两个图元之间创建一个倒角；单击鼠标中键结束该命令，如图 2-25 所示。

如果要在两个图元之间创建倒角并用构造线延伸，那么在特征工具栏中单击【倒角】按钮 ，接着选取两个有效图元即可，如图 2-26 所示。

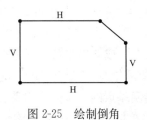

图 2-25　绘制倒角

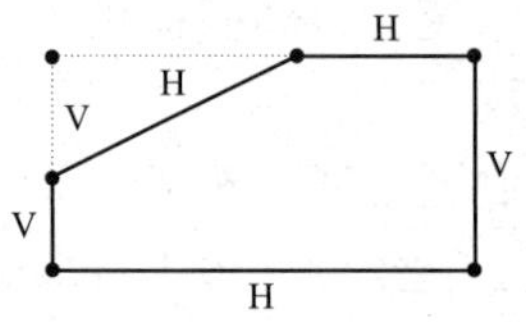

图 2-26　绘制带有构造线的倒角

8. 绘制样条曲线

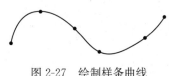

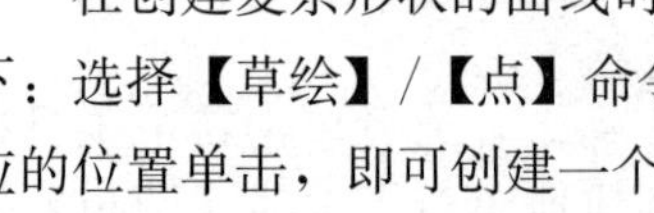

图 2-27　绘制样条曲线

选择【草绘】/【样条】命令，或者单击特征工具栏中的【样条】按钮 ；在绘图区单击向该样条添加点，此时移动鼠标光标，一条橡皮筋样条附着在光标上，在绘图区依次单击其他的样条点；单击鼠标中键，结束样条曲线的创建，如图 2-27 所示。

9. 创建点和坐标系

在创建复杂形状的曲线时，往往需要创建一些点进行辅助设计。创建点的具体步骤如下：选择【草绘】/【点】命令，或者单击特征工具栏中的【点】按钮 ；在绘图区选取相应的位置单击，即可创建一个点；单击鼠标中键完成操作。

坐标系用来标注样条曲线以及某些特征的生成过程。在菜单栏中选择【草绘】/【坐标系】命令，或者在特征工具栏中单击【坐标系】按钮 ；在绘图区合适的位置单击即可创建一个坐标系。

10. 创建文本

文本也可以看作草绘模式下的一个基本图元，用于在指定的位置创建文字。在 Pro/E 的产品设计过程中，有时会要求生成三维的文字实体。Pro/E 系统在草绘模式下可以设置文本的高度、倾斜角度、字体类型和长宽比等。

（1）选择【草绘】/【文本】命令，或者单击特征工具栏中的【文本】按钮 。

（2）在绘图区选择行的起点和第 2 点，确定文本的高度和方向，系统弹出如图 2-28 所示的【文本】对话框。

（3）在【文本】对话框的【文本行】文本框中输入要创建的文本，例如"样条曲线"，如果要输入一些特殊的文本符号，可以在【文本行】选项组中单击【文本符号】按钮，弹出如图 2-29 所示的【文本符号】对话框，从中选择所需要的符号，然后单击【关闭】按钮。

图 2-28 【文本】对话框

图 2-29 【文本符号】对话框

（4）在【字体】选项组中，从【字体】下拉列表框中选择所需要的一种字体，然后分别设置字体的水平和垂直放置位置、长宽比和斜角。

（5）如果要根据某曲线放置文本，那么在【文本】对话框中选中【沿曲线放置】复选框，并选择要在其上放置文本的曲线。可重新选取水平和垂直位置的组合以沿着所选曲线放置文本字符串。

（6）单击【将文本反向到曲线另一侧】按钮 ⚹ 可以更改文本方向。当单击【将文本反向到曲线另一侧】按钮 ⚹ 后，文本字符串将被置于所选曲线的另一侧。

（7）必要时，选中【字符间距处理】复选框，以启用文本字符串的字符间距处理功能，这样可以控制某些字符对之间的空格，改善文本字符串的外观。字符间距处理属于特定字体的特征。

（8）设置完成，单击【文本】对话框中的【确定】按钮，即可完成文本的创建，如图 2-30 所示。

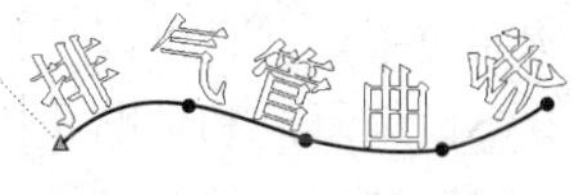

图 2-30 沿曲线创建文本

11. 调用草绘器调色板

草绘器调色板提供了一个预定义形状的定制库，包括常用的草绘截面，如 C 形、L 形、T 形截面等，可以将它们方便地输入到当前窗口中。使用调色板中的形状类似于在当前活动窗口中输入相应的截面。调色板中的所有形状均以缩略图形式出现，并带有定义截面文件的名称。这些缩略图以草绘器几何特征的默认线型和颜色进行显示，可以在草绘环境中使用现有截面来表示用户定义的形状，也可在零件或组件模式下使用。

选择【草绘】/【数据来自文件】/【调色板】命令，或者单击特征工具栏中的【调色板】按钮 ◎，打开如图 2-31 所示的【草绘器调色板】对话框；选取所需截面类型的选项卡，如单击【轮廓】选项卡；选取所需图形之后双击，在该对话框的预览区出现一个缩略图，然后在绘图区合适的位置单击，则该图元显示在绘图区中，同时弹出如图 2-32 所示的【移动和调整大小】对话框，利用该对话框可以对调出的图元进行调整大小、平移和旋转等操作。

图 2-31　【草绘器调色板】对话框

图 2-32　【移动和调整大小】对话框

在【草绘器调色板】对话框中，4 个选项卡标签的含义如下：

【多边形】：设置调用的图元为多边形。

【轮廓】：设置调用的图元为形状轮廓，如 C 形、L 形、T 形轮廓等。

【形状】：设置调用的图元为常用外形，如十字形、椭圆形、跑道形、圆弧等。

【星形】：设置调用的图元为星形图元，如三角形、四角形、五角形、六角形等。

二、图元编辑

对已有几何图元的编辑操作，是 Pro/E 二维草绘的一个重要步骤。单纯地使用前面提及的图元绘制命令仅能绘制一些简单的基本图形，要获得满足要求的复杂截面图形，就要借助草图编辑命令对基本图元对象进行位置和形状的调整。图元编辑包括复制、镜像、移动、修改、修剪、切换构造、缩放、旋转等操作。

1. 剪切、复制和粘贴

在草绘器中，可以分别通过剪切和复制操作来移除或复制部分剖面或整个剖面，剪切或复制的草绘单元将被置于剪贴板中，然后通过粘贴操作将剪切或复制的图元放到活动剖面中的所需位置，并且可以平移、旋转或缩放所粘贴的几何图元。

下面以复制和粘贴几何图元为例介绍其操作方法。

（1）选择要复制的一个或多个几何图元。

（2）选择【编辑】/【复制】命令，或者在工具栏中单击【复制】按钮，或者按 Ctrl＋C 键。与选定图元相关的强尺寸和约束也将随同几何图元一起被复制到剪贴板中。

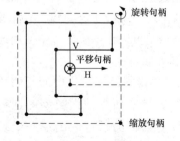

图 2-33　平移、旋转和缩放句柄

（3）在菜单栏中选择【编辑】/【粘贴】命令，或者在工具栏中单击【粘贴】按钮，或者按 Ctrl＋V 键，或者单击鼠标右键，在出现的快捷菜单中选择【粘贴】命令。

（4）在绘图区中的预定位置处单击，此时弹出【移动和调整大小】对话框，并且粘贴图元将以默认尺寸出现在所选位置，该图形上显示有如图 2-33 所示的平移、旋转和缩放句柄符号。

（5）使用句柄或通过【移动和调整大小】对话框设置

图形比例和旋转角度。

(6) 单击【移动和调整大小】对话框中的【确定】按钮 ✓，完成复制与粘贴操作。

2. 镜像

镜像是以中心线为基准对称图形，所以要镜像图元，必须要确保绘图区中包括一条中心线，如果没有中心线，则需要创建一条所需的中心线。有了所需的中心线后，可以按照下面的步骤镜像图元。

(1) 在草绘模式下选取要镜像的图元。

(2) 选择菜单栏中的【编辑】/【镜像】命令，或者单击特征工具栏中的【镜像】按钮 ◫，或者单击鼠标右键，在弹出的快捷菜单中选择【镜像】命令。

(3) 系统提示选取一条中心线。在绘图区中单击一条中心线，系统对于所选取的中心线镜像选取的几何形状，如图 2-34 所示。

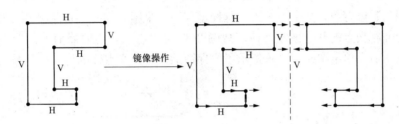

图 2-34 镜像图元

3. 缩放和旋转

缩放和旋转是指对图元进行放大、缩小或旋转操作。在某些设计情况下，需要通过缩放与旋转图元来获得满足要求的图形效果。

(1) 在绘图区中选择要编辑的图形。

(2) 选择【编辑】/【移动和调整大小】命令，或者单击工具栏中的【移动和调整大小】按钮 ◎。

(3) 弹出【移动和调整大小】对话框（见图 2-32），并且在图形中出现操作符号。用户可以根据需要选取平移句柄、旋转句柄和缩放句柄来平移、旋转和缩放图形。如果要精确设置缩放比例和旋转角度，则在【移动和调整大小】对话框中分别设定缩放比例和旋转角度。

(4) 在【移动和调整大小】对话框中单击【确定】按钮 ✓。

提示：用户也可以拖动比例轴缩放图元、拖动平移轴实现平移或者拖动旋转轴进行图元旋转。在旋转过程中，系统自动显示一系列的角度参考，用户可以根据需要旋转相应的角度。

4. 修剪

修剪图元是较为常见的图形编辑操作，主要有删除段、拐角和分割三种方式。其中，删除段时绘图区中必须至少有两个几何图元相交，以便系统利用几何图元的交点进行删除段操作；而在拐角修剪几何图元时，所要修剪的图元之间不要求必须相交；分割可以只针对一个几何图形进行操作。

(1) 删除段。删除段也称为动态修剪剖面图元。

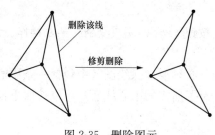

图 2-35　删除图元

选择【编辑】/【修剪】/【删除段】命令，或者单击特征工具栏中的【删除段】按钮 ✲；单击要删除的线段，所单击的线段即被删除，如图 2-35 所示。

注意：如果用户按住鼠标左键不放，并移动鼠标，则鼠标指针经过处的图元都被修剪删除。

（2）拐角。拐角又常称为剪切或延伸。实际上，拐角操作就是将图元修剪（剪切或延伸）到其他图元或几何。

选择【编辑】/【修剪】/【拐角】命令，或者单击特征工具栏中的【拐角】按钮 ┼；系统提示选取要修剪的两个图元。在要保留的图元部分上，单击任意两个图元（它们不能相交），则 Pro/E 将这两个图元一起修剪。

图 2-36 和图 2-37 所示为【拐角】修剪的两种不同方式。从图 2-36 可以看出，不相交的两个图元被【拐角】修剪后，其中一个图元延伸至与另一个图元相交，并保留另一图元的单击部分，超出其延伸相交点的部分被裁剪掉。从图 2-37 可以看出，当要修剪的两个图元具有交点时，在执行拐角后，单击图元的位置指示了要保留的部分，交点外的另一部分被修剪。

图 2-36　拐角修剪到延伸点　　　　　图 2-37　拐角修剪到相交点

（3）分割。分割是将一个截面图元分割成两个或两个以上的新图元。如果该图元已被标注，则需要在使用【分割】命令之前将尺寸删除。

选择【编辑】/【修剪】/【分割】命令，或者单击特征工具栏中的【分割】按钮 ⌐；在要分割的位置单击，分割点显示为图元上高亮显示的点，系统将在指定的位置分割图元，如图 2-38 所示。

5. 切换构造

在 Pro/E 中，可以将实线转换为构造线，也可以将构造线转换为实线。构造线以非实线形式显示，主要用作作图的辅助线。图 2-39 所示为一个圆形的构造线。

图 2-38　分割图元　　　　　　　图 2-39　构造线

将实线转换为构造线的步骤如下：选取要转换为构造线的实线；选择【编辑】/【切换构造】命令，或者单击鼠标右键，在弹出的快捷菜单中选择【构建】命令。

如果要将构造线转换为实线，则要通过选取要转换为实线的构造线；选择【编辑】/【切换构造】命令，或者单击鼠标右键，在弹出的快捷菜单中选择【几何】命令。

三、尺寸标注与修改

在二维图形中，尺寸是图形的重要组成部分之一。所谓尺寸驱动是指草绘好图元的几何形状后，设计者修改尺寸参数，图形将自动根据尺寸数值的大小进行变化。在草图绘制过程中，系统将自动标注尺寸，这些尺寸称为弱尺寸，因为系统在创建或删除它们时不给予警告，弱尺寸显示为灰色。用户也可以自己添加尺寸来创建所需的标注形式。用户尺寸被系统默认是强尺寸，添加强尺寸时系统自动删除不必要的弱尺寸或约束。

在放置尺寸时，可以不必一步到位，可以在创建尺寸后再根据全图对某些尺寸的放置位置进行调整。尺寸放置位置的调整方法：单击特征工具栏中的【依次】按钮 ，然后再单击选中需要调整的尺寸，拖动尺寸数字到想要放置的位置。

1. 线性标注

在草绘环境中使用【尺寸】命令来标注各种线性尺寸。选择菜单栏中的【草绘】/【尺寸】/【法向】命令，或者单击特征工具栏中的【法向】按钮 ，可以标注线性尺寸。

（1）线段长度。首先单击特征工具栏中的【法向】按钮 ，然后选中待标注尺寸的线段，在预放置尺寸的位置单击鼠标中键，完成该线段的尺寸标注，如图 2-40 所示。

注意：不能标注中心线的长度，因为其无穷长。

（2）两平行线间的距离。首先单击特征工具栏中的【法向】按钮 ，然后依次单击第一条直线和第二条直线，最后在适当位置单击鼠标中键以放置该尺寸，即可完成尺寸标注，如图 2-41 所示。

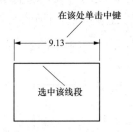

图 2-40 标注线段长度

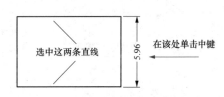

图 2-41 标注两平行线间的距离

（3）点到直线的距离。首先单击特征工具栏中的【法向】按钮 ，然后依次选取点和直线，最后在适当位置单击鼠标中键以放置该尺寸，即可完成尺寸标注，如图 2-42 所示。

（4）两点间的距离。首先单击特征工具栏中的【法向】按钮 ，然后依次选取待标注的两个点，最后在适当位置单击鼠标中键以放置该尺寸，即可完成尺寸标注，如图 2-43 所示。

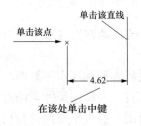

图 2-42 标注点到直线的距离

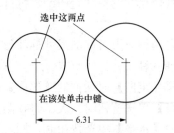

图 2-43 标注两点间的距离

2. 直径标注

首先单击特征工具栏中的【法向】按钮 🖰，然后双击待标注圆的圆周，最后单击鼠标中键指定尺寸参数的放置位置，即可标注直径，如图 2-44 所示。

3. 半径标注

首先单击特征工具栏中的【法向】按钮 🖰，然后单击待标注的圆或圆弧，最后单击鼠标中键指定尺寸参数的放置位置，即可标注半径，如图 2-45 所示。

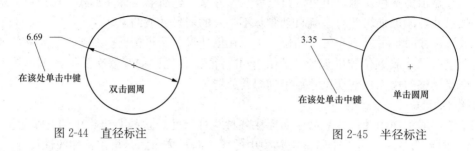

图 2-44　直径标注　　　　　　　　　　图 2-45　半径标注

4. 角度标注

角度尺寸用来衡量两直线之间的夹角或两个端点间圆弧的角度。单击特征工具栏中的【法向】按钮 🖰，依次选取两条直线，然后单击中键选择尺寸放置位置，即可标注角度尺寸，如图 2-46 所示。

5. 对称标注

首先单击特征工具栏中的【法向】按钮 🖰，然后单击待标注的直线，随后单击中心线，再次单击待标注的直线，最后单击鼠标中键指定尺寸参数的放置位置，即可完成对称标注，如图 2-47 所示。

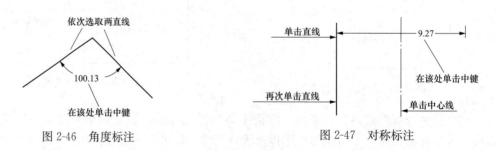

图 2-46　角度标注　　　　　　　　　　图 2-47　对称标注

6. 其他尺寸的标注

对于其他尺寸的标注，Pro/E 将自动按照所选择图元的不同特点而给出相应的尺寸标注形式。

当存在两种以上可能的尺寸标注形式时，Pro/E 系统自动弹出【尺寸定向】对话框，要求用户选择一种尺寸标注形式。

在【尺寸定向】对话框的【选取】选项区域中有【竖直】和【水平】两个单选按钮。当选中【竖直】单选按钮时，表示将在两个几何图元的竖直方向标注尺寸，即进行竖直尺寸标注；当选中【水平】单选按钮时，则表示将在两个几何图元的水平方向进行尺寸标注，也就是进行水平尺寸标注。

7. 尺寸修改

完成截面草图绘制后,通常需要对其进行修改,以得到用户需要的正确尺寸。

(1) 选择【编辑】/【修改】命令,或者单击特征工具栏中的【修改】按钮 ⋥,然后在绘图区中选择要修改的尺寸值,系统会弹出如图 2-48 所示的【修改尺寸】对话框;或者在绘图区中选择要修改的尺寸值,单击鼠标右键,在弹出的快捷菜单中选择【修改】命令,也会弹出图 2-48 所示的【修改尺寸】对话框。

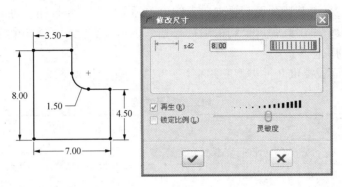

图 2-48　修改单个尺寸

(2) 在【修改尺寸】对话框中,用户可以直接在文本框中输入尺寸的数值,或按住鼠标左键拖动滚轮 ▮▮▮▮▮▮▮调整尺寸的数值,达到合适的数值时松开鼠标即可。【再生】复选框用于尺寸修改后再生草图。选中该复选框,系统将根据调整的数值在绘图窗口再生草图。取消选中【再生】复选框或选中【锁定比例】复选框,草图将不会实时根据调整的数值变化。如图 2-49 所示,框选所有标注尺寸,然后单击【修改】按钮 ⋥,系统会弹出【修改尺寸】对话框,修改所有选择的标注尺寸。为防止图形尺寸变化过大,取消选中【再生】复选框,修改完成后单击【确定】按钮 ✓。

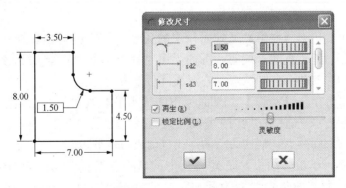

图 2-49　修改多个尺寸

通常,用户也可以直接双击尺寸标注的数值,该尺寸数值将会出现一个编辑框,输入用户所需要的数值并按 Enter 键,就可以修改尺寸标注。

四、几何约束

在默认情况下,草绘几何图形时,系统会自动捕捉一些约束功能,用户还可以人为地控制约束条件来设定图元之间的几何关系。所谓几何约束就是指草图对象之间的平行、垂直、相切、共线、对称等几何关系，几何约束可以替代某些尺寸标注。

1. 几何约束的类型

在 Pro/E 草绘器中，可以设定智能的几何约束，也可以根据需要人为地设置几何约束。

选择【草绘】/【选项】命令，打开【草绘器优先选项】对话框，选择【约束】选项卡，如图 2-5 所示。在该选项卡中有多个复选框，每个复选框代表一种约束，选中复选框以后系统就会开启相应的自动设置约束。单击工具栏中的【显示约束】按钮，系统会显示图元上已经设定好的约束。在特征工具栏中单击约束图标旁的下三角按钮，可以展开约束工具面板，接着在该面板中单击其中一个约束图标按钮。也可以在【草绘】/【约束】下拉菜单中选择所需的相应约束命令。

【约束】工具面板提供九种类型的约束，它们的功能含义见表 2-1。

表 2-1　　　　　　　　　　　　　　约束类型及功能

约束类型按钮	功能说明
┼	将一条直线或两顶点设置为竖直位置
┼	将一条直线或两顶点设置为水平位置
⊥	使两图元正交，系统要求选择图元
⊘	使线段与圆弧相切，系统要求选择线段与圆弧
＼	将点放在线或弧的中点
⊙	创建相同点，图元上的点或共线约束
⼗⼗	将两个关于中心线几乎对称的图元定义为相互对称，系统要求选择中心线和对称图元
＝	创建等长、等半径或相同曲率的约束
//	使两线相互平行，系统要求选择两条线

2. 添加约束

（1）竖直约束。单击【约束】工具面板中的【竖直】按钮 ┼，在绘图区选取所绘的直线，则直线立即变为铅垂直线；同时，图面上多了一个字母"V"，表示该直线被施加了竖直约束。单击需约束的两点，则这两点的连线自动成为竖直线。

（2）水平约束。单击【约束】工具面板中的【水平】按钮 ┼，在绘图区选取所绘的直线，则直线立即变为水平直线；同时，图面上多了一个字母"H"，表示该直线被施加了水平约束。单击需约束的两点，则这两点的连线自动成为水平线。

（3）正交约束。单击【约束】工具面板中的【垂直】按钮 ⊥，在绘图区选取所绘的两条直线，则所选取的两条直线变为互相正交的状态；同时，图面上多了正交约束的符号"⊥"，表示已经施加了两图元相互正交的约束。

（4）相切约束。单击【约束】工具面板中的【相切】按钮 ⊘，在绘图区依次选取需约束的两个图元，则所选取的两图元变为相切的状态；同时，图面上多了一个字母"T"，表示已经施加了两图元相切的约束。

（5）中点约束。如图 2-50 所示，单击【约束】工具面板中的【中点】按钮 ＼，在绘图区依次选取所绘的点和线段，则该点成为线段的中点；同时，图面上出现了中点的约束符号

"M"，表示已经施加了中点约束。

(6) 共线约束。如图 2-51 所示，单击【约束】工具面板中的【重合】按钮 ⦿，在绘图区依次选取所绘的点和线段，则所选的点就移动到了线段上；同时，图面上出现了共线或对齐的约束符号，表示已经施加了共线约束。

图 2-50　添加中点约束

图 2-51　添加共线约束

(7) 对称约束。如图 2-52 所示，单击【约束】工具面板中的【对称】按钮 ⧟，在绘图区选取中心线，然后依次选取两条直线的两个端点，则所选两条直线上的两个端点变成关于中心线对称了；同时，图面上出现了对称的约束符号，表示已经施加了对称约束。

(8) 相等约束。如图 2-53 所示，单击【约束】工具面板中的【相等】按钮 =，在绘

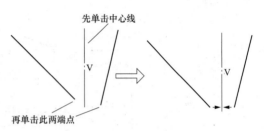

图 2-52　添加对称约束

图区依次选取圆弧及圆后，则圆弧及圆将变成相等半径；同时，图面上出现了相等半径的约束符号 "R_1"，表示已经施加了相等约束。

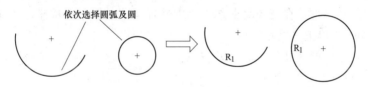

图 2-53　添加相等约束

(9) 平行约束。如图 2-54 所示，单击【约束】工具面板中的【平行】按钮 //，在绘图区依次选取两条直线，则这两条直线将变成相互平行；同时，图面上出现了平行的约束符号 //，表示已经施加了平行约束。

3. 删除约束

删除约束的方法很简单，即先选择要删除的约束，选择【编辑】/【删除】命令，则 Pro/E 删除所选取的约束，也可以通过按 Delete 键来删除所选取的约束。

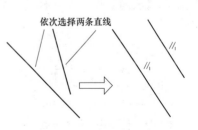

图 2-54　添加平行约束

注意：当删除约束后，系统通常会自动添加一个尺寸以保持截面的可求解状态。

4. 修改约束

在绘制图元的过程中，系统将会根据鼠标指定的位置自动提示可能产生的几何约束，以约束符号方式进行提示，用户可根据提示需要修改相应的约束。

(1) 单击鼠标右键禁用约束，要再次启用约束，再次单击鼠标右键即可。

（2）按住 Shift 键并单击鼠标右键锁定或解除锁定约束。

（3）当多个约束处于活动状态时，可以使用 Tab 键改变活动约束。

若要强化某些约束，首先将其选中，然后选择【编辑】/【转换到】/【强】命令，约束即被强化。

第三节　草绘综合实例

一、手柄草图绘制

利用草绘功能绘制手柄的截面草图，并完成尺寸标注，如图 2-55 所示。手柄草图的具体绘图步骤如下：

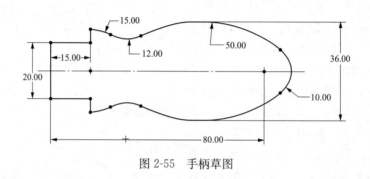

图 2-55　手柄草图

（1）选择菜单栏中的【文件】/【新建】命令，或者单击工具栏中的【新建】按钮□，系统弹出【新建】对话框，在【类型】选项组中选择【草绘】单选按钮，在【名称】文本框中输入"shoubing"，单击【确定】按钮，进入草绘界面。

（2）单击工具栏中的【几何中心线】按钮 ⫶，在绘图区中绘制中心线。

（3）单击工具栏中的【线】按钮 ╲，绘制图 2-56 所示的图形。

（4）单击工具栏中的【圆心和端点】按钮 ⌒，绘制图 2-57 所示的两段圆弧；单击工具栏中的【法向】按钮 ⊢，标注并修改最右端圆弧圆心的横向定位尺寸。

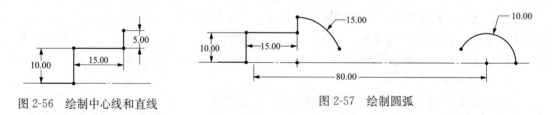

图 2-56　绘制中心线和直线　　　　　　　图 2-57　绘制圆弧

（5）单击工具栏中的【三点/相切端】按钮 ╲，绘制两段圆弧，使其连接步骤（4）所绘制的圆弧，如图 2-58 所示。

（6）单击工具栏中的【删除段】按钮 ⊬，将多余的线段修剪掉，最终效果如图 2-59 所示。

（7）单击工具栏中的【相切】按钮 ⌒，对图 2-59 所示的四段圆弧施加相切约束，如图 2-60 所示。

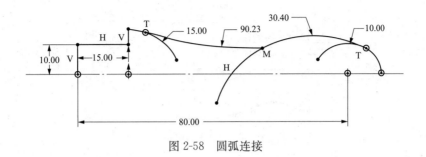

图 2-58　圆弧连接

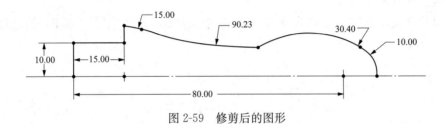

图 2-59　修剪后的图形

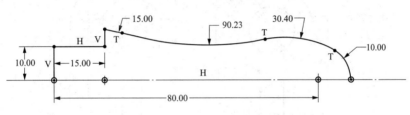

图 2-60　创建的相切约束

（8）单击工具栏中的【法向】按钮，标注图 2-60 中半径为 30.40 的圆弧的纵向定位尺寸；选取图 2-60 中的所有尺寸，单击工具栏中的【修改】按钮，系统会弹出【修改尺寸】对话框，取消选中【再生】复选框，逐个修改图形尺寸，修改后的结果如图 2-61 所示。

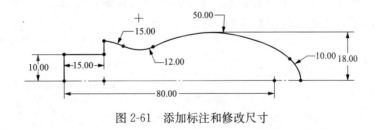

图 2-61　添加标注和修改尺寸

（9）单击【编辑】/【选取】/【所有几何】命令，或者单击特征工具栏中的【依次】按钮，用鼠标在工作区中框选所有几何图元，单击【镜像】按钮，选取中心线，得到图 2-62 所示的图形。

（10）单击【法向】按钮，标注尺寸 80.00 和 36.00，结果如图 2-55 所示。

（11）保存文件，完成二维截面草绘。

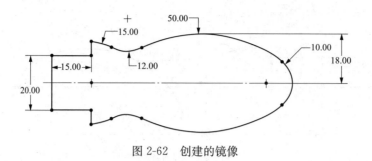

图 2-62　创建的镜像

二、变速箱草图绘制

利用草绘功能建立如图 2-63 所示变速箱的截面草图，并完成尺寸标注。变速箱草图的具体绘图步骤如下：

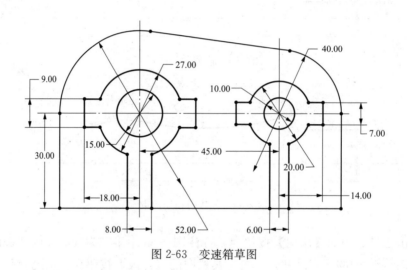

图 2-63　变速箱草图

（1）选择【文件】/【新建】命令，或者单击工具栏中的【新建】按钮□，系统弹出【新建】对话框，在【类型】选项组中选择【草绘】单选按钮，在【名称】文本框中输入文件名 "biansuxiang"，单击【确定】按钮，进入草绘模块。

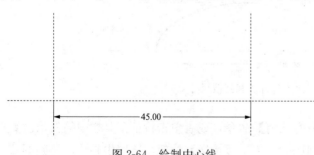

图 2-64　绘制中心线

（2）单击【几何中心线】按钮┊，绘制图 2-64 所示的一条水平中心线和两条垂直中心线。

（3）单击【圆心和点】按钮○，以中心线的两个交点为圆心，分别绘制三个同心圆，并修改尺寸至要求值，如图 2-65 所示。

（4）单击【直线相切】按钮╲，依次选取图 2-65 中左、右两个最外侧大圆的上半部分，绘制一条相切线；在该两大圆的两侧分别绘制两条长度相等的竖直线，并用一条水平直线将这两条竖直线连接起来，如图 2-66 所示。

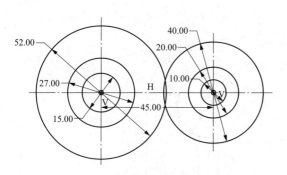

图 2-65　绘制左右两组同心圆

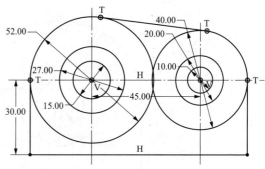

图 2-66　绘制切线和直线

（5）单击【删除段】按钮，将左、右两个最外侧大圆的两切点间的大半个圆弧修剪掉，如图 2-67 所示。

（6）单击【线】按钮，分别在直径为 27.00 和 20.00 两圆的左侧和右侧各绘制两条水平直线和一条竖直直线，单击【对称】按钮，将绘制的竖直方向直线沿水平中心线对称；单击【线】按钮，分别在直径为 27.00 和 20.00 两圆的下侧各绘制两条竖直直线，单击

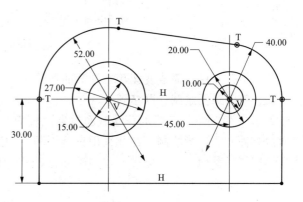

图 2-67　修剪多余线段

【对称】按钮，将绘制的竖直直线沿各自的竖直中心线对称，如图 2-68 所示。

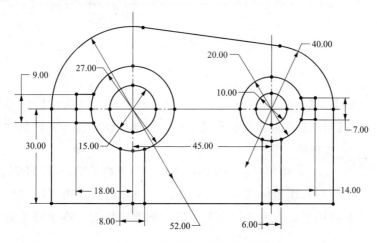

图 2-68　绘制水平和竖直直线

（7）选取图 2-68 绘制的左侧圆相连接的三条直线，单击【镜像】按钮，再单击竖直方向的中心线完成镜像操作，以同样的方法可以完成右侧圆中三条直线的镜像操作，结果如图 2-69 所示。

（8）单击【删除段】按钮，将直径为 27.00 和 20.00 两圆的三段圆弧修剪掉，结果如图 2-63 所示。

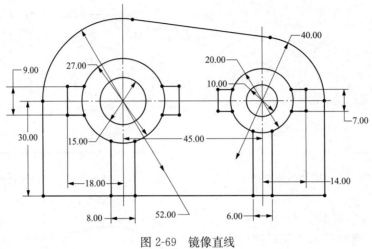

图 2-69　镜像直线

（9）保存文件，完成变速箱二维截面草绘。

三、气门草图绘制一题多解

如图 2-70 所示，气门的草绘截面虽然比较简单，但其草绘截面具有一定的典型性，可以通过多种方式进行绘制。在此采用直接绘制、构造线（构建线）、使用边、参照点四种方式来绘制气门截面草图，以进一步加深读者对 Pro/E 草绘功能的理解。

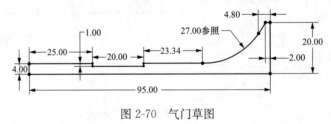

图 2-70　气门草图

1. 直接绘制

（1）选择【文件】/【新建】命令，或者单击工具栏中的【新建】按钮，系统弹出【新建】对话框，在【类型】选项组中选择【草绘】单选按钮，输入文件名"qimen"，单击【确定】按钮，进入草绘模块。

（2）单击【几何中心线】按钮，在绘图区中绘制一条水平中心线；单击【线】按钮，绘制图 2-71 中的所有直线；用鼠标框选绘图区中的所有尺寸，单击【修改】按钮，系统会弹出【修改尺寸】对话框，取消【再生】复选框的选中状态，逐个修改图形尺寸，如图2-71所示。

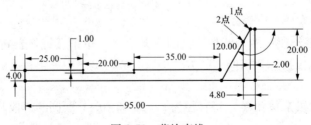

图 2-71　草绘直线

（3）单击【几何点】按钮✕，在图 2-71 中 2 点处建立一个几何点；然后单击【3 点】按钮○，在绘图区过图 2-71 中 1 点、2 点及与长为 35.00 的水平线相切绘制一个圆，修剪掉不需要的图线，标注圆弧的半径尺寸和 2 点的水平定位尺寸，结果如图 2-70 所示。

注意：如果用【3 点/相切端】命令来绘制图 2-70 中半径为 27.00 的圆弧，出来的圆弧会少了 1 点到 2 点之间的那段圆弧，此处必须用【3 点】命令作一个圆，然后修剪掉大半个圆弧来获得过 1 点、2 点及与长为 35.00 的水平线相切的圆弧。

2. 构造线（构建线）

（1）进入草绘界面，绘制图 2-71 中的所有直线，并在 2 点处建立几何点；将图 2-71 中用角度标注的那条斜线选中，单击鼠标右键，在弹出的快捷菜单中选择【构建】，将这条直线转换为构建线，如图 2-72 所示。

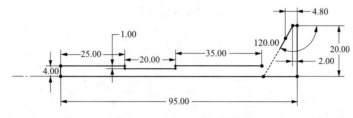

图 2-72　斜线生成构建线

（2）圆弧的绘制同图 2-70 一样，在此不再赘述。

3. 使用边

（1）选择菜单栏中的【文件】/【新建】命令，或者单击工具栏中的【新建】按钮⬜，系统弹出【新建】对话框，在【类型】选项组中选择【零件】单选按钮，输入文件名"qi-men"，取消【使用缺省模板】复选框的选定状态，单击【确定】按钮，然后在弹出的【新文件选项】对话框中，选择"mmns＿part＿solid"选项，最后单击【确定】按钮，进入零件模块；在工具栏中单击【草绘】按钮，在弹出的【草绘】对话框中选择"FRONT"平面作为草绘平面，以默认的"RIGHT"平面作为参照平面，单击【草绘】按钮，进入草绘模式。

（2）绘制图 2-71 所示的所有直线，单击工具栏中的【完成】按钮✔，退出草绘模式，进入零件模块，结果如图 2-73 所示。

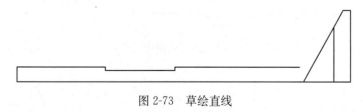

图 2-73　草绘直线

（3）在工具栏中单击【草绘】按钮，在弹出的【草绘】对话框中选择"FRONT"平面作为草绘平面，同样以默认的"RIGHT"平面作为参照平面，单击【草绘】按钮，进入草绘模式。此时草绘工具栏中的【使用】按钮⬚由灰色变成深色，表示该按钮现在处于可用状态。

（4）单击【草绘】菜单栏，在弹出的下拉菜单中选择【参照】按钮，随后弹出【参照】对话框，选取图 2-74 中的 2 点作为参照点，并标注长度为 35 的那条直线；然后单击工具栏中的【使用】按钮 ▫，选取图 2-74 中除箭头所指直线外的所有直线，如图 2-74 所示；最后单击【3 点】按钮 ○，在绘图区中过图 2-74 中 1 点、2 点及与长度为 35.00 的直线相切绘制一个圆，并修剪掉不需要的大半个圆弧，结果如图 2-75 所示。

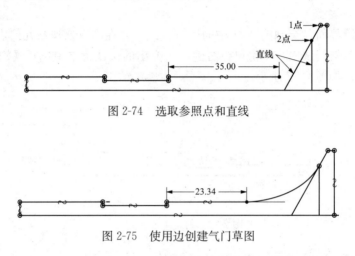

图 2-74   选取参照点和直线

图 2-75   使用边创建气门草图

4．参照点

（1）同"使用边"中的步骤（1）～（3），建立如图 2-76 所示的直线，并第二次进入草绘模式中。

（2）单击【草绘】/【参照】命令，弹出【参照】对话框，选取图 2-74 中的 2 点作为参照点，选取图 2-74 中除箭头所指直线外的所有直线作为参照直线（注：实际上是将直线的两个端点作为绘图的参照点）；选取图 2-76 中除 2 点、3 点和 4 点外的所有端点绘制相应的直线；单击【3 点】按钮 ○，在绘图区中过图 2-74 所示 1 点、2 点及与长度为 35 的直线相切绘制一个圆，并修剪掉不需要的大半个圆弧，结果如图 2-77 所示。

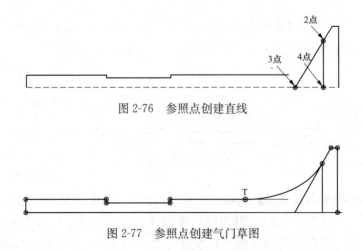

图 2-76   参照点创建直线

图 2-77   参照点创建气门草图

四、草图绘制典型问题实例

1. 几何不封闭问题

手柄是将草绘截面通过旋转操控板直接旋转生成三维模型的，在此过程中要求手柄的草绘截面必须是封闭的，为此需要对其几何截面进行封闭性检验，如有问题就需修改。

（1）在【草绘】模块或者【零件】模块中，单击菜单栏中的【打开】按钮，将图 2-78 的模型载入草绘模块中。

（2）分别单击工具栏中的【着色封闭环】按钮和【加亮开放端点】按钮，图 2-78 没有任何变化，表示图形中的模型截面不是一个单一的封闭环，也没有单一的开放端点（自由端点）；单击工具栏上的【重叠几何】按钮，结果如图 2-78 所示，表示模型中加亮部分与其他部分的几何有重叠（为了模型更为清晰地显示，在此关闭约束和标注的显示）；仔细检查图 2-78 中的模型，可以发现左边的黑色矩形框和右边的封闭线框存在矩形框的右边线重叠的现象，单击【删除段】按钮，将此边线删除掉；然后单击【重叠几何】按钮，模型没有反应，表示绘图区中已经没有重叠几何了；再次单击【着色封闭环】按钮，模型用图 2-79 所示的灰色区域填充，表示模型已经成为一个封闭线框。

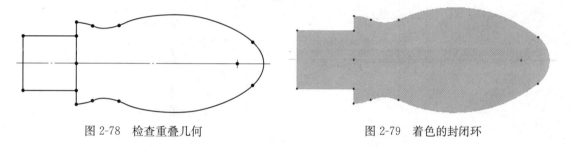

图 2-78　检查重叠几何　　　　　　　　　　图 2-79　着色的封闭环

注意：对于所建立的手柄草图，可以将图 2-78 中左、右两个线框分别作为两个回转截面，分两次旋转来生成手柄的三维模型，这样就不必检查手柄草绘截面的封闭性问题，但生成三维模型的过程会稍显麻烦。

2. 约束和尺寸冲突问题

在绘制二维截面草图时，当添加的尺寸或约束与现有的尺寸或约束相互冲突或多余时，则会出现图 2-80 所示的【解决草绘】对话框，用户必须删除多余的尺寸，或者删除多余的约束条件，或者将多余的尺寸转换为参照尺寸。【解决草绘】对话框各按钮功能如下：

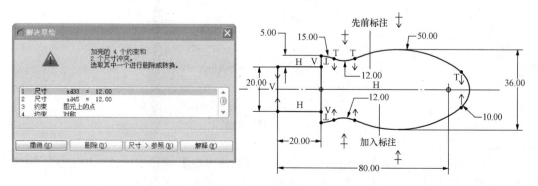

图 2-80　尺寸和约束冲突

【撤销】：撤销导致二维草绘的尺寸或约束冲突的操作。

【删除】：从列表框中选择某个多余的尺寸或约束，将其删除。

【尺寸>参照】：选取一个多余的尺寸，将其转换为参照尺寸。

【解释】：选择一个尺寸或约束，获取尺寸或约束的说明。

例如，在手柄截面草图 2-55 中，尺寸和约束条件已经足够，但若在中心线下端再加入一个半径尺寸 12.00，则会出现【解决草绘】对话框，显示出 2 个尺寸及相应的约束条件相互冲突，如图 2-80 所示。此时，可采用下列四种方式进行处理：

（1）撤销刚才标注的尺寸或施加的约束。单击【解决草绘】对话框中的【撤销】按钮，就可撤销刚才标注的尺寸。

（2）删除其中任意一个尺寸。例如删除中心线上端的尺寸"12.00"，在【解决草绘】对话框中选中该尺寸，单击【删除】按钮，冲突解决，结果如图 2-81 所示。

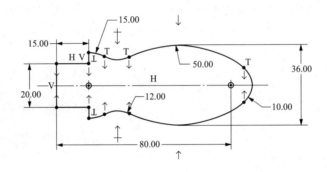

图 2-81　删除尺寸

（3）删除其中任意一个约束条件。例如删除图 2-80 中的对称约束，使得中心线上、下两个半径为 12.00 的圆弧不再是等长约束，可以自由调整其中一段圆弧的尺寸，而另一段圆弧的尺寸不受影响，如果 2-82 所示。

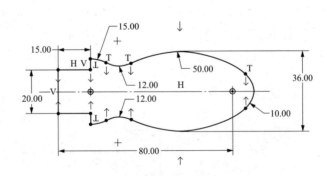

图 2-82　删除约束

（4）设置其中一个尺寸为参照尺寸。例如在【解决草绘】对话框中选中中心线下端的半径"12.00"，单击【尺寸>参照】按钮，就可将该尺寸设置为参照尺寸。

小 结

    本章主要介绍了 Pro/E Wildfire 5.0 二维草绘的基本功能和草图绘制的基本技巧。实际上，不论是二维平面设计，还是三维实体建模设计，一般都是以二维草绘为基础的。所以，二维草绘是三维实体建模的基础，二维草绘的熟练与否直接关系到 Pro/E 软件学习的状况。

    本章在讲述二维草绘环境设置的基础上，重点介绍了基本几何图元的绘制方法和技巧，以及文本的生成步骤，系统阐述了复制、镜像、移动、缩放、旋转等几何图元编辑功能的操作方法。

    添加约束就是使几何图元满足相应的几何限制关系，标注尺寸就是使几何图元满足一定的大小和几何位置关系。因此，掌握各种约束的功能及尺寸标注和修改的方法可以提高产品的设计水平。

    本章最后用实例详细介绍了 Pro/E Wildfire 5.0 二维草绘的基本方法和步骤，尤其是气门截面草图绘制一题多解、手柄草图绘制的纠错分析，以及尺寸和约束冲突时的解决方法对于开拓读者的思路具有重要的意义。

操作视频

第三章　三维实体特征建模

第一节　创建基准特征

基准特征有两种创建环境：一是在创建实体特征或者曲面特征之前创建，基准特征模型树选项卡中以一个单独特征出现，这种创建环境和方式比较常用，可以作为零件中基准特征创建以后其他后续特征的参照；二是在创建其他特征的过程中临时创建的特征，这种方式创建的基准特征包含在当前所创建的特征之内，作为当前特征的子项目存在，特征完成后不显示基准特征，也不在模型树中显示。

上述两种基准特征的创建方法一样，可以通过主菜单【插入】菜单中的【模型基准】命令，在弹出的【模型基准】子菜单中执行相应的命令；或者通过【基准】工具栏中相应的基准工具按钮创建基准特征，如图 3-1 所示。

打开 Pro/E 之后，在工具栏中有【基准显示】工具栏，单击工具栏中相应的按钮，按钮变亮，该基准显示处于打开状态，再次单击，按钮变暗，关闭该基准显示，如图 3-2 所示；Pro/E 中默认状态为显示各个基准，用户也可以自行设置默认是否显示基准特性。另外，单击主菜单【工具】菜单中的【环境】命令，在弹出的【环境】对话框中【显示】选项组中选中或取消相应的复选框，可以控制相应基准特征的显示与否，如图 3-3 所示。还有，单击主菜单【视图】菜单中【显示设置】下【基准显示】命

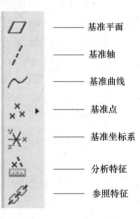

图 3-1 【基准】工具栏

令，在弹出的【基准显示】对话框中选中或取消相应的复选框，可以控制相应基准特征的显示与否，如图 3-4 所示。

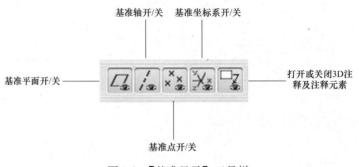

图 3-2 【基准显示】工具栏

当零件设计过程中，基准特征较多时，为了便于区分这些特征，还可以设置不同的颜色显示基准特征。单击主菜单中【视图】/【显示设置】/【系统颜色】命令，在弹出的【系统颜色】对话框中选择【基准】选项卡，可以调整相应的基准特征显示颜色，

如图3-5所示。

图 3-3　【环境】对话框　　　　图 3-4　【基准显示】对话框　　　图 3-5　【系统颜色】对话框

同样，为了区分各个基准特征，添加分类管理或者体现设计者个人思想，可以对基准特征进行重命名，在基准模型建立时或建立之后进行。建立基准模型时，单击基准特征工具栏中相应的基准工具按钮创建基准特征，在弹出的对话框中的【属性】栏，填写基准名称，如图 3-6 所示；或者在基准特征建立以后，双击所要重命名的基准特征，或者鼠标右键单击基准特征名称，在弹出的快捷菜单中单击【重命名】命令，原来的基准特征名称会变成一个文本框，即可以重命名基准特征，如图 3-7 所示。

一、基准平面

基准平面在所有基准特征中应用最为广泛，是最重要的基准特征，它具备几何面域的性质，可以无限延伸，可以作为尺寸标注的参考、视图方向的参照面、草绘平面、装配参考面、剖视图的剖切平面等。进入 Pro/E 零件模块后，系统会默认出现 3 个正交的基准平面构成笛卡尔坐标系统，这三个基准平面

图 3-6　通过基准属性重命名基准特征

分别为 FRONT、TOP 和 RIGHT，随后建立的基准平面则默认命名为 DTM1、DTM2……，当然也可以对上述基准平面重新命名。

创建基准平面的基本思路相近于几何面的确定，即可以通过两条相交的直线或平行的直线确定、一条直线以及直线外的一点确定、不在同一条直线上的三点确定等，具体创建时则是参照现有特征，以通过、垂直、平行、偏移、角度、相切等约束条件，建立基准平面，具体参照与约束条件的关系见表 3-1。

1. 创建基准平面的过程

（1）单击【基准】工具栏中基准平面图标 ▱ 或者单击【插入】/【模型基准】/【平面】命令，打开【基准平面】对话框，如图 3-8 所示。

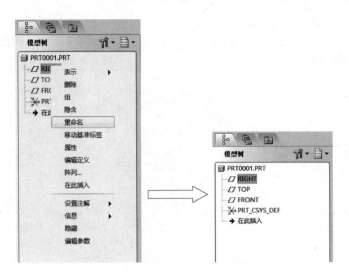

图 3-7　在模型树下重命名基准特征

表 3-1　　　　　　　　　　　　基准平面的约束与参照对象的关系

约束条件	约束条件的用法	可以用作参照的对象
穿过	基准平面通过选定参照	点、轴、边、曲线、平面、圆柱
法向	基准平面垂直选定参照	轴、边、曲线、平面
平行	基准平面与选定参照平行	平面
偏移	基准平面由选定参照平移生成	平面、坐标系
角度	基准平面由选定参照旋转生成	平面
相切	基准平面与选定参照相切	圆柱

(a)【放置】选项卡

(b)【显示】选项卡

(c)【属性】选项卡

图 3-8　基准平面对话框

（2）在【放置】选项卡的参照区域内单击左键，然后利用鼠标在绘图区域中选择所需参照的图元，需选择多个图元时，按住 Ctrl 键选择，每种不同的参照图元都有一种或者多种约束条件与之对应。

（3）在【放置】选项卡偏移区域中【平移】或【旋转】输入框中，输入基准平面的约束数值。

（4）虽然基准平面可以无限延伸，但可以调整基准平面的显示大小，在【显示】选项卡可以调整基准平面的显示大小和法向。

（5）在【属性】选项卡中输入基准平面名称，单击【确定】按钮，基准平面生成。

2. 创建基准平面

以分流式二级圆柱齿轮减速器中的 B 型平键为例，介绍常用的不同参照与约束下创建基准平面的方法。

（1）【穿过】。【穿过】约束条件参照的对象包括点、轴、边、曲线、平面、圆柱，是参照对象最多的约束条件，从平面的几何构成上看，两条相交的直线、两条平行的直线、直线及直线外的一点、不在同一条直线上的三个点这些确定平面的条件在 Pro/E 中都通过【穿过】约束。图 3-9 所示为不同参照对象时通过【穿过】约束条件确定的基准平面。

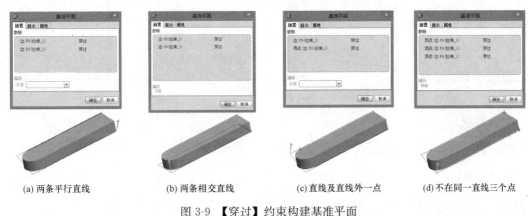

(a) 两条平行直线　　　　(b) 两条相交直线　　　　(c) 直线及直线外一点　　　　(d) 不在同一直线三个点

图 3-9　【穿过】约束构建基准平面

（2）【法向】和【角度】。【法向】约束的参照对象轴、边、曲线、平面这些具有法线方向的几何，用于确定所建立基准平面的法线方向，然后通过【穿过】约束控制基准平面所在位置；【角度】约束以平面为参照，用于确定基准平面与参照平面的偏转方向，同样需要【穿过】约束控制基准平面位置，如图 3-10 所示。

（3）【平行】和【偏移】。【平行】和【偏移】约束均主要以平面为参照，但【平行】约束不能独立

(a)【法向】与【穿过】　　　　(b)【角度】与【穿过】

图 3-10　【法向】和【角度】约束构建基准平面

构成约束条件，与【穿过】和【法向】一样，需要其他约束条件配合；【偏移】约束在输入偏移距离后可以单独确定基准平面，输入数值的正负决定平移的方向，如图 3-11 所示。

（4）【相切】。【相切】约束以曲面为参照，同样【相切】约束也需要与其他约束条件配合才能确定基准平面，【相切】常与【穿过】和【法向】等联合确定基准平面，如图 3-12 所示。

　　基准平面创建完成以后，若要对该基准平面进行编辑或修改，可以在模型树下面，用鼠标右键单击所要编辑的基准平面，从弹出的快捷菜单中选择【编辑定义】命令，如图 3-13 所示，弹出基准平面对话框，可以对【放置】、【显示】、【属性】选项卡进行编辑，需更改定义参照时，在【放置】选项卡中，单击鼠标右键已定义的参照，从弹出的快捷菜单中选择【移除】，删除参照，然后按照创建基准平面的过程进行编辑。

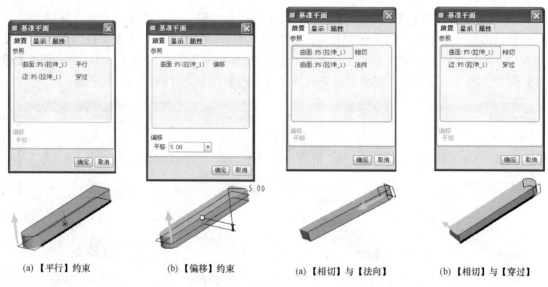

(a)【平行】约束　　　　　(b)【偏移】约束　　　　　(a)【相切】与【法向】　　　(b)【相切】与【穿过】

图 3-11　【平行】和【偏移】约束构建基准平面　　　图 3-12　【相切】约束构建基准平面

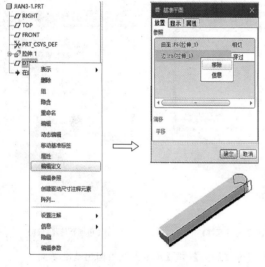

图 3-13　编辑基准平面

二、基准轴

　　基准轴常作为特征建立的参照，是一种重要的辅助基准特征，可以协助基准平面与基准点的建立、尺寸标注参照、【孔】特征的建立、作为【阵列复制】和【旋转复制】的旋转轴，也常用于同心装配的参照轴等。基准轴默认由黄色中心线表示，其默认编号为 A＿1、A＿2、A＿3 等。

　　基准轴的创建过程和思路与基准平面类似，可以通过两点、两平面的交线、过点与平面垂直、圆弧或圆柱面的中心线、曲线的切线等几何思路确定，建立过程中所采用的约束关系和参照对象与基准平面类似，在此不再赘述。

　　1. 创建基准轴的过程

　　（1）单击【基准】工具栏中基准轴图标 ∕ 或者单击【插入】/【模型基准】/【轴】命令，打开【基准轴】对话框，如图 3-14 所示。

　　（2）在【放置】选项卡的参照区域内单击鼠标左键，然后利用鼠标在绘图区域中选择所

(a)【放置】选项卡

(b)【显示】选项卡

(c)【属性】选项卡

图 3-14　【基准轴】对话框

需参照图元用于建立基准轴，需选择多个图元时，按住 Ctrl 键选择，每种不同的参照图元都有一种或者多种约束条件与之对应，常见为通过或法向约束。

（3）基准轴可以无限延伸，但可以调整基准平面的显示大小，在【显示】选项卡可以显示基准的显示长短和参照。

（4）在【属性】选项卡中输入基准轴名称，单击【确定】按钮，基准轴生成。

2. 创建基准轴

以分流式二级圆柱齿轮减速器中的 B 型平键为例，介绍常用的不同参照与约束下创建基准轴的方法。

（1）边边界。边边界是一种最常用简单的构建基准轴的方法，通过模型中的一条直边确定，如图 3-15 所示，单击基准轴图标命令后，直接单击参照直边，然后单击【确定】按钮即可创建。

（2）垂直平面。垂直平面方法要求一个基准面（基准平面、实体平面），该基准面垂直于所创建的基准轴，同时需要两个参照用于确定基准轴的位置，这两个辅助参照可以是基准平面、实体平面、基准轴或者实体边等，如图 3-16 所示。先单击参照区域，选取基准面；再单击偏移参照，按住 Ctrl 键选中两个辅助参照，并更改偏移参照距离，创建基准轴。

图 3-15　边边界创建基准轴

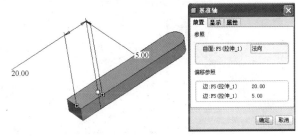

图 3-16　垂直平面创建基准轴

（3）过点且垂直平面。通过点且垂直于平面就是所作的基准轴通过一点，并且垂直于基准面（基准平面、实体平面），只需要选择一个基准面及一个点就可以构建一个基准轴，如图 3-17 所示。

（4）过圆柱面。过圆柱面应用非常广泛，是指在圆柱形或者其他具有对称选择特征

图 3-17　过点且垂直平面创建基准轴

（包括圆弧）的旋转中心处生成一个基准轴，如图 3-18 所示。

（5）两相交平面。在基准面的两个相交处创建基准轴，如图 3-19 所示。

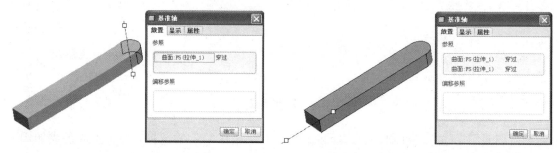

图 3-18 过圆柱面创建基准轴　　　　　图 3-19 两相交平面创建基准轴

（6）两点。通过并且连接两个基准点或实体顶点创建基准轴，如图 3-20 所示。

（7）曲线相切。通过曲线上一点，并且与该点处曲线相切的基准轴，如图 3-21 所示。

图 3-20 两点创建基准轴　　　　　图 3-21 曲线相切创建基准轴

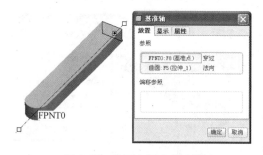

图 3-22 曲面点创建基准轴

（8）曲面点。通过曲面或者平面上一个或多个点，构建与该曲面正交的基准轴，如图 3-22所示。

与基准平面相同，基准轴创建完成以后，若要对该基准轴进行编辑或修改，可以在模型树下面，用鼠标右键单击所要编辑的基准轴，从弹出的快捷菜单中选择【编辑定义】命令，如图 3-23 所示，弹出基准轴对话框，可以对【放置】、【显示】、【属性】选项卡进行编辑，需更改定义参照时，在【放置】选项卡中，单击鼠标右键已定义的参照，从弹出的快捷菜单中选择【移除】，删除参照，然后按照创建基准轴的过程进行编辑。

三、基准点

基准点通常指为定位基准而定义的点，常用于辅助创造其他基准特征，如基准平面、基准轴、基准曲线；也可以用于定义某些特征的参数，如拉伸深度、旋转角度、装配匹配点等；还可以用于辅助创建复杂的曲线或曲面；有时还用来定义有限元分析网格上的施力点等。基准点一般默认显示为橙色"×"，并依序命名为PNT0、PNT1、PNT2等。

创建基准点的命令调用与基准平面、基准轴类似，但 Pro/E 中工具按钮 ×× 中包含三种基准点，分别是：×× 一般基准点，主要用于创建平面、曲面上或曲线上的点，其位置可以通过输入数值或者拖动控制句柄确定；※ 偏移坐标系基准点，作用同于一般基准点，但利用坐标标注的方法创建；≛ 域基准点，直接在实体或者曲面上单击鼠标左键创建。在 Pro/E 4.0 以前的版本，基准点工具按钮中还包括草绘基准点工具按钮，其创建过程与普通草绘图元一样，在草绘界面内绘制点并标注尺寸，Pro/E 5.0 将该功能集合在草绘工具中的草绘几何点功能。

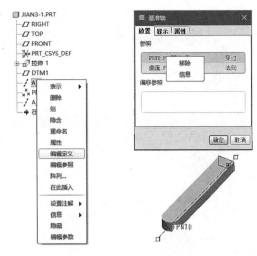

图 3-23　编辑基准轴

与基准平面、基准轴一样，基准点的创建思路源于几何点的确定，如定义点的具体坐标值、线与线的交点、线与面的交点、3 个面的交点、线上按比例或按长度分割位置点、曲线的曲率中心位置点等。

1. 创建基准点的过程

（1）单击【基准】工具栏中基准点图标 ×× ※ ≛ ×× 中的图标按钮或者单击【插入】/【模型基准】/【点】/【点】或【偏移坐标系】或【域】，打开对话框，如图 3-24 所示。

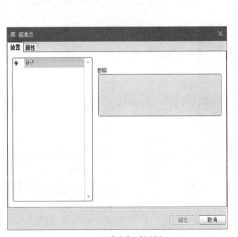

(a)【点】对话框

(b)【偏移坐标系】对话框

(c)【域】对话框

图 3-24　基准点对话框

（2）在【放置】选项卡的参照区域内单击左键，然后利用鼠标在绘图区域中选择所需参照图元用于建立基准点，需选择多个图元时，按住 Ctrl 键选择，每种不同的参照图元都有一种或者多种约束条件与之对应。

（3）在【属性】选项卡中输入基准点名称，单击确定按钮，基准点生成。

根据上述确定思路，基准点创建方法有 11 种，其中 8 种为一般基准点的创建办法，其余分别为偏移坐标系基准点、域基准点和草绘基准点。

2. 创建基准点

以分流式二级圆柱齿轮减速器中的齿轮为例，介绍常用的不同参照与约束下创建基准点的方法。

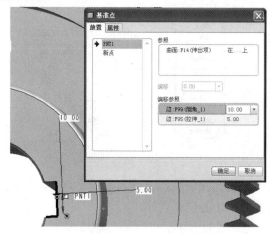

图 3-25　曲面上创建基准点

（1）曲面上。在空间曲面上建立基准点，并且需要指定基准点相对参照曲面或边的偏距，如图 3-25 所示。

（2）偏距曲面。偏距曲面创建基准点与曲面上创建基准点方法相似，选定参照曲面后，需在右侧下拉框中将"在其上"更改为"偏移"，激活"偏移"数值输入框，输入偏移数值，在参照平面的法线方向上偏移所输入数值的位置创建基准点，如图 3-26 所示。

（3）线与面相交。在线与面的交点位置创建基准点，参照线可以是实体边、曲面边或基准轴，面可以是实体平面、曲面或基准平面，如图 3-27 所示。

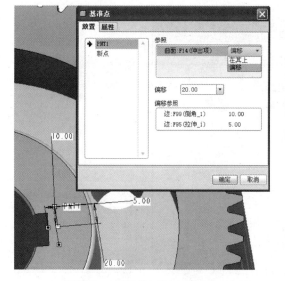

图 3-26　偏距曲面创建基准点

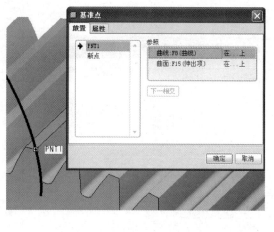

图 3-27　线与面相交创建基准点

（4）线与线相交。与线与面类似，在线与线的交点位置创建基准点，参照线可以是实体边、曲面边或基准轴，如图 3-28 所示。

（5）三面相交。三个实体面或基准平面的相交位置创建基准点，如图 3-29 所示。

（6）曲线上。在实体边、曲线、曲面边的端点或距离端点一定基准长度、一定长度比例或参照某一基准面的偏距位置建立基准点，如图 3-30 所示。

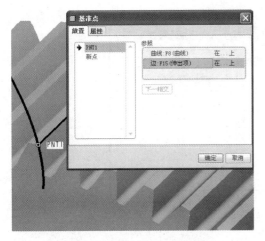

图 3-28　线与线相交创建基准点

图 3-29　三面相交创建基准点

(a) 曲线端点创建基准点

(b) 曲线上一定长度比例创建基准点

(c) 曲线上一定基准长度创建基准点

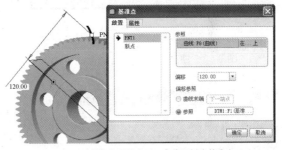

(d) 曲线上距基准面一定偏距创建基准点

图 3-30　曲线上创建基准点

（7）偏距点。以现有基准点或坐标系原点为参照，沿某一参照方向平移一定距离建立基准点，如图 3-31 所示。

（8）曲率中心点。在圆弧或圆的曲率中心建立基准点，选定参照曲线后，需在右侧下拉框中将"在其上"更改为"居中"，如图 3-32 所示。

（9）偏移坐标系基准点。通过指定坐标系的偏移距离产生基准点，可以通过输入笛卡尔坐标系、球坐标系或圆柱坐标系坐标来实现，一次可以生成多个基准点，如图 3-33 所示。单击【偏移坐标系基准点】对话框右下角【保存】按钮，可以将基准点信息保存为 PTS 格式文件，单击【导入】按钮也可导入 PTS 文件中的基准点信息，PTS 文件可用记事本编写。

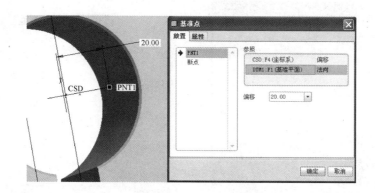

图 3-31　偏距点创建基准点

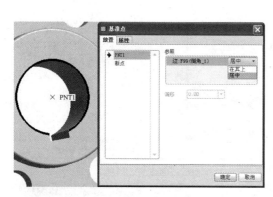

图 3-32　曲率中心点创建基准点

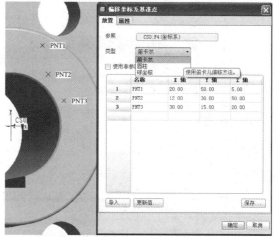

图 3-33　偏移坐标系基准点

图 3-34　域基准点

（10）域基准点。直接在曲线、实体边、曲面上任意位置创建基准点，不需要指定任何数值约束，所创建基准点无法确切控制，在打开【域基准点】对话框后，在实体任意位置单击，即可创建基准点，如图 3-34 所示。

（11）草绘基准点。草绘基准点在草绘器中执行，进入草绘界面后，创建"几何点"，完成草绘，生成草绘基准点，如图 3-35 所示。

基准点创建完成以后，也可对该基准点进行编辑或修改，在模型树下用鼠标右键单击所要编辑的基准点，从弹出的快捷菜单中选择【编辑定义】命令，如图 3-36 所示，弹出基准点对话框，需更改定义参照时，在【放置】选项卡中，在已定义的参照单击鼠标右键，从弹出的快捷菜单中选择【移除】，删除参照，然后按照创建基准点的过程进行编辑。

四、基准曲线

基准曲线是三维实体造型过程中常用的一种基准特征，主要用于形成几何模型的框架

图 3-35 草绘基准点

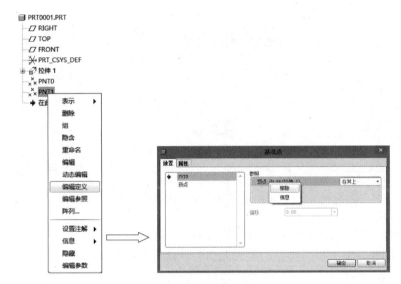

图 3-36 【编辑定义】命令

结构，可以作为扫描、混合扫描、可变剖面扫描等特征的轨迹线；可以作为建立圆角、拔模、骨架、折弯等特征的参照；用于创建和修改复杂曲面；辅助建立基准平面、基准轴、基准点等其他基准特征。基准曲线是表面辅助的零件设计过程中应用比较频繁的一种基准特征。

在基准曲线的【曲线选项】菜单管理器中提供了经过点、自文件、使用剖截面、从方程四种创建方式。其功能分别是：通过点，通过选定一系列参考点创建基准曲线；自文件，使用外部文件提供的点参数来创建基准曲线；使用剖截面，在剖截面的边界建立基准曲线；从方程，通过输入数学方程来精确创建基准曲线。

1. 创建基准曲线的过程

（1）单击【基准】工具栏中的基准曲线图标按钮～或者单击【插入】/【模型基准】/【曲线】，打开【曲线选项】菜单管理器，如图 3-37 所示。

（2）在【曲线选项】菜单管理器中选择基准曲线的四种创建方式之一。

（3）根据不同创建方式对参照和条件的限制要求，创建基准曲线。

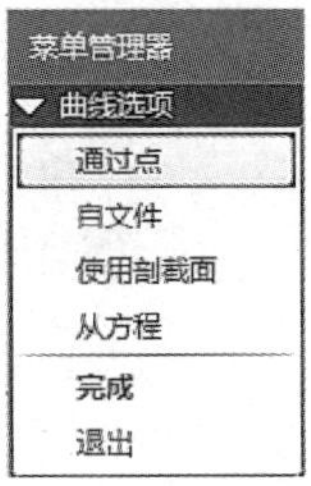

图 3-37 【曲线选项】菜单管理器

2. 创建基准曲线

以分流式二级圆柱齿轮减速器中的齿轮为参照实例，介绍常用创建基准曲线的方法。

（1）通过点。通过点创建基准曲线需要选定一系列的参考点，这些参考点可以是基准点，也可以是实体顶点，创建过程如下：单击【基准】工具栏中的基准曲线图标按钮～ 或者单击【插入】/【模型基准】/【曲线】，打开【曲线选项】菜单管理器；在弹出的【曲线选项】菜单管理器中选择【通过点】/【完成】；进入【曲线：通过点】对话框，在弹出的【连结类型】菜单管理器中选择创建基准曲线类型；选择参照点，然后单击【曲线：通过点】对话框中确定按钮，生成基准曲线，如图 3-38 所示。

图 3-38 　通过点创建基准曲线

【连结类型】菜单管理器中各选项的意义如下：

【样条】：创建一条平滑的样条曲线，此项为默认选项。

【单一半径】：点和点之间采用直线段连接，但线段与线段交接处可以指定一个圆角半径形成圆角线段，需输入指定圆角半径大小，并且整条基准曲线的圆角半径值是相同的。

【多重半径】：与单一半径的连接方式相同，但各条线段之间的圆角半径可以不同，在每个线段的拐角处皆可指定半径值。

【单个点】：在绘图界面一个一个选取参照点，将其连成基准曲线。

【整个阵列】：以连续顺序，选择【基准点】/【偏距坐标系】特征中的所有点。

【增加点】：对基准曲线定义增加一个该曲线将通过的参照点。

【删除点】：从基准曲线定义中删除一个该曲线当前通过的一个参照点。

图 3-39 　【定义相切】菜单管理器

【插入点】：在已选定的参照点之间插入一个参照点，该选项可修改基准曲线定义要通过的插入点，系统提示需要选择一个参照点确定插入位置。

完成【曲线点】定义后，可以选择对【曲线：通过点】中的【相切】选项定义基准曲线与邻接模型相接处的接触形式，选中【相切】后左击定义按钮，弹出【定义相切】菜单管理器，如图 3-39 所示，最后选择【扭曲】选项后单击定义按钮，通过使用多面体处理来修改通过两点的基准曲线形状。其中【定义相切】菜单管理器中各项的含义如下：

【起始】：在基准曲线的起始点位置定义相切约束。

【终止】：在基准直线的终点处定义相切约束。

【曲线/边/轴】：通过一条曲线/边/轴定义基准曲线起点或终点的相切约束。

【创建轴】：通过创建的基准轴定义基准曲线起点或终点的相切约束。

【曲面】：通过选取的一个曲面或平面定义基准曲线的相切约束。

【曲面法向边】：定义选取在基准曲线起点或终点处于基准曲线正交的曲面的一条边。

【清除】：删除选定参照点处的当前相切约束。

【相切】：定义基准曲线在该参照点处与参照相切。

【法向】：定义基准曲线在该参照点处与参照垂直。

【曲率】：为定义了相切条件的基准曲线端点设置连续曲率。

（2）自文件。自文件创建基准曲线，就是使用外部文件提供的点参照生成基准曲线，可以输入的文件类型有来自 Pro/E 的 ibl、iges 或者 vda 文件，其中 ibl 最为常用。输入的基准曲线可以由一条或者多条线段组成，并且这多条线段不必相连，但 Pro/E 不会自动将文件输入的曲线合并成一条复合基准曲线。若要连接基准曲线段，应确保一段曲线的第一点坐标与前一段最后一点的坐标相同。创建过程如图 3-40 所示。

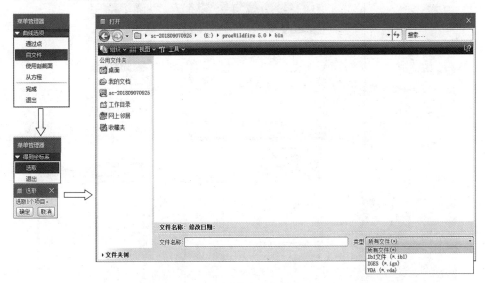

图 3-40 【自文件】创建基准曲线

ibl 文件可以通过两种方式创建，一种是在 windows 的记事本中创建，然后保存为 ibl 格式文件；另一种是在 Pro/E 中创建，其过程如下：执行【窗口】/【打开系统窗口】命令，弹出 DOS 窗口，输入 "edit" 命令，按 Enter 键；进入 "edit" 界面，输入编辑字符；执行【File】/【Save As】命令，重新指定文件名，并保存在指定路径，然后输入 "exit"，退出 DOS 系统。如图 3-41 所示。

（3）使用剖截面。使用剖截面创建基准曲线就是以模型中所做剖切面与零件边界相交处形成的曲线为边界创建的基准曲线，因此在创建基准曲线前需先创建剖截面。剖截面及使用剖截面创建基准曲线过程如下：单击【视图】下拉菜单中的【视图管理器】命令，弹出【视图管理器】对话框；单击【视图管理器】对话框中的【剖面】选项卡，单击【新建】命令，

图 3-41　Pro/E 中创建 ibl 文件

输入剖面名称"A",按 Enter 键;选择【剖截面创建】菜单管理器中的【平面】/【单一】,选择一个基准面,单击完成,创建剖截面;单击【基准】工具栏中的基准曲线图标按钮 ～ 或者单击【插入】/【模型基准】/【曲线】,打开【曲线选项】菜单管理器,选择【使用剖截面】创建基准曲线;选择剖截面 A,创建基准曲线,如图 3-42 所示。

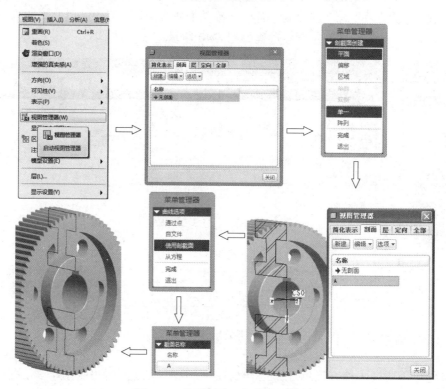

图 3-42　使用剖截面创建基准曲线

　　(4) 从方程。从方程创建基准曲线是在指定的参照坐标系下,用一组参数方程来创建基准曲线,需要先选取一个坐标系作为参照,并指定坐标系的类型,根据所选定的坐标系类型输入曲线方程以创建基准曲线。从方程创建基准曲线常用于创建螺旋线、渐开线、心形线等非圆曲线,在工程应用中使用较广泛,本章以渐开线齿轮为例介绍该种方式,过程如下:单击【基准】工具栏中的基准曲线图标按钮或者单击【插入】/【模型基准】/【曲线】,打开【曲线选项】菜单管理器;在【曲线选项】菜单管理器中选择【从方程】/【完成】选项,弹出

【曲线：从方程】对话框和【得到坐标系】菜单管理器，单击默认的【选取】命令，弹出【选取】对话框，选择坐标系；选择【曲线：从方程】中坐标系类型选项，在【设置坐标类型】中选笛卡尔，弹出 rel. ptd 记事本；在记事本中输入渐开线方程，保存并关闭记事本，单击【曲线：从方程】中的【确定】按钮，创建渐开线基准曲线，如图 3-43 所示。

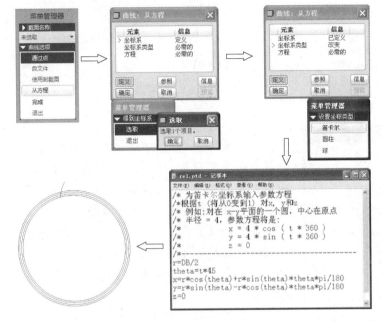

图 3-43　从方程创建基准曲线

基准曲线创建完成以后，也可对该基准曲线进行编辑或修改，在模型树下单击鼠标右键所要编辑的基准曲线，从弹出的快捷菜单中选择【编辑定义】命令，弹出基准曲线定义对话框，需更改定义参照时，选中所要编辑选项，单击【定义】按钮，按照创建过程进行重新定义，修改完成后，单击【确定】按钮，完成基准曲线编辑。

五、基准坐标系

在 Pro/E 中，基准坐标系是三维实体造型过程中最重要的公共基准，但在建模过程中往往使用较少，基准坐标系用于确定特征的绝对位置，在创建混合实体特征、折弯特征等过程中是不可缺少的基本参照，当然也可以用于定位点、曲线、平面等基准和特征。另外，在计算零件属性、组件装配、施加有限元边界条件、NC 加工中刀具轨迹参照原点、定位 IGES、STL 等格式几何特征的参照中都有应用。

Pro/E 中三种可用坐标系，分别是笛卡尔坐标系、圆柱坐标系、球坐标系，创建坐标系就是在确定坐标原点的基础上确定各个坐标轴的方向。

1. 创建基准坐标系的过程

（1）在【基准】工具条中单击※图标按钮或者单击【插入】/【模型基准】/【坐标系】，打开【坐标系】对话框，包括三项内容，如图 3-44 所示，其含义分别是：【原点】选项卡，用于定义原点的放置参照，指定偏移坐标系方式和偏移坐标值大小；【方向】选项卡，用于设置各坐标轴的方向，定义基准坐标系的 X、Y 和 Z 轴方向时，指定了其中的两个轴，第三轴方向满足"右手定则"；【属性】选项卡，用于显示当前基准坐标系的特征信息和重命名基准坐标系。

(a)【原点】选项卡

(b)【方向】选项卡

(c)【属性】选项卡

图 3-44　【坐标系】对话框

图 3-45　【原点】选项卡

（2）在【原点】选项卡的【参照】编辑框中单击，在绘图区域中选择建立基准坐标系原点的参照图元，确定原点的方式有三个平面相交、曲面上的点、顶点等。如果选择系统坐标系为原点参照，偏移的类型有笛卡尔、圆柱坐标、球坐标和自文件 4 种方式，并输入偏移坐标值，如图 3-45 所示。

（3）在【方向】选项卡中定义坐标轴方向，在【属性】选项卡中修改基准坐标系名称。

（4）单击【坐标系】对话框中的【确定】按钮，完成基准坐标系创建。

2. 创建基准坐标系

以四缸发动机中连杆为实例，介绍创建基准坐标系的具体方法。

（1）三平面相交。选取三个平面的交点作为坐标原点，如果三个平面两两相交，系统会以选定的第一个平面的法向作为一个轴的方向，第二个平面的法向作为另一个轴的方向，根据"右手定则"确定第三轴，如图 3-46 所示，若要修改坐标轴方向，单击【方向】选项卡进行修改，完成后单击【确定】按钮完成创建。

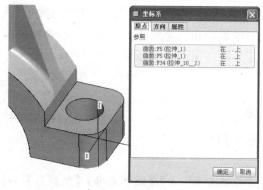

(a)选定三面确定原点

(b)修改坐标轴方向

图 3-46　三平面相交创建基准坐标系

（2）偏距。把原始坐标系作为参照，在空间上偏移一定距离，创建新的基准坐标系，如

图 3-47 所示，所输入偏距坐标应和坐标系类型对应。

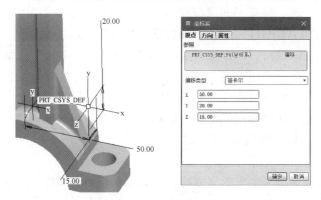

(a) 选定参考坐标系和偏距　　　　　　　　　　　(b) 修改坐标轴方向

图 3-47　偏距创建基准坐标系

（3）两条边。使用两条边或者轴创建基准坐标系，两条边的交点为坐标原点，首先选中的默认为 X 轴，如图 3-48 所示。

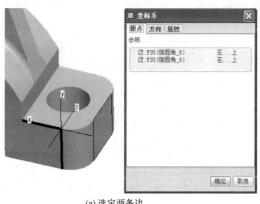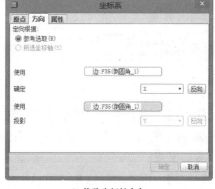

(a) 选定两条边　　　　　　　　　　　　　(b) 修改坐标轴方向

图 3-48　两条边创建基准坐标系

　　基准坐标系创建完成以后，也可对该基准坐标系进行编辑或修改，在模型树下单击鼠标右键所要编辑的基准坐标系，从弹出的快捷菜单中选择【编辑定义】命令，弹出【坐标系】对话框，需更改定义参照时，在参照位置，单击鼠标右键移除，重新选取参照，按照创建过程进行重新定义，修改完成后，单击【确定】按钮，完成基准坐标系编辑。

第二节　创建基础实体特征

　　基础实体特征是由二维截面经过拉伸、旋转、扫描、混合等方法而形成的一类实体特征，形成特征的二维截面需在草绘平面上，并在参照平面的参照下进行，然后以添加材料或去除材料的方式创建实体，在 Pro/E 中把它们称为伸出项和切口。现对上述概念进行阐述。

（1）草绘平面和参照平面。草绘平面是特征界面或轨迹的绘制平面，可以是基准平面，也可以是实体表面。为了使草绘平面的位置正确，还必须指定一个与草绘平面垂直的平面作为草绘平面的参照，该平面即为参照平面。参考平面可以作为草绘命名的顶面（TOP）、底面（BOTTOM）、左面（LEFT）、右面（RIGHT），用于确定草绘平面在屏幕上的位置。

（2）伸出项和切口。伸出项是通过添加材料的方法产生的基础实体特征，对应于机械加工中的铸造、焊接、锻造等，零件的毛坯一般由上述方式形成，零件的第一个实体特征也必须是添加材料的特征。切口是通过去除材料的方法产生的基础实体特征，对应于机械加工中的车、铣、刨、磨等机加工方式，构建实体也是在伸出项的基础上进行的，与机械零件的加工工艺类似。在 Pro/E 中，通过移除材料△控制伸出项和切口。

一、拉伸特征

拉伸特征是将二维草绘界面沿直线运动而生成的实体特征，是定义三维实体特征的基本方法，也是最简单的基础特征。拉伸特征在拉伸过程中，实体或曲面的截面形状、大小、方向均不发生变化，适用于外形较简单且形状规则的实体，大多数零件的第一个基础特征都是通过拉伸创建的。

1．创建拉伸特征的过程

（1）单击【插入】/【拉伸】菜单命令或者在工具条中单击图标按钮，打开拉伸特征操控板，如图 3-49 所示。图中各个按钮和选项含义如下：

图 3-49　拉伸特征操控板

【放置】：用于确定二维草绘截面的草绘平面和参照平面，单击 放置 按钮，系统弹出如图 3-50 所示的【放置】上滑面板，右侧 定义... 按钮用以创建或更改生成拉伸特征的草绘平面和参照平面。

【选项】：用于确定拉伸特征的拉伸深度和深度的参照方式，单击 选项 按钮，系统弹出如图 3-51 所示【选项】上滑面板，指定拉伸特征两侧的参照方式及拉伸深度。

图 3-50　拉伸特征【放置】菜单上滑面板

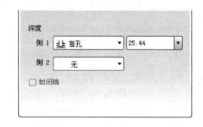

图 3-51　拉伸特征【选项】菜单上滑面板

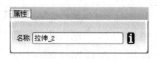

图 3-52　拉伸特征【属性】
菜单上滑面板

【属性】菜单选项：用于显示和重命名拉伸特征名称，单击 ⓘ 按钮，将在 Pro/E 浏览器中显示拉伸特征的相关信息，如图 3-52 所示。

▢：选中该按钮，表示将创建拉伸实体特征。

◠：选中该按钮，表示将创建拉伸曲面特征。

：用于控制拉伸实体拉伸深度的参照方式的下拉工具按钮，单击按钮，可以弹出上滑面板，如图 3-53 所示。

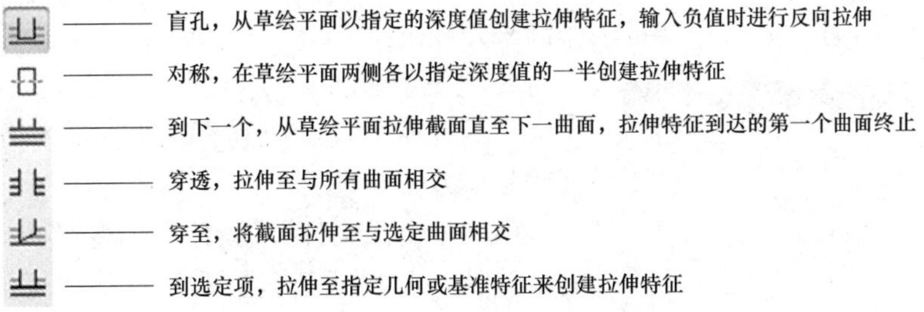
盲孔，从草绘平面以指定的深度值创建拉伸特征，输入负值时进行反向拉伸
对称，在草绘平面两侧各以指定深度值的一半创建拉伸特征
到下一个，从草绘平面拉伸截面直至下一曲面，拉伸特征到达的第一个曲面终止
穿透，拉伸至与所有曲面相交
穿至，将截面拉伸至与选定曲面相交
到选定项，拉伸至指定几何或基准特征来创建拉伸特征

图 3-53　控制拉伸特征深度的参照方式

25.44：拉伸深度输入和选定表框，可以直接输入或选择要创建拉伸特征的深度值。

：拉伸深度方向控制按钮，单击可将拉伸深度的方向改为草绘截面的另一侧。

：以去除材料的方式创建拉伸特征。

：单击该按钮，表示创建加厚草绘，将厚度应用于草绘，用于绘制等厚度的拉伸特征。

1.02：按下按钮后出现，指定截面轮廓的厚度值。

：按下按钮后出现，用于在草绘一侧、另一侧和两侧间更改加厚的方向。

：单击该按钮，暂停当前操作以访问其他对象操作工具，单击后变成按钮，再次单击，恢复当前操作，继续创建拉伸特征。

：预览按钮，选择复选框时激活动态预览，可在更改模型时看到模型变化。

：单击该按钮完成特征创建并退出当前操控板。

：单击该按钮取消特征创建并退出当前操控板。

(2) 在拉伸特征操控板中选中按钮或者按钮，选择创建的是实体特征还是曲面特征，默认的是实体特征。

(3) 单击【放置】上滑面板，单击【定义】按钮，弹出【草绘】对话框，选取一个草绘平面并指定其参照方向，或接受默认方向，单击对话框中的【草绘】按钮进入草绘界面，如图 3-54 所示。

草绘
放置
属性
草绘平面
平面
FRONT:F3(
使用先前的
草绘方向
草绘视图方向
反向
参照
RIGHT:F1(基准平面)
方向
右
草绘
取消

图 3-54 【拉伸】特征的【草绘】对话框

(4) 在草绘模式中绘制拉伸特征的截面，完成后单击草绘模式右边的按钮，退出草绘状态。

(5) 在拉伸特征操控板中选定拉伸参照方式、拉伸方向并输入拉伸深度。

(6) 单击拉伸操控板中的按钮，预览将要生成的拉伸特征，预览符合要求时，直接单击按钮，创建拉伸特征并退出拉伸操作。

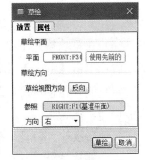

拉伸特征创建过程时需注意的事项有以下几个方面：

(1) 拉伸的二维草绘截面可以是封闭的，也可以是开放的，但零件模型的第一个拉伸特征的拉伸截面必须是封闭的，封闭的截面可以创建实体、曲面和加厚实体特征；开放截面一

般只能创建曲面和加厚实体拉伸特征，但如果开放截面与零件模型边界对齐时，也可以生成实体特征。

（2）封闭的拉伸截面可以是单个或者多个不重叠的环线，如果是嵌套的环线，最外面的环线默认被用作外环，其他环线被当作洞来处理。

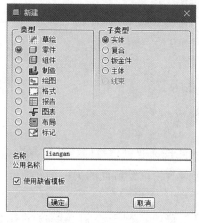

图 3-55 【新建】对话框

2. 创建拉伸特征

下面以四缸发动机连杆为实例，介绍创建拉伸特征的具体方法和过程。

（1）单击【文件】/【新建】命令或者单击工具栏中的按钮，弹出【新建】对话框，在【类型】选项中选中【零件】单选按钮，在【子类型】选项中选中【实体】单选按钮，创建三维实体模型，在【名称】文本框中输入"liangan"，单击【确定】按钮，进入零件模块，如图 3-55 所示。

（2）在零件创建窗口中，选择【插入】/【拉伸】菜单命令或者在工具条中单击图标按钮，进入拉伸特征操控板，选择【放置】上滑面板，单击【定义】按钮，按照提示在模型树或绘图区域选取"FRONT"基准平面作为草绘平面，按照系统默认或者自主设置参照平面，单击【草绘】按钮，进入草绘模式，如图 3-56 所示。

图 3-56 进入草绘模式

（3）在草绘模式下绘制"连杆"的第一个拉伸特征截面，如图 3-57 所示，完成截面绘制以后，单击【确定】按钮，退出草绘模式。

（4）输入拉伸深度"24"，单击按钮，完成并退出第一个拉伸特征操作，得到图 3-57 所示拉伸实体特征。

其他后续拉伸特征，按照类似的步骤和方法进行，完成零件特征的创建。

二、旋转特征

旋转特征也是常用的基础特征造型方法，是将二维草绘截面绕着一条中心轴线旋转而形成的形状特征，适用于创建盘类、轴类、锥类等回转形实体，特别适用于截面大小有变换的阶梯轴的创建。与拉伸实体特征相比，旋转实体特征具有回转中心轴，而且经过中心轴线的剖面形状关于回转中心轴严格对称。旋转特征可以生成360°整周的回转体，也可以创建某一特定角度的回转体。

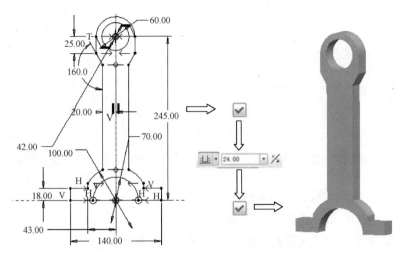

图 3-57　连杆第一拉伸特征创建

1．创建旋转特征的过程

（1）单击【插入】/【旋转】菜单命令或者在工具条中单击图标按钮，打开旋转征操控板，如图 3-58 所示。

图 3-58　旋转特征操控板

【放置】：用于确定二维草绘截面的草绘平面和参照平面，单击按钮，系统弹出【放置】上滑面板，如旋转特征的草绘截面已经定义，【放置】上滑面板如图 3-59（a）所示，单击激活【草绘】选项下方的草绘收集器，可以重新选定二维旋转截面，单击右侧的断开...按钮，可对已选定的旋转截面进行编辑；单击激活【轴】选项下方轴收集器，可以重新选定旋转轴。例如旋转截面在旋转特征内部草绘，【放置】上滑面板如图 3-59（b）所示，与拉伸特征类似，单击右侧定义...按钮用以创建或更改生成旋转特征的二维旋转截面的草绘平面和参照平面，此时旋转轴在内部草绘设定，【轴】选项无法激活。

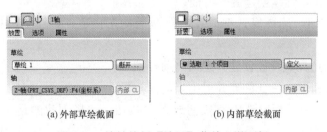

（a）外部草绘截面　　　　（b）内部草绘截面

图 3-59　旋转特征【放置】菜单上滑面板

【选项】：用于确定旋转特征的旋转角度和角度的参照方式，单击选项按钮，系统弹出如图 3-60 所示的【选项】上滑面板，指定旋转特征两侧的参照方式及角度。

【属性】：用于显示和重命名旋转特征名称，单击按钮，将在 Pro/E 浏览器中显示旋转特征的相关信息，如图 3-61 所示。

图 3-60 旋转特征【选项】菜单上滑面板   图 3-61 旋转特征【属性】菜单上滑面板

：选中该按钮，表示将创建旋转实体特征。

：选中该按钮，表示将创建旋转曲面特征。

：旋转轴按钮，与【放置】菜单选项中【轴】选项对应。

：用于控制旋转实体旋转角度及参照方式的下拉工具按钮，单击 按钮，可以弹出上滑面板，如图 3-62 所示。

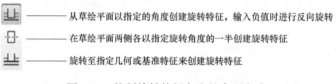

图 3-62 控制旋转特征角度的参照方式

25.44 ▼ ：旋转角度输入和选定表框，可以直接输入或选择要创建旋转特征的角度值。

：旋转角度方向控制按钮，单击可将旋转角度的方向改为草绘截面的另一侧。

：以去除材料的方式创建旋转特征。

：创建薄体旋转特征。

1.02 ▼ ：按下 按钮后出现，指定薄体旋转特征的厚度值。

：按下 按钮后出现，用于在草绘的一侧、另一侧和两侧间更改旋转方向。

：单击该按钮，暂停当前操作以访问其他对象操作工具，单击后变成 按钮，再次单击，恢复当前操作，继续创建旋转特征。

：预览按钮，选择复选框时，系统激活动态预览，可在更改模型时看到模型的变化。

：单击该按钮完成特征创建并退出当前操控板。

：单击该按钮取消特征创建并退出当前操控板。

（2）在旋转特征操控板中选中 按钮或者 按钮，选择创建的是实体特征还是曲面特征，默认的是实体特征。

（3）单击【放置】上滑面板，单击【定义】按钮，弹出【草绘】对话框，选取一个草绘平面并指定其参照方向，或接受默认方向，单击对话框中的【草绘】按钮进入草绘界面，其过程与拉伸特征定义类似。

（4）在草绘模式中绘制旋转特征的截面，完成后单击草绘模式右边的 按钮，退出草绘状态。

（5）在旋转特征操控板中选定旋转角度参照方式、旋转方向和旋转角度，默认 360°。

（6）单击拉伸操控板中的 ✅ ⬝⬝ 按钮，预览将要生成的旋转特征，预览符合要求时，直接单击✅按钮，创建旋转特征并退出旋转操作。

旋转特征创建过程时需注意的事项有以下几个方面：

（1）旋转特征的二维草绘截面可以是封闭的，也可以是开放的，封闭的截面可以创建实体、曲面和加厚实体特征；开放截面一般只能创建曲面和加厚实体拉伸特征。

（2）内部草绘截面时，需画出中心线作为旋转轴，且截面有相对于中心线的参数，否则系统提示截面不完整。

（3）若截面有两条以上中心线，需在截面绘制时指定中心轴，且所有图元需位于中心轴的一侧。

2. 创建旋转特征

以四缸发动机活塞为实例，介绍创建旋转特征的具体方法和过程。

（1）单击【文件】/【新建】命令或者单击工具栏中的◻按钮，弹出【新建】对话框，在【类型】选项中选中【零件】单选按钮，在【子类型】选项中选中【实体】单选按钮，创建三维实体模型，在【名称】文本框中输入 "piston"，单击【确定】按钮，进入零件模块。

（2）在零件创建窗口中，选择【插入】/【旋转】菜单命令或者在工具条中单击◈图标按钮，进入旋转特征操控板，选择【放置】上滑面板，单击【定义】按钮，按照提示在模型树或绘图区域选取 "FRONT" 基准平面作为草绘平面，按照系统默认或者自主设置参照平面，单击【草绘】按钮，进入草绘模式，如图 3-63 所示。

图 3-63　进入旋转草绘模式

（3）在草绘模式下绘制 "活塞" 的第一个旋转特征截面，如图 3-64 所示，完成截面绘制以后，单击✅按钮，退出草绘模式。

（4）选择默认旋转角度 "360°"，单击✅按钮，完成并退出旋转特征操作，得到图 3-64 所示旋转实体特征。

其他后续旋转特征，按照类似的步骤和方法进行，完成零件特征的创建。

三、扫描特征

扫描特征是指将一个二维草绘截面沿着一定的轨迹曲线进行扫描生成的实体特征，创建或者定义扫描特征必须定义扫描截面和扫描轨迹曲线。与拉伸特征和旋转特征一样，扫描特征的截面和轨迹曲线可以预先草绘，也可以在扫描特征内部草绘得到。在创建扫描特征的过程中，截面的形状和大小保持不变，截面的方向始终垂直于扫描轨迹曲线上个点的法线，另外，扫描轨迹曲线的曲率半径应大于截面的内侧边单边尺寸。

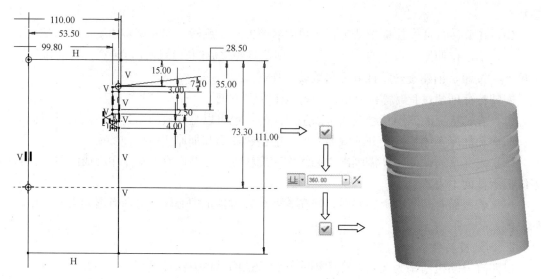

图 3-64　活塞第一旋转特征创建

1. 创建扫描特征的过程

（1）单击【插入】/【扫描】菜单，弹出扫描类型选项如图 3-65 所示。选择所需要创建的扫描特征类型。其中：【伸出项】表示扫描创建实体特征；【薄板伸出项】表示扫描创建薄板实体特征；【切口】表示扫描创建剪切特征；【薄板切口】表示创建薄板剪切特征；【曲面】表示创建曲面特征；【曲面修剪】表示用扫描特征作曲面修剪；【薄曲面修剪】表示用扫描薄板切口作曲面修剪。若以扫描特征作为零件创建第一个实体特征时，仅能创建【伸出项】、【薄板伸出项】和【曲面】三种扫描特征。上述类型中比较常用的是【伸出项】和【切口】扫描类型，对应于拉伸特征和旋转特征中添加材料和去除材料，各种类型创建扫描特征过程类似，以扫描【伸出项】为例介绍创建扫描特征的一般方法。

（2）单击【插入】/【扫描】/【伸出项】命令，弹出如图 3-66 所示【伸出项：扫描】对话框和【扫描轨迹】菜单管理器。扫描特征轨迹定义有两种方式：【草绘轨迹】是指在扫描特征内部草绘扫描轨迹；【选取轨迹】是选取已经创建的曲线或者现有的边作为扫描轨迹。

图 3-65　【扫描】菜单

图 3-66　【伸出项：扫描】对话框和
【扫描轨迹】菜单管理器

（3）如需草绘轨迹，在如图 3-66 所示的扫描轨迹菜单管理器中选择【草绘轨迹】，弹出如图 3-67 所示的对话框。其中：【使用先前的】，表示采用上一次扫描特征命令创建草绘轨迹所使用的草绘平面；【新设置】，默认选项，表示重新设置草绘平面。【设置平面】中各命令含义：【平面】，在现有平面中选择草绘轨迹的草绘平面；【产生基准】，重新创建草绘平面；【退出平面】，退出草绘平面选择。

选择【设置草绘平面】/【平面】命令，选择现有平面作为草绘平面，系统同时打开【方向】菜单管理器，用户可单击【反向】按钮，用于调整绘图平面的法线方向；选定绘图平面法向后，单击【确定】按钮，弹出【草绘视图】菜单管理器，用户在该菜单下选择合适的命令定义参考面，确定绘图平面方向，然后进入草绘界面，根据需要绘制草绘扫描轨迹，如图 3-68 所示。

图 3-67 【设置草绘平面】
菜单管理器

如需选取现有曲线作为扫描轨迹，则在图 3-66 扫描轨迹菜单管理器中选择【选取轨迹】，弹出如图 3-69 所示【链】菜单管理器。

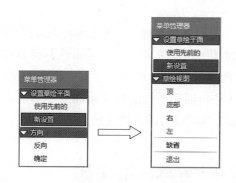

图 3-68 设置草绘平面

图 3-69 【链】菜单管理器

【依次】：表示一条曲线接着一条曲线的选取方式，选择多条曲线时，需按住 Ctrl 键依次选取，并且以第一次选中的曲线的起点为扫描起点，该方式最为常用。

【相切链】：首尾相连且相切的边一起被选中，在该曲线链中，单击一条边，所有从它出发的边线，只要链点是切点，其相连的边线自动被选中，直到链点不是切点为止。

【曲线链】：选取成链的基准曲线。

【边界链】：选取一个零厚度的曲面，并使用该曲面的边来定义轨迹，若曲面有多个环，可选择其中一个特征环定义。

【曲面链】：选取一个表面的边来定义扫描轨迹。

【目的链】：选取一条边，与它同性质的边一起被选中。

【选取】：根据选中的链的类型，进行边、曲线的选择。

【取消选取】：取消当前选取的曲线或者边。

【修剪/延伸】：对选取的扫描轨迹进行修剪或延伸。

【起点】：选择扫描轨迹曲线的开始端点。

【完成】：完成扫描轨迹曲线设定。

【退出】：终止扫描轨迹曲线链选择，返回上一级菜单。

（4）草绘扫描截面。完成扫描轨迹设定以后，系统自动转到与扫描轨迹曲线起始点垂直的平面，并以该平面作为扫描截面的绘制平面，完成截面绘制以后单击草绘界面的☑按钮，退出草绘模式。

（5）单击图 3-66【伸出项：扫描】对话框中的【确定】按钮，创建扫描伸出项特征。

扫描特征创建过程时需注意的事项有以下几个方面：

（1）扫描轨迹曲线是一条封闭的曲线，完成扫描轨迹定义以后，【伸出项：扫描】对话框中会增加一个【属性】选项，并弹出一个【属性】菜单管理器，该管理器中有【添加内表面】和【无内表面】两个选项，分别用于创建上下表面封闭和不封闭的扫描实体特征，如图3-70（a）所示。若选择【增加内部因素】选项，在绘制扫描截面时，应绘制不封闭的草绘截面；若选择【无内表面】选项，绘制扫描截面时，应保证截面封闭。

（2）扫描轨迹曲线是一条开放的曲线，并且该曲线与其他实体特征不相接触，则创建扫描过程如上述一般方法描述，完成扫描轨迹定义后直接进行扫描截面定义。但此时需注意扫描轨迹曲线自身不能相交。

（3）扫描轨迹曲线是一条开放的曲线，并且该曲线与其他实体特征相接触，完成扫描轨迹曲线定义后，【伸出项：扫描】对话框中也会增加【属性】选项，弹出【属性】菜单管理器，但该管理器中包含【合并端】和【自由端】两个选项，如图 3-70（b）所示。其中，【合并端】表示创建的扫描特征与相邻实体合并，并且新创建的扫描特征截面大小不能大于原有实体特征大小；【自由端】则不将扫描特征的端部与相接触的实体连接。

(a) 轨迹曲线封闭

(b) 轨迹曲线开放且与其他实体接触

图 3-70　【属性】菜单管理器

2. 创建扫描特征

下面以四缸发动机油管为实例，介绍创建扫描特征的具体方法和过程。

（1）单击【文件】/【新建】命令或者单击工具栏中的 □ 按钮，弹出【新建】对话框，在【类型】选项中选中【零件】单选按钮，在【子类型】选项中选中【实体】单选按钮，创建三维实体模型，在【名称】文本框中输入"youguan1"，单击【确定】按钮，进入零件模块。

（2）单击工具条 按钮，在【放置】选项中选择"FRONT"基准平面为草绘平面，系统默认"RIGHT"基准平面为草绘参照平面，单击【草绘】按钮，进入草绘界面，绘制油管扫描轨迹曲线 1，如图 3-71 所示。

（3）单击工具条 按钮，弹出创建基准平面对话框，依次选择"RIGHT"基准平面和草绘的竖直线，创建基准平面 DTM1，如图 3-72 所示。

（4）单击工具条 按钮，在【放置】选项中选择"DTM1"基准平面为草绘平面，以"TOP"基准平面为草绘参照平面，单击【草绘】按钮，进入草绘界面，绘制油管扫描轨迹曲线 2，如图 3-73 所示。

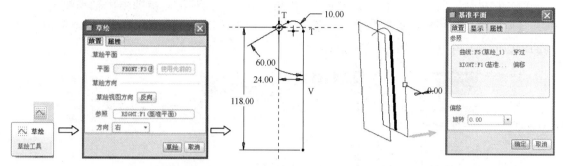

图 3-71　草绘油管扫描轨迹 1　　　　图 3-72　创建基准平面 DTM1

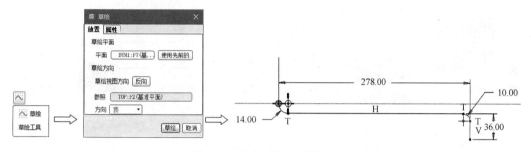

图 3-73　草绘油管扫描轨迹 2

（5）选择【插入】/【扫描】/【伸出项】菜单命令，按照图 3-66 扫描轨迹菜单管理器中选择【选取轨迹】，弹出如图 3-69 所示的【链】菜单管理器，选择【依次】选项，依次选择草绘 1 和草绘 2 中所绘制的曲线作为扫描轨迹，如图 3-74 所示。

（6）进入草绘界面，以参照原点为圆心，画直径为 7mm 的圆作为扫描截面，完成后单击草绘工具条☑按钮，退出草绘界面，然后单击【伸出项：扫描】对话框中的【确定】按钮，生成扫描特征模型，如图 3-75 所示。

图 3-74　依次选取扫描轨迹

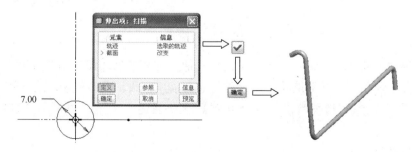

图 3-75　油管扫描特征创建

3. 扫描轨迹曲线

（1）扫描轨迹曲线是一条封闭的曲线。以展开式二级圆柱齿轮减速器中轴承端盖为例，演示【伸出项：扫描】对话框中增加的【属性】选项中选择【合并端】和【自由端】时所得到的模型形状，其过程如图 3-76 所示。

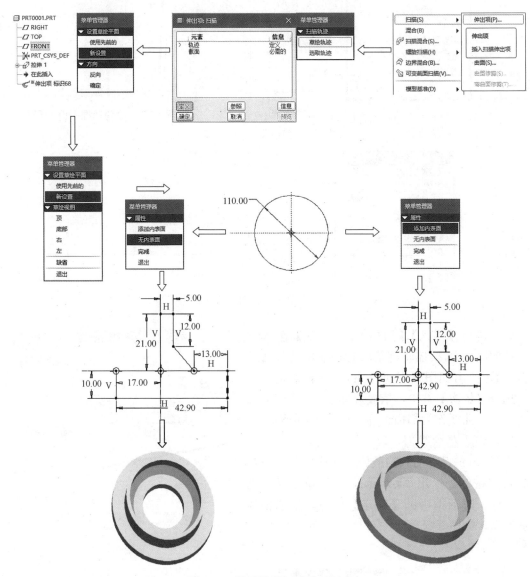

图 3-76　轴承端盖扫描特征创建

（2）扫描轨迹曲线是一条开放的曲线且与其他实体相接触。以四缸发动机油底壳为例，演示不同情况下所得到的模型形状，其过程与前面描述一致，不再赘述，最终效果如图 3-77 所示。图 3-77（c）中右侧底槽采用【合并端】选项创建，左侧底槽采用【自由端】选项创建。

四、混合特征

混合特征就是将两个或两个以上不同几何形状的草绘截面在不同的位置和不同方向上，

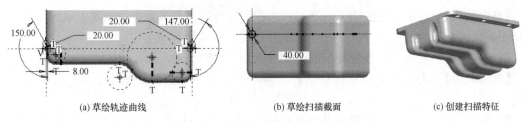

(a) 草绘轨迹曲线　　　　　　(b) 草绘扫描截面　　　　　(c) 创建扫描特征

图 3-77 油底壳底槽扫描特征创建

满足每个截面的每一段曲线与下一个截面的一段曲线相匹配，并在对应段间形成过渡曲面，从而形成一个连续特征。前面所述的拉伸特征、旋转特征、扫描特征都是将草绘的截面沿着指定的轨迹曲线进行一定的运动而生成的，拉伸特征是将截面沿着直线轨迹运动，旋转特征是将截面沿着圆弧轨迹运动，而扫描特征是将截面沿着指定的轨迹曲线运动。这三种特征创建方式在创建实体过程中虽然轨迹发生各种各样的变化，但是生成实体的特征截面并没有发生改变，混合特征就是在形成轨迹发生变化的同时，特征截面也出现很大差异的变化。因此，创建混合过程的关键是定义若干个最能反映特征实体几何形状的截面及截面不同的位置特征，再将这些截面按照一定的规律连接起来，从而生成预期的实体模型。可以这样理解，拉伸特征和旋转特征是特殊的扫描特征，而扫描特征又是特殊的混合特征。

1. 创建混合特征的过程

（1）单击【插入】/【混合】菜单，弹出如图 3-78 所示混合类型选项。可以看出混合类型选项与扫描类型选项一样，且各项含义也一样，在此不再赘述，仍以混合【伸出项】为例介绍创建混合特征的一般方法。

（2）单击【插入】/【混合】/【伸出项】命令，弹出图 3-79 所示【混合选项】菜单管理器。该管理器包含多个选项按钮，其含义如下：

图 3-78 混合类型选项

图 3-79 【混合选项】菜单管理器

【平行】：表示创建平行混合特征，所有混合截面均位于多个相互平行的草绘截面上。

【旋转的】：表示创建旋转混合特征，混合截面将绕着 Y 轴旋转，最大旋转角度可达 120°，每一个截面都需要单独确定，并且需要用截面坐标系对齐。

【一般】：表示创建一般混合特征，所有的混合截面可以同时绕 X、Y、Z 三个轴旋转，也可以沿这三个轴进行平移，每一个截面同样需要单独确定，且需要用截面坐标系对齐。

以上三个选项表示三种不同的混合类型。

【规则截面】：表示产生的混合特征使用规则的草绘截面或选取的零件曲面作为混合截面。

【投影截面】：表示选定曲面上的截面投影作为混合截面，该命令只能用于平行混合，一般用于混合减材料时。

以上两个选项表示两种混合特征截面。

【选取截面】：表示通过用户选取已有截面特征作为混合截面，该命令在平行混合中不可用。

【草绘截面】：表示通过草绘获得混合截面。

以上两个选项是两种定义混合截面的方法。

【完成】：表示完成当前混合特征各命令选项设置。

【退出】：表示取消当前混合特征命令选项设置。

三种不同的混合类型在创建特征时操作差别较大，现分别结合实例介绍其各自创建方法。

2. 创建平行混合特征

(1) 在图 3-79 中依次选择【平行】/【规则截面】/【草绘截面】/【完成】命令，弹出【伸出项：混合，平行，规则截面】对话框和【属性】菜单管理器。其中，【直】选项表示各截面用直线连接，在截面之间有明显转折过渡；【光滑】选项表示各个截面之间采用样条曲线连接，截面之间平滑过渡。如果混合特征只用两个截面，则两种选项没有差别。

(2) 选择【直】或者【光滑】属性后单击【完成】按钮，弹出【设置草绘平面】菜单管理器，该菜单中各选项与其他基础特征创建过程中的【设置草绘平面】菜单管理器中无差别，选定"FRONT"平面为草绘平面，确定参照方向后进入草绘界面。

(3) 根据模型特征绘制各个草绘截面，各草绘截面要求具有相同的曲线段数，并且注意起始点位置，设置起始点的方法是选中几何点，单击鼠标右键，在弹出的菜单中选择【起点】命令，即可设置起始点。完成第一个草绘截面以后可采用在绘图界面空白区域单击右键，选择【切换截面（T）】命令，或者单击【草绘】/【特征工具】/【切换截面（T）】命令切换至第二个草绘截面绘制界面，完成后再切换至后续混合截面。完成截面绘制后，单击草绘工具条☑按钮，弹出【深度】菜单管理器，定义各个平行截面之间的距离，依次确定各个截面距离后，单击【伸出项：混合，平行，规则截面】对话框中的【确定】按钮，完成平行混合特征创建。平行混合特征创建全过程如图 3-80 所示。

3. 创建旋转混合特征

(1) 在图 3-79 中依次选择【旋转的】/【规则截面】/【草绘截面】/【完成】命令，弹出【伸出项：混合，旋转的，草绘截面】对话框和【属性】菜单管理器。其中，【直】和【光滑】选项与平行混合一样，【开放】选项表示所创建的混合特征为开放特征，【封闭的】选项表示所创建的混合特征为封闭特征。

(2) 选择【直】或者【光滑】和【封闭的】或者【开放】属性后单击【完成】按钮，【设置草绘平面】菜单管理器，选定草绘平面，确定参照方向后进入草绘界面。

(3) 单击绘图工具条按钮，在绘图界面合适位置创建混合截面坐标系，以该坐标系为参考绘制混合截面，绘制完成后单击草绘工具条☑按钮，弹出角度输入条，为后续截面输入 Y 轴旋转角度；进入第 2 混合截面草绘窗口，仍然首先创建混合截面坐标，然后再绘制混合截面，完成第 2 混合截面绘制以后系统弹出是否进行下一截面绘制，如需绘制单击【是】，并输入 Y 轴旋转角度，然后依序绘制后续混合截面，注意在绘制混合截面之前创建混合截面坐系，否则将提示截面不完整。

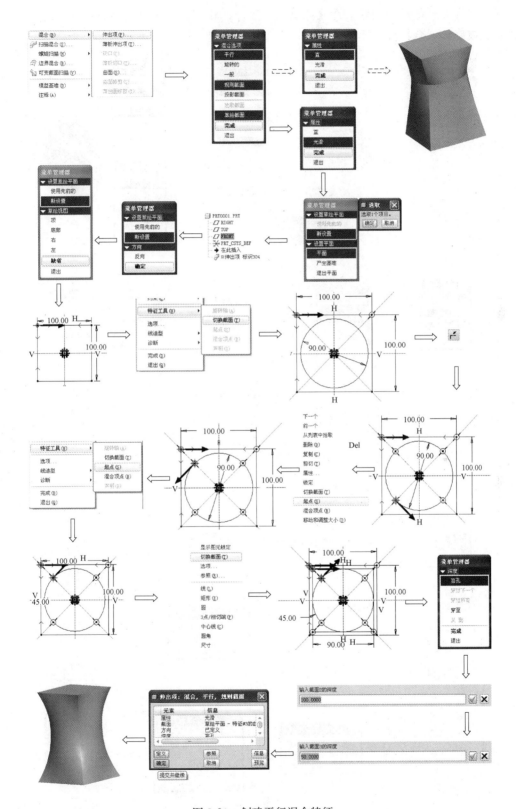

图 3-80　创建平行混合特征

（4）完成混合截面绘制后，在【伸出项：混合，旋转的，草绘】对话框中单击【确定】按钮，完成旋转混合特征创建。整个旋转混合特征创建过程如图 3-81 所示。

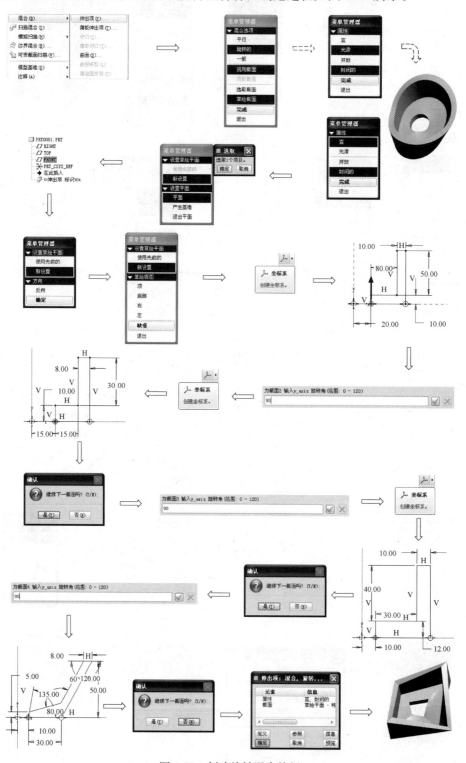

图 3-81　创建旋转混合特征

4. 创建一般混合特征

(1) 在图 3-79 中依次选择【一般】/【规则截面】/【草绘截面】/【完成】命令，弹出【伸出项：混合，一般，草绘截面】对话框和【属性】菜单管理器。其中，【直】和【光滑】选项与平行混合一样。

(2) 选择【光滑】属性后单击【完成】按钮，【设置草绘平面】菜单管理器，选定草绘平面，确定参照方向后进入草绘界面。

(3) 单击绘图工具条 按钮，在绘图界面合适位置创建混合截面坐标系，以该坐标系为参考绘制混合截面，绘制完成后单击草绘工具条 按钮，弹出角度输入条，为后续截面依次输入 X、Y、Z 轴旋转角度；进入第 2 混合截面草绘窗口，仍然首先创建混合截面坐标，然后再绘制混合截面，完成第 2 混合截面绘制以后，系统弹出是否进行下一截面绘制，如需绘制单击【是】，并依次输入 X、Y、Z 轴旋转角度，然后依序绘制后续混合截面，注意在绘制混合截面之前创建混合截面坐标系，否则将提示截面不完整。

(4) 完成混合截面绘制后，弹出【深度】菜单管理器，依次定义各混合截面的深度。

(5) 在【伸出项：混合，一般，草绘】对话框中单击【确定】按钮，完成旋转混合特征创建。整个一般混合特征创建过程如图 3-82 所示。

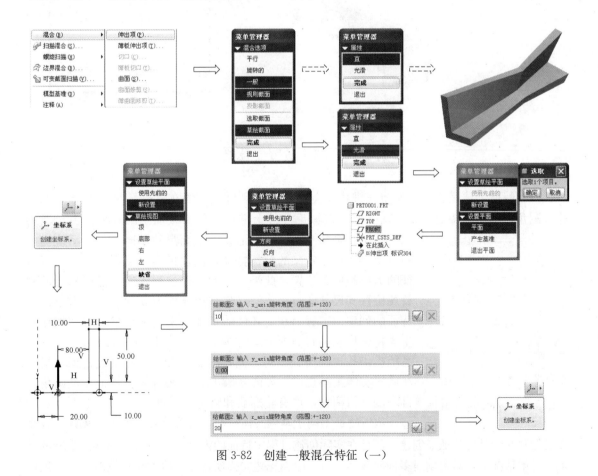

图 3-82 创建一般混合特征（一）

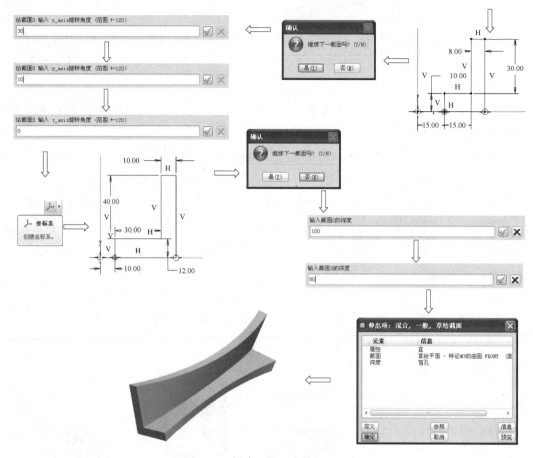

图 3-82　创建一般混合特征（二）

第三节　创建放置实体特征

　　基础特征创建完成后，为使三维模型更接近真实零件，需要在基础模型的基础上创建孔、圆角、倒角等特征，此过程类似于机械毛坯件上进行后续形状加工的过程。由于上述

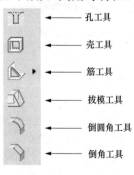

图 3-83　放置特征工具栏

孔、圆角、倒角等特征一般形状相似而尺寸不同，可由系统提供的或者由用户自定义的模板特征，创建过程需要用户提供这些特征的大小和放置位置，此类特征的创建过程实质上是模板特征的放置位置和尺寸的过程，所以此类特征称为放置特征，由于这类特征的创建与工程上在毛坯件的基础上采用去除材料或增加材料生成特征形状的过程类似，也常被称为工程特征。在 Pro/E 中，系统提供孔、圆角、倒角、抽壳、筋、拔模六种放置特征，集中在放置实体工具栏中，如图 3-83 所示。另外圆角特征有倒圆角和自动倒圆角两种，筋有轮廓筋和轨迹筋两种。

　　放置特征不同于基础实体特征，放置特征不能独立创建，必须在已经存在的基础特征上创建，而且在实际创建过程中特征的创建顺序不同也会导致不同的结果。一般情况下，需要创建多种放置特征时，应当先建立拔模特征，然后建立倒角特征，最后完成抽壳。

一、孔特征

孔特征是应用最广泛的放置特征之一，通过从实体零件模型中绕轴线旋转，去除材料的方法获得，用于构建机械零件中的光孔、盲孔、沉头孔、螺纹孔等，在 Pro/E 中有简单孔和标注孔两种孔特征类型。一般先选定孔特征的类型，然后通过定义放置参照、次参照以及定义孔的具体特性来创建孔特征。

1. 创建孔特征的过程

（1）单击【插入】/【孔】菜单命令或者在工具条中单击 图标按钮，打开孔特征操控板，如图 3-84 所示。图中各个按钮和选项含义如下：

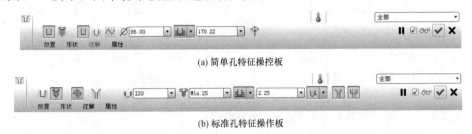

(a) 简单孔特征操控板

(b) 标准孔特征操作板

图 3-84　孔特征操控板

【放置】：用于确定孔特征的放置位置、类型和偏移参照等定位信息。单击 放置 按钮，系统弹出如图 3-85 所示的【放置】上滑面板，【放置】选项用来选定孔特征的放置几何特征，基准点、轴线和面都可以作为孔特征的放置几何，右侧 反向 按钮用来控制孔特征相对于放置几何的放置方向。【类型】选项用来确定偏移参照的定位类型，分为线性、径向、直径、同轴、线性参考轴、在点上 6 种类型；前面 3 种需在【放置】选项中选择面类型，然后根据放置类型定义次参照及定位尺寸；"同轴"和"线性参考轴"放置类型需同时选择平面和轴线作为主参照，不需要定义次参照；"在点上"放置类型则只需要选取基准点作为主参照，也不需要选择次参照。【偏移参照】选项根据放置类型确定次参照几何基准和定位尺寸。

【形状】：用于定义当前孔形状的各种几何尺寸及特性。在孔特征操控板中选择不同的孔特征类型和孔特征结构时，【形状】上滑面板有不同的形式，但基本内容类似，图 3-86 所示为【简单孔】/【添加埋头孔】时的形状上滑面板。

图 3-85　【放置】菜单上滑面板

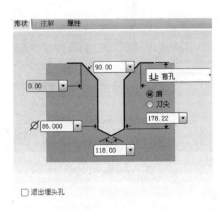

图 3-86　【形状】菜单上滑面板

【注释】：显示孔特征的工艺组成和信息，只有创建标准孔时，【注释】上滑面板才激活，如图 3-87 所示。

【属性】：显示和修改当前孔特征的名称属性，如果孔特征为标准孔，还将显示孔特征中各个工艺参数及数值，单击 🅸 按钮，将在 Pro/E 浏览器中显示孔特征的相关信息，如图 3-88 所示。

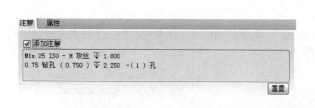

图 3-87　【注释】菜单上滑面板

图 3-88　【属性】菜单上滑面板

🔲：选中该按钮，创建简单孔特征，系统默认选项。

：选中该按钮，创建标准孔特征。

🔲：简单孔特征操控板按钮，选中该按钮，使用预定义矩形作为钻孔轮廓，右侧出现 按钮，用于控制孔几何表示设置为轻量化开关。

🔘：简单孔特征操控板按钮，选中该按钮，使用标准孔轮廓作为钻孔轮廓，右侧出现 按钮，用于控制孔端部为埋头孔或沉孔形状。

：简单孔特征操控板按钮，选中该按钮，使用草绘定义钻孔轮廓，可选用已有草绘截面或重新草绘，注意草绘孔时，旋转轴只能是基准中心线，不能使用草绘曲线，并且草绘截面需封闭。

∅ 86.00　：用于定义简单孔的直径，可以输入新值，也可从下拉列表框中选用最近使用的值。

：用于控制孔特征深度方式，单击 按钮，弹出孔特征深度控制下拉按钮，如图 3-89所示。

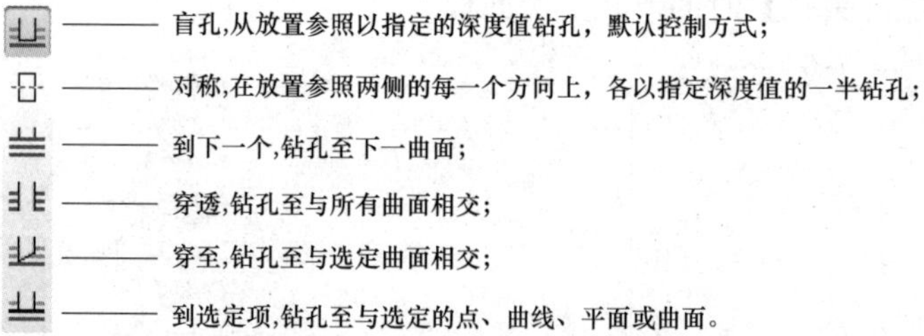

盲孔,从放置参照以指定的深度值钻孔,默认控制方式;

对称,在放置参照两侧的每一个方向上,各以指定深度值的一半钻孔;

到下一个,钻孔至下一曲面;

穿透,钻孔至与所有曲面相交;

穿至,钻孔至与选定曲面相交;

到选定项,钻孔至与选定的点、曲线、平面或曲面。

图 3-89　孔特征深度控制下拉按钮

178.22　：输入钻孔深度值，可从最近使用的值菜单中选取，或拖动控制滑块调整值。

：标准孔特征操控板按钮，选中该按钮，添加攻螺纹，右侧出现 按钮，表示创建锥孔；若不选中 按钮，右侧出现 按钮，分别表示创建钻孔和间隙孔。

ISO M1.6x.35 ：标准孔特征操控板按钮，左侧下拉列表框控制标准孔螺纹类型，有【ISO】、【UNC】、【UNF】3个选项分别表示创建标准螺纹类型圆孔、粗牙螺纹类型圆孔和细牙螺纹类型圆孔；右侧下拉列表孔控制螺纹规格。

（2）单击 U 按钮或者 按钮，选择创建孔类型，简单孔或标准孔。

（3）单击【放置】按钮，在【放置】菜单选项中定义孔的放置方法、类型、偏移参照等选项。

（4）单击【形状】按钮，在【形状】菜单选项中设置孔的形状参数。

（5）设置孔的规格参数、孔的端部形式、孔深度控制方式及数值。

（6）单击孔特征操控板中的 按钮，完成并退出孔特征创建。

2. 创建孔特征

以展开式二级圆柱齿轮减速器箱座为实例，介绍创建孔特征的具体方法和过程。

单击【文件】/【打开】命令或者单击工具栏中的 按钮，弹出【文件】对话框，在模型目标文件夹中选中"xiangzuo.prt"模型，单击【打开】按钮，进入"xiangzuo"零件建模界面，箱座基础模型创建过程不再赘述，仅分别介绍创建简单直孔特征、简单草绘孔特征和标准孔特征。

（1）以箱座定位销孔为例，创建简单直孔特征。

1）单击【插入】/【孔】菜单命令或者在工具条中单击 图标按钮，默认打开图3-84（a）所示简单孔特征操控板。

2）单击【放置】按钮，单击【放置】上滑面板中【放置】选项区域，选中箱座顶面为孔放置平面；在【类型】选中设置放置类型为"线性"；单击【偏移参照】选项区域，分别选中箱座的两个边，并输入偏移数值"12""20"。

3）单击【形状】按钮，在【形状】上滑面板中【侧2】选项中选择"无"，在图例中输入圆孔直径值"9"，选择孔深度控制方式为"盲孔"，输入深度值"12"；上述过程等同于在控制面板 Ø 9.00 12.00 中输入。

4）单击孔特征操控板中的 按钮，完成孔特征创建，详细过程如图3-90所示。

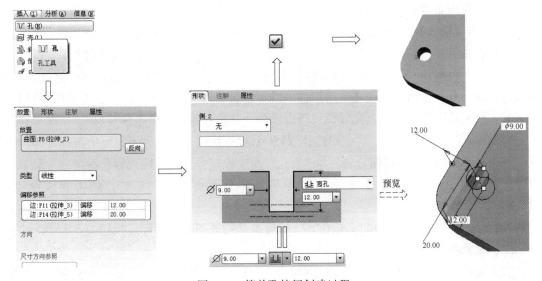

图 3-90 简单孔特征创建过程

（2）以箱座地脚螺栓孔为例，创建简单草绘孔特征。

1）单击【插入】/【孔】菜单命令或者在工具条中单击Ⅱ图标按钮，默认打开图3-84（a）所示简单孔特征操控板。

2）单击孔特征操控板中▨按钮，在右侧出现的🗁 ▨按钮中选择▨，激活草绘器创建界面。在草绘器中首先选择【几何中心线】绘制草绘中心线并作为孔旋转轴，再草绘地脚螺栓孔截面，注意保证截面封闭。

3）单击【放置】按钮，单击【放置】上滑面板中【放置】选项区域，选中箱座底部上表面为孔放置平面；在【类型】中设置放置类型为"线性"；单击【偏移参照】选项区域，分别选中箱座的两个底侧面，并输入偏移数值"110""24"。

4）单击孔特征操控板中的☑按钮，完成孔特征创建，详细过程如图 3-91 所示。

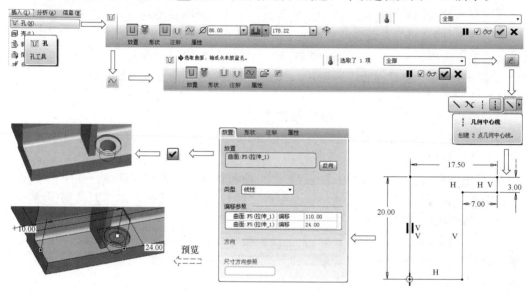

图 3-91　简单草绘孔特征创建过程

（3）以箱座轴承盖安装螺纹孔为例，创建标准孔特征。

1）单击【插入】/【孔】菜单命令或者在工具条中单击Ⅱ图标按钮，默认打开图3-84（a）所示简单孔特征操控板，单击▨按钮，打开图 3-84（b）所示标准孔特征操控板。

2）单击【放置】按钮，单击【放置】上滑面板中【放置】选项区域，选中箱座侧面与轴承连接面为孔放置平面；在【类型】选中设置放置类型为"径向"；单击【偏移参照】选项区域，分别选中箱座轴承座孔轴线和箱座顶面，并输入偏移数值半径"42"、角度"45"。

3）在▨ISO▨M8×1中选择【ISO】标准螺纹，在右侧下拉框中选择"M8×1"螺纹规格；单击▨下拉按钮，选择▨"盲孔"深度控制方式，并输入盲孔深度值"21"；单击【形状】按钮，在【形状】上滑面板中将锥顶角度更改为"118"，输入螺纹深度值"16.8"。

4）单击孔特征操控板中的☑按钮，完成标准孔特征创建，详细过程如图 3-92 所示。

二、倒角特征

为了去除零件上因机加工产生的毛刺，同时便于零件装配，一般在零件端部做出倒角，倒角多为 45°，常用的还有 30°或 60°，也可根据现场需要加工成其他尺寸。在 Pro/E 中，倒

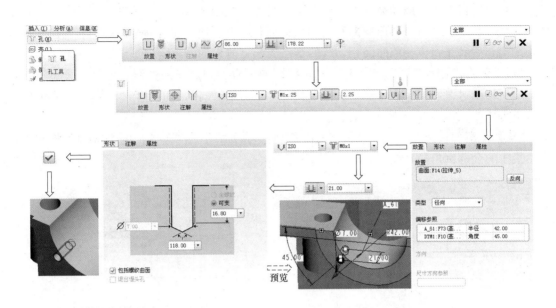

图 3-92　标准孔特征创建过程

角特征有边倒角和拐角倒角两种类型，其中边倒角是指在特征的边线上进行操作的倒角特征，一般倒角均为这种类型；拐角倒角是在边线交点处进行操作的倒角特征。

1. 创建边倒角的方法

（1）单击【插入】/【倒角】/【边倒角】菜单命令或者在工具条中单击 图标按钮，打开边倒角特征操控板，如图 3-93 所示。图中各个按钮和选项含义如下：

图 3-93　边倒角特征操控板

【集】上滑面板选项：用于设置边倒角特征的详细选项，单击【集】选项，切换至集模式，弹出图 3-94 所示【集】上滑面板，包括：集控制区域，可以一次同时定义多个倒角的参数、添加或删除倒角参照以及倒角生成方式等内容，但同一个倒角集合不同边线上的倒角特性相同；集参照区域，控制各个倒角集合边线组成，在控制区域内，单击右键可以添加或删除倒角参照。按住 Ctrl 键可选取多个边线，然后单击【细节】按钮，则可利用打开的【链】对话框精确定义倒角参照；倒角值设置区域，在该设置区中可以对所选参照对象的倒角尺寸进行

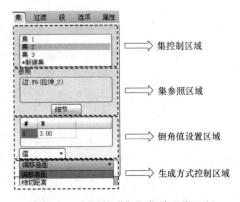

图 3-94　边倒角【集】菜单上滑面板

详细设置，其中的参数选项随倒角类型的不同而变化。利用下拉菜单中的【值】和【参照】

选项，可以选择倒角距离的驱动方式；倒角生成方式控制区域，利用该选项可以指定倒角生成的方式，其中包括【偏移曲面】和【相切距离】两个选项，前者通过偏移相邻两曲面确定倒角距离，后者是指以相邻曲面相切线的交点为起点测量的倒角距离。

　　【过渡】上滑面板选项：包含整个倒角特征的所有用户定义的过渡，可以在【过渡】上滑面板下修改过渡，但要在【倒角】控制面板中选中 按钮，切换至过渡模式，才可以对过渡进行修改，如图 3-95 所示。

　　【段】上滑面板选项：用于进行倒角段管理，可以查看到倒角特征的全部倒角集和当前倒角集中的全部倒角段，如图 3-96 所示。

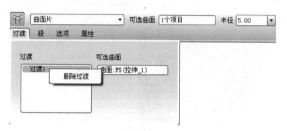

图 3-95　边倒角【过渡】菜单上滑面板　　　　　图 3-96　边倒角【段】菜单上滑面板

　　【选项】上滑面板选项：用于设置创建实体或是曲面倒角特征，如图 3-97 所示。

　　【属性】上滑面板选项：显示和修改当前创建的倒角特征名称，单击 按钮，将在 Pro/E 浏览器中显示倒角特征的相关信息，如图 3-98 所示。

图 3-97　边倒角【选项】菜单上滑面板　　　　　图 3-98　边倒角【属性】菜单上滑面板

　　 ：选中该按钮，切换至集模式，设置【集】上滑面板各个选项，【过渡】上滑面板不可用，系统默认选中该按钮。

　　 ：选中该按钮，切换至过渡模式，编辑过渡选项，【集】上滑面板不可用，此时右侧出现过渡类型下拉选择框 缺省(相交) ，显示当前过渡类型，包含基于几何环境的有效过渡类型列表，并可以改变当前过渡的过渡类型。过渡类型有 3 种：缺省（相交），使用自动指定的缺省过渡类型；曲面片，在 3 个或 4 个收敛集的相交点之间创建一个曲面片曲面，选择此种过渡类型，右侧出现 可选曲面 单击此处添加项 ，选取放置圆角的可选曲面，单击收集器激活，然后添加或删除参照；拐角平面，使用平面对由 3 个相交倒角集所形成的拐角倒角。

　　 D x D ：用于设置倒角集的标注形式，系统提供了 6 种标注形式，分别是：【D×D】，对两平面以任意角度交错的边建立倒角特征，只需要输入倒角距离 D 即可，系统默认标注形式；【D1×D2】，在距离一个曲面距选定边 D1、在距离另一个曲面距选定边 D2 处创建倒角；【角度×D】，距相邻曲面的选定边距离为 D，并与该曲面的夹角为指定角度；【45×D】，与两个曲面都呈 45°，且与各曲面上的边的距离为 D；【O×O】，在沿各曲面上的边偏移 O 处创建倒角，仅当使用【偏移曲面】生成方式时可用；【O1×O2】，在一个曲面距选定边的偏移距离 O1、在另一个曲面距选定边的偏移距离 O2 处创建倒角，仅当使用【偏移曲面】生成方式时可用。

D ⌑5.00▾：用于设置倒角尺寸值，可以输入新值，也可从下拉列表中选择最近使用过的值。

（2）单击【集】上滑面板，设置集、选取集参照的倒角边、设置倒角值和生成方式，通常情况下采用系统默认【集】和【过渡】选项，可直接在模型区域选中要倒角的边。

（3）单击 D x D ▾ 下拉列表框，选取倒角标注类型。

（4）单击 D⌑5.00▾ 下拉列表框，输入或选定倒角值。

（5）单击倒角特征操控板中的 ☑ 按钮，完成并退出倒角特征创建。

2. 创建边倒角特征

以展开式二级圆柱齿轮减速器箱座为例，介绍创建边倒角特征的具体方法和过程。

箱座基础模型创建过程不再赘述，仅介绍边倒角特征创建过程。

（1）单击【插入】/【倒角】/【边倒角】菜单命令或者在工具条中单击 图标按钮，打开图 3-90 所示边倒角特征操控板。

（2）采用系统默认【集】和【过渡】选项，直接在模型区域选中箱座底面箱体和安装座相交的边作为倒角边。

（3）单击 D x D ▾ 下拉列表框，将倒角生成方式更改为【D1×D2】，并在右侧【D1】和【D2】下拉列表框 D1□▾ D2□▾ ╲ 中输入"24"和"5"。

（4）单击倒角特征操控板中的 ☑ 按钮，完成并退出倒角特征创建，详细过程如图 3-99所示。

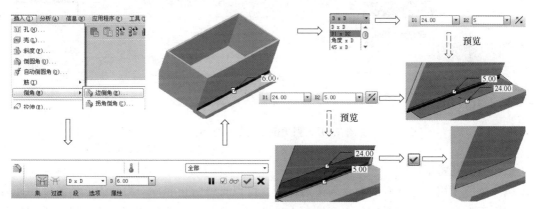

图 3-99 边倒角特征创建过程

3. 创建拐角倒角的方法

（1）单击【插入】/【倒角】/【拐角倒角】菜单命令，打开图 3-100 所示【倒角（拐角）：拐角】对话框。

（2）在模型中选取顶点的一条边线，确定要倒角的拐角，弹出【选出/输入】菜单管理器，该菜单管理器包含【选出点】、【输入】和【退出】三个选项，其含义如下：【选出点】，在模型界面上选定的倒角边上单击确定倒角大小；【输入】，单击【输入】选项后弹出"输入沿加亮边标注的长度"窗口，输入该边上倒角值的大小；【退出】，表示退出【尺寸】选项定义窗口。【顶角】和【尺寸】定义完成后，各自信息状态变为"已定义"。

（3）单击【确定】按钮，完成拐角倒角的创建。

4. 创建拐角倒角的过程

以展开式二级圆柱齿轮减速器箱座为例，介绍创建拐角倒角特征的具体方法和过程。

箱座基础模型创建过程不再赘述，仅介绍拐角倒角特征创建过程。

图 3-100　【倒角（拐角）：拐角】对话框

（1）单击【插入】/【倒角】/【拐角倒角】菜单命令，打开图 3-100 所示【倒角（拐角）：拐角】对话框。

（2）选中箱座底部一条边，确定倒角的拐角；在弹出的【选出/输入】菜单管理器中选择【输入】，在弹出"输入沿加亮边标注的长度"窗口中依次输入"3""4""5"，定义拐角倒角值。

（3）单击【倒角（拐角）：拐角】对话框中的【确定】按钮，完成拐角倒角的创建，详细过程如图 3-101 所示。

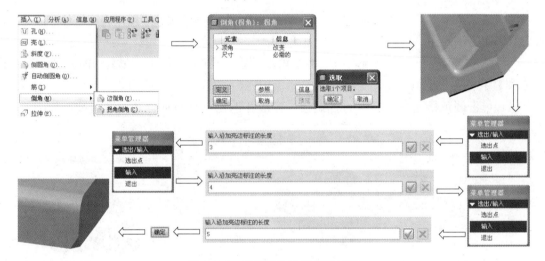

图 3-101　拐角倒角特征创建过程

三、倒圆角特征

圆角特征多用于零件截面突变和边角地带，可以有效防止零件应力集中，使零件相邻表面间产生平滑过渡，提高零件的安全性、人性化和可靠性。在 Pro/E 中，倒圆角特征包括：常数倒圆角，圆角段半径恒定；可变倒圆角，圆角段具有多个半径值；由曲线驱动的倒圆角，圆角段的半径值由曲线驱动；完全倒圆角，圆角取代选定两边之间的曲面。其中常数倒圆角最为常见，也是应用最广泛的倒圆角。另外，Pro/E 还提供自动倒圆角特征，用于批量创建具有相似特性的边界圆角特征。

1. 创建倒圆角特征的方法

（1）单击【插入】/【倒圆角】菜单命令或者在工具条中单击🖎图标按钮，打开倒圆角特征操控板，如图 3-102 所示。图中各按钮和选项含义如下：

【集】上滑面板选项：用于设置倒圆角特征的详细选项，单击【集】选项，切换至集模

图 3-102 倒圆角特征操控板

式，弹出图 3-103 所示【集】上滑面板，包括以下几个区域：

● 集控制区域：列出所有已选倒圆角集的列表，可以选中、添加和删除倒圆角集。

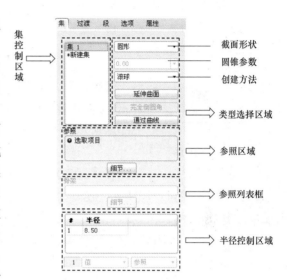

● 类型选择区域：选择圆角面的截面形状、生成方式及圆角的种类，包括：【截面形状】下拉列表，用于控制活动倒角集的截面形状，有圆形、圆锥、C2 连续、D1×D2 圆锥、D1×D2 C2 共 5 种形状；【圆锥参数】下拉列表，用于控制当前倒圆锥角的锐度，当【截面形状】选中"圆锥"时，该列表激活；【创建方式】下拉列表，用于控制活动倒角集的创建方式，有滚球和垂

图 3-103 倒圆角【集】菜单上滑面板

直于骨架两种方式；【延伸曲面】按钮，对于边界为对齐的面，系统自动延伸圆角是面自然拟合；【完全倒圆角】按钮，在两个圆角边消失平面间创建完整的圆角；【通过曲线】按钮，由选定的曲线驱动活动的倒角半径，创建由曲线驱动的倒圆角。

● 参照区域：用于显示所选倒圆角对象的具体类型，可通过右键菜单将对象移除，单击【细节】按钮，可以利用打开的【链】对话框对参照进行添加或移除，并且可以对参照的选取规则进行详细编辑。

● 参照列表框：根据活动的倒圆角类型，可以激活下拉列表框：驱动曲线，包含曲线的参照和通过曲线驱动的倒圆角；驱动曲面，包含有完全倒圆角替换的曲面参照；骨架，包含用于【垂直骨架】或【可变】曲面至曲面倒圆角集的可选骨架参照。

● 半径控制区域：对所选倒圆角对象的圆角参数进行设置，并且可以利用右键菜单添加圆角半径，从而创建多种圆角特征。

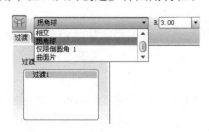

图 3-104 倒圆角【过渡】菜单上滑面板

【过渡】上滑面板选项：包含整个倒圆角特征的所有用户定义的过渡，可以在【过渡】上滑面板下修改过渡，但要在【倒圆角】控制面板中选中 按钮，切换至过渡模式，才可以对过渡进行修改，如图 3-104 所示。圆角过渡主要用于两个以上圆角集，过渡类型包括 5 种：仅限倒圆角 2、相交、拐角球、仅限倒圆角 1、曲面片。

【段】上滑面板选项：用于进行倒圆角段管理，可以查看到倒圆角角特征的全部倒角集和当前倒角集中的全部倒角段，如图 3-105 所示。

【选项】上滑面板选项：用于设置创建实体或是曲面倒圆角特征，如图 3-106 所示。

图 3-105　倒圆角【段】菜单上滑面板　　　　　　　图 3-106　倒圆角【选项】菜单上滑面板

图 3-107　倒圆角【属性】
上滑面板

【属性】菜单选项：显示和修改当前创建的倒角特征名称，单击 🛈 按钮，将在 Pro/E 浏览器中显示倒角特征的相关信息，如图 3-107 所示。

🔩：选中该按钮，切换至集模式，设置【集】上滑面板各个选项，【过渡】上滑面板不可用，系统默认选中该按钮。

🔩：选中该按钮，切换至过渡模式，编辑过渡选项，【集】上滑面板不可用，此时右侧出现过渡类型下拉选择框 拐角球 ，显示当前过渡类型。

8.50 ：用于设置倒角尺寸值，可以输入新值，也可从下拉列表中选择最近使用过的值。

(2) 单击【集】上滑面板，设置集、选取集参照的倒圆角边、设置倒圆角值和生成方式，通常情况下采用系统默认【集】和【过渡】选项，可直接在模型区域选中要倒圆角的边。

(3) 单击 3.00 下拉列表框，输入或选定倒角值。

(4) 单击倒圆角特征操控板中的 ✅ 按钮，完成并退出倒圆角特征创建。

2. 创建倒圆角特征

以展开式二级圆柱齿轮减速器箱盖为例，介绍创建倒圆角特征的具体方法和过程。

单击【文件】/【打开】命令或者单击工具栏中的 📂 按钮，弹出【文件】对话框，在模型目标文件夹中选中"xianggai. prt"模型，单击【打开】按钮，进入"xianggai"零件建模界面，箱盖基础模型创建过程不再赘述，仅分别介绍常数倒圆角、可变倒圆角、由曲线驱动的倒圆角和完全倒圆角这四种倒圆角。

(1) 创建常数倒圆角。

1) 单击【插入】/【倒圆角】菜单命令或者在工具条中单击 🔩 图标按钮，打开图 3-102 所示倒圆角特征操控板。

2) 采用系统默认【集】和【过渡】选项，直接在模型区域选中箱盖顶部内外各两条侧边作为倒角边。

3) 单击 8.50 下拉列表框，输入倒角值"6"。

4) 单击倒角特征操控板中的 ✅ 按钮，完成并退出倒圆角特征创建，详细过程如图3-108所示。

(2) 创建可变倒圆角。

1) 单击【插入】/【倒圆角】菜单命令或者在工具条中单击 🔩 图标按钮，打开图 3-102 所示倒圆角特征操控板。

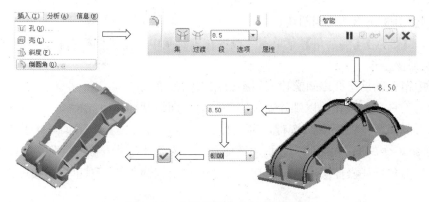

图 3-108　常数倒圆角特征创建过程

2）选中箱盖轴承座孔上方肋板边作为倒圆角边。

3）单击【集】上滑面板，在半径控制区域，在编号为"1"的半径值选项框中的【半径】数值框输入"2"；然后单击鼠标右键，选择【添加半径】选项，新增编号为"2"的半径值选项框，【半径】数值框也输入"2"，同时【半径】栏右侧出现【位置】栏，均显示为 顶点:边:…… ，保持默认值不更改；继续单击鼠标右键，选择【添加半径】选项，新增编号为"3"的半径值选项框，【半径】数值框也输入"4"，【位置】数值更改为"0.5"。

4）上述步骤3）也可采用这样的操作方法，选中倒角边后，单击鼠标右键，在弹出的快捷菜单中选择【成为变量】命令，此时在两端分别显示各自半径值；然后在某一半径数字位置处单击鼠标右键，在弹出的快捷菜单中选择【添加半径】，增加半径控制点，数值仍按照步骤3）中输入。

5）单击倒角特征操控板中的☑按钮，完成并退出倒圆角特征创建，如图 3-109 所示。

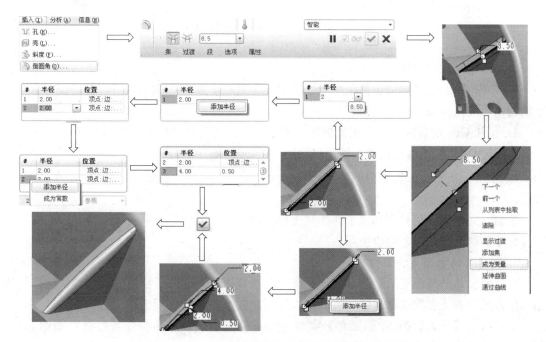

图 3-109　可变倒圆角特征创建过程

（3）创建由曲线驱动的倒圆角。

1）单击【插入】/【倒圆角】菜单命令或者在工具条中单击 ⟋ 图标按钮，打开图 3-102 所示倒圆角特征操控板。

2）选中箱盖轴承座孔之间螺栓安装座边作为倒圆角边。

3）单击工具条 ⟋ 按钮，以螺栓安装座为草绘平面绘制样条曲线。

4）单击倒圆角操控板中 ▶ 按键，继续倒圆角，单击【集】上滑面板类型选择区域中 通过曲线 按钮；在参照列表框中【驱动曲线】框中选中步骤 3）草绘的样条曲线。

5）单击倒角特征操控板中的 ✓ 按钮，完成并退出倒圆角特征创建，详细过程如图3-110 所示。

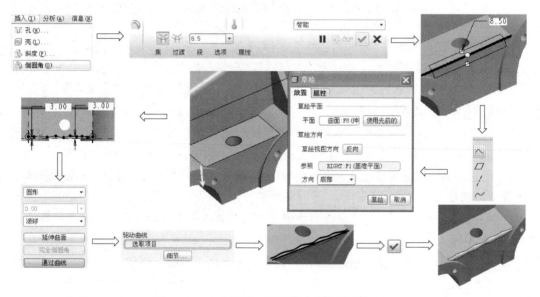

图 3-110　由曲线驱动的倒圆角特征创建过程

（4）创建完全倒圆角。

1）单击【插入】/【倒圆角】菜单命令或者在工具条中单击 ⟋ 图标按钮，打开图 3-102 所示倒圆角特征操控板。

2）按住 Ctrl 键，同时选中箱盖轴承座孔上方肋板的两侧边作为倒圆角边。

3）单击【集】上滑面板类型选择区域中 完全倒圆角 按钮。

4）单击倒角特征操控板中的 ✓ 按钮，完成并退出倒圆角特征创建，详细过程如图3-111 所示。

注意：完全倒圆角只有选取了两条对边或者两个面，并同时选取了【圆形】横截面形状与【滚球】建立方式时才可以使用。

3. 创建自动倒圆角特征的方法

自动倒圆角是按照所给定的参数，系统自动查找边链创建圆角特征，是一种快捷的创建倒圆角方式，避免多次选取边链，有效提高倒圆角效率，尤其适用于铸件结构。

（1）单击【插入】/【自动倒圆角】菜单命令，打开自动倒圆角特征操控板，如图 3-112 所示。图中各按钮和选项含义如下：

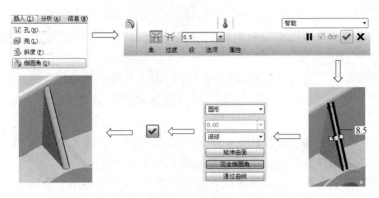

图 3-111　完全倒圆角特征创建过程

【范围】上滑面板选项：用于设置自动倒圆角的适用范围，包括【实体几何】、【面组】、【选取的边】以及【凸边】和【凹边】选项，如图 3-113 所示。

图 3-112　自动倒圆角特征操控板

【排除】上滑面板选项：用于选定自动倒圆角需要排除的边，如图 3-114 所示。

【选项】上滑面板选项：可以设置是否创建常规倒圆角特征组，如图 3-115 所示。

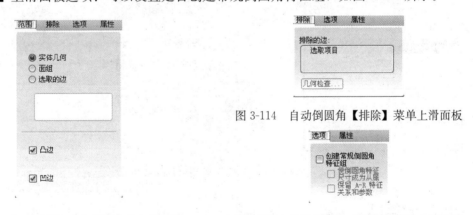

图 3-114　自动倒圆角【排除】菜单上滑面板

图 3-113　自动倒圆角【范围】菜单上滑面板　　　图 3-115　自动倒圆角【选项】菜单上滑面板

【属性】上滑面板选项：显示和修改当前创建的自动倒角特征名称，单击 ⓘ 按钮，将在 Pro/E 浏览器中显示自动倒角特征的相关信息，如图 3-116 所示。

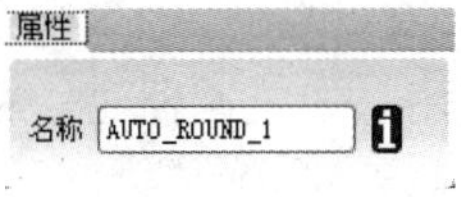

图 3-116　自动倒圆角【属性】菜单上滑面板

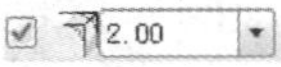

☑ ⍧ 2.00 ：用于设置凸边倒圆角半径数值。

☑ ⌐ 相同 ：用于设置凹边倒圆角半径数值，默认值为"相同"，表示半径值与凸边相同。

（2）通常情况下采用系统默认【范围】选项，在模型区域选中具有相似特性的边之一。

（3）单击【排除】选出所要排除的边。

（4）在 ☑ ↰2.00 ▾ ☑ ↳相同 ▾ 下拉列表框中，分别输入凸边和凹边的倒圆角半径数值。

（5）单击自动倒圆角特征操控板中的 ☑ 按钮，完成并退出自动倒圆角特征创建。

4. 创建自动倒圆角特征

以展开式二级圆柱齿轮减速器箱盖为例，介绍创建自动倒圆角特征的具体方法和过程。

减速器箱盖为铸造毛坯件，表面拐角处均有铸造圆角，适合采用自动倒圆角创建 R1.5未注铸造圆角。

（1）单击【插入】/【自动倒圆角】菜单命令，打开如图 3-112 所示的自动倒圆角特征操控板。

（2）选择箱盖与箱体连接凸台边作为自动倒圆角的边类型。

（3）单击【排除】上滑面板，单击【排除的边】区域，选中加工表面边界，作为自动倒圆角排除的边。

（4）在 ☑ ↰2.00 ▾ ☑ ↳相同 ▾ 下拉列表框中，分别输入凸边和凹边的倒圆角半径数值"1.5"和"相同"。

（5）单击自动倒圆角特征操控板中的 ☑ 按钮，完成并退出自动倒圆角特征创建，详细过程如图 3-117 所示。

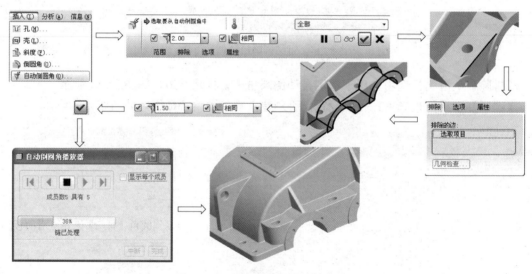

图 3-117　自动倒圆角特征创建过程

四、筋特征

筋又称为加强筋或肋板，是设计中连接实体表面的薄翼或腹板伸出项，用于加强零件的结构强度，特别是薄壳外形有提升强度的需要，同时还要考虑材料的消耗问题的情况下广泛使用，如减速器箱座和箱盖上轴承座孔处，为了增加轴承的支撑刚度而在轴承座孔上下都加上筋特征。

筋特征常见于两个或者三个相邻实体表面的连接处，在 Pro/E 中，筋特征分为轮廓筋和轨迹筋，它们的创建过程与拉伸特征相似，但需要草绘出一个开放的筋特征轮廓，然后设定筋特征的厚度和添加材料的填充方向。

1. 创建轮廓筋特征的方法

（1）单击【插入】/【筋】/【轮廓筋】菜单命令或者在工具条中单击 🖾 图标按钮，打开轮廓筋特征操控板，如图 3-118 所示。图中各个按钮和选项含义如下：

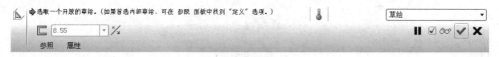

图 3-118　轮廓筋特征操控板

【参照】上滑面板选项：如图 3-119 所示，在临近实体曲面处选取或创建开放的草绘曲线，其过程与拉伸、旋转等草绘特征中创建草绘曲线类似。

【属性】菜单选项：显示和修改当前创建的轮廓筋特征名称，单击 🛈 按钮，将在 Pro/E 浏览器中显示轮廓筋特征的相关信息，如图 3-120 所示。

图 3-119　轮廓筋【参照】菜单上滑面板　　　图 3-120　轮廓筋【属性】菜单上滑面板

⬜ 8.55 ⬜：用于设置轮廓筋特征的厚度值，可输入新值，也可选用以前使用过的值。

⅍：用于切换筋特征的材料填充方向，默认为关于草绘平面对称，也可设置为草绘平面的两侧。

（2）单击【参照】上滑面板，单击【定义】按钮，设置草绘平面和参照平面，进入草绘模式。

（3）绘制轮廓筋剖面，注意截面开放。

（4）在 ⬜ 8.55 ⬜ 输入轮廓筋厚度，并指定材料填充方向。

（5）单击轮廓筋特征操控板中的 ✔ 按钮，完成并退出轮廓筋特征创建。

2. 创建筋特征

以展开式二级圆柱齿轮减速器箱座为例，介绍创建轮廓筋特征的具体方法和过程。

箱座基础模型创建过程不再赘述，仅介绍轮廓筋特征创建过程。

（1）单击【插入】/【筋】/【轮廓筋】菜单命令或者在工具条中单击 ⬜ 图标按钮，打开如图 3-118 所示的轮廓筋特征操控板。

（2）单击 ⬜ 按钮，在轴承座正下方创建基准平面"DTM2"作为轮廓筋的创建平面；单击【参照】上滑面板，单击【定义】按钮，将"DTM2"设置为草绘平面，采用系统默认参照平面进入草绘模式，选取轴承盖安装平面、轴承座孔外轮廓和箱座底部上表面为参考。

（3）在轴承座孔外轮廓和箱座底部上表面之间绘制一条直线作为轮廓筋剖面，该直线与轴承盖安装平面距离为"3"。

（4）在 ⬜ ⬜ 输入轮廓筋厚度"7"，并设置关于草绘平面对称为材料填充方向。

（5）单击轮廓筋特征操控板中的 ✔ 按钮，完成并退出轮廓筋特征创建，详细过程如图 3-121 所示。

创建轨迹筋特征的方法如下：

轨迹筋是通过定义轨迹来生成设定参数的筋特征，用于具有 3 个方向具有轮廓，另外一

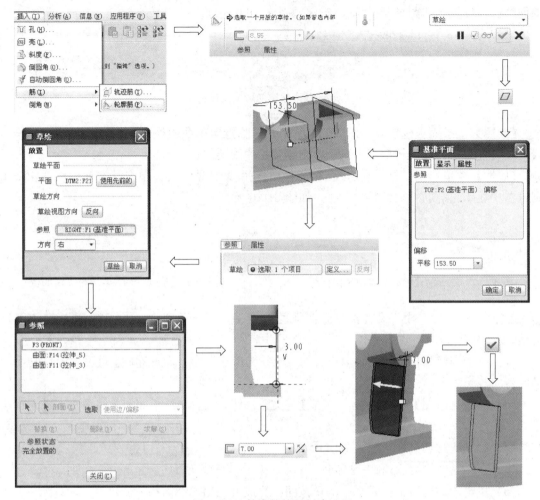

图 3-121　轮廓筋特征创建过程

个方向开放的实体创建筋特征，常用于壳体类零件，用于增加壳体的刚度或强度。轨迹筋和轮廓筋不同，轮廓筋在轮廓特征面上进行草绘，由草绘曲线和原有曲面特征共同形成筋轮廓；而轨迹筋是具有底部和顶部，底部是与零件曲面相交的一段，筋顶部曲面为草绘平面。

（1）单击【插入】/【筋】/【轨迹筋】菜单命令或者在工具条中单击图标按钮，打开轮廓筋特征操控板，如图 3-122 所示。图中各个按钮和选项含义如下：

【放置】上滑面板选项：如图 3-123 所示，选取筋特征顶部曲面作为草绘平面，定义草绘。

图 3-122　轨迹筋特征操控板图　　　　　　　　　　　图 3-123　【放置】菜单上滑面板

【形状】上滑面板选项：结合操控板上的添加特征按钮，定义筋板的形状特征，如更改拔模斜度、倒圆角大小、筋顶部宽度等，注意筋顶部宽度应大于倒圆角值的两倍，拔模斜度不超过 30°，如图 3-124 所示。

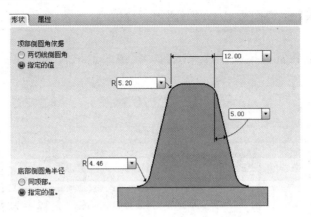

图 3-124　【形状】菜单上滑面板

【属性】菜单选项：显示和修改当前创建的轨迹筋特征名称，单击 🛈 按钮，将在 Pro/E 浏览器中显示轨迹筋特征的相关信息，如图 3-125 所示。

图 3-125　【属性】菜单上滑面板

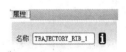：用于更改筋深度方向，单击该按钮，由一侧相邻曲面更改到另一侧。

：用于设置轨迹筋特征的顶部厚度值，可输入新值，也可选用以前使用过的值。

：用于在轨迹筋上添加特征，分别表示在筋上添加拔模、在暴露边上添加倒圆角和在内部边上添加倒圆角，添加特征的参数在【形状】上滑面板中设置。

（2）单击【放置】上滑面板，单击【定义】按钮，设置草绘平面和参照平面，进入草绘模式。

（3）绘制轨迹筋轨迹曲线。

（4）结合操控板 🛆 ⅄ ⌒ 按钮和【形状】上滑面板定义轨迹筋厚度和形状特征，指定轨迹筋深度方向。

（5）单击轮廓筋特征操控板中的 ☑ 按钮，完成并退出轨迹筋特征创建。

以展开式二级圆柱齿轮减速器箱座为例，介绍创建轨迹筋特征的具体方法和过程。

箱座基础模型创建过程不再赘述，在上述创建轮廓筋的另一侧创建轨迹筋。

（1）单击【插入】/【筋】/【轨迹筋】菜单命令或者在工具条中单击 图标按钮，打开如图 3-122 所示的轨迹筋特征操控板。

（2）单击 按钮，在轴承盖安装平面向箱体内偏移 3mm 位置创建基准平面 "DTM3" 作为轨迹筋的顶面和草绘平面；单击【放置】上滑面板，单击【定义】按钮，将 "DTM3" 设置为草绘平面，采用系统默认参照平面进入草绘模式，选取 "DTM2"、轴承座孔外轮廓和箱座底部上表面为参考。

（3）以 "DTM2" 与轴承座孔外轮廓和箱座底部上表面的交点为边界点，在轴承座孔外轮廓和箱座底部上表面之间绘制一条直线作为轨迹筋轨迹曲线。

（4）分别选中 🛆 ⅄ ⌒ 按钮，为筋特征添加拔模和圆角；在 下拉列表框输入顶部轨迹筋厚度"7"。

（5）单击【形状】上滑面板设置顶部圆角半径值"1.5"，拔模斜度"5°"，底部圆角半径值"2"。

（6）单击轨迹筋特征操控板中的☑按钮，完成并退出轨迹筋特征创建，详细过程如图 3-126 所示。

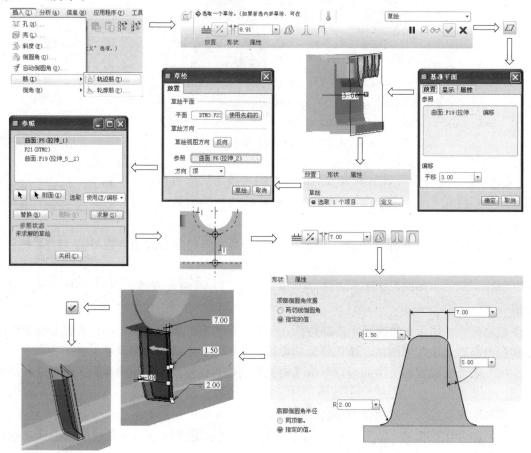

图 3-126　轨迹筋特征创建过程

五、壳特征

壳特征是在实体特征的基础上，将其内部材料挖除后，获得具有均匀厚度或者不均匀厚度的薄壁特征，常用于塑料或者铸造零件。创建壳特征时在挖空内部的同时，还可以移除一个或者多个曲面，留下一定壁厚的壳，也可以不移除任何面，只挖除内部材料。

1. 创建壳特征的方法

（1）单击【插入】/【壳】菜单命令或者在工具条中单击▣图标按钮，打开壳特征操控板，如图 3-127 所示。图中各按钮和选项含义如下：

【参照】上滑面板选项：如图 3-128 所示，包括【移除的曲面】和【非缺省厚度】两个选项栏，分别用于选定抽壳时移除的曲面和与其他位置壁厚不同的曲面。单击【移除的曲面】窗口，选中曲面后，会在被选中的曲面处生成壳的开口；单击【非缺省厚度】窗口，选中曲面后，会在右侧出现设置厚度栏，用于设置独立的壁厚。

图 3-127　壳特征操控板

【选项】上滑面板：如图 3-129 所示，用于设置不参与抽壳特征的曲面选项。该菜单包括：【排除的曲面】，用于选取一个或者多个要从壳特征中排除的曲面，如果未选中任何曲面，则将整个实体壳化；【细节】，打开用来添加或者移除曲面的曲面集对话框；【曲面延伸】，包括"延伸内部曲面"和"延伸排除的曲面"，分别指在壳特征的内部曲面上形成一个盖和在壳特征排除曲面上形成一个盖；【防止壳穿透实体】，包括"凹角"和"凸角"，分别用于防止壳在凹角处和凸角处切割实体。

图 3-128　【参照】菜单上滑面板

图 3-129　【选项】菜单上滑面板

【属性】菜单选项：显示和修改当前创建的壳特征名称，单击 🛈 按钮，将在 Pro/E 浏览器中显示壳特征的相关信息，如图 3-130 所示。

图 3-130　【属性】菜单上滑面板

厚度 8.00 ▼：用于设置壳特征的抽壳厚度值，可输入新值，也可选用以前使用过的值。

✏ 按钮：用于切换壳特征的创建侧，默认在实体内部抽壳，单击该按钮，将在实体外部添加材料。

（2）单击【参照】上滑面板，单击【移除的曲面】和【非缺省厚度】，定义抽壳的开口位置和非缺省厚度的位置及厚度值。

（3）单击【选项】上滑面板，设置不参与抽壳特征的曲面选项，一般采用默认选项。

（4）在厚度 8.00 ▼输入壳的厚度并指定壳特征的创建侧。

（5）单击壳特征操控板中的 ✔ 按钮，完成并退出壳特征创建。

2. 创建壳特征

以四缸发动机油底壳为例，介绍创建壳特征的具体方法和过程。

单击【文件】/【打开】命令或者单击工具栏中的 📂 按钮，弹出【文件】对话框，在模型目标文件夹中选中"dike.prt"模型，单击【打开】按钮，进入"dike"零件建模界面，底壳基础模型创建过程不再赘述，仅介绍创建壳特征过程。

（1）单击【插入】/【壳】菜单命令或者在工具条中单击 📷 图标按钮，打开如图 3-127 所示壳筋特征操控板。

（2）单击【参照】上滑面板，单击【移除的曲面】，选择油底壳的顶面作为移除曲面，创建顶部开口的壳特征；由于油底壳各侧的厚度相同，【非缺省厚度】项无须设置。

（3）在厚度 ⬚▼ 输入壳的厚度"8"，并按默认设置指定壳特征的创建侧。

（4）单击壳特征操控板中的 ☑ 按钮，完成并退出壳特征创建，详细过程如图 3-131 所示。

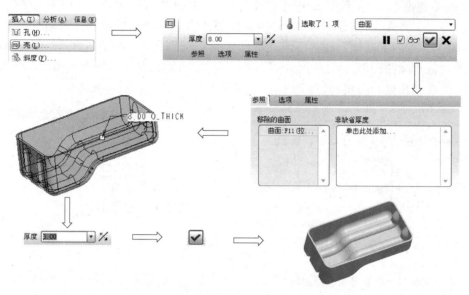

图 3-131　壳特征创建过程

六、拔模特征

在铸件、锻件及塑料注塑件生产过程中，为了便于零件脱模，在模具和零件之间一般会制作 1°～5°的倾斜角，即拔模角，在 Pro/E 中创建或设计这类零件特征时，也需要在实体上创建拔模角度，即拔模特征。Pro/E 可以在单一平面、圆柱面或曲面上创建拔模角在−30°～30°的拔模特征，但如果曲面边界有过渡圆角时，拔模特征不能创建，可以先创建拔模特征再创建过渡圆角。由于实际零件不同位置对拔模角度的要求可能存在差别，建模时也常根据实际情况将拔模特征分为分割拔模和不分割拔模，其中分割拔模又分为拔模枢面分割和对象分割。

在 Pro/E 系统中有以下术语用于拔模特征的创建：

（1）拔模曲面，创建拔模特征的模型的曲面。

（2）拔模枢轴，曲面围绕其旋转的拔模曲面上的线或曲线，也称为中立曲线，可以通过选取平面或选取拔模曲面上的单个曲线链来定义拔模枢轴。

（3）拖动方向，又称为拔模方向，用于测量拔模角度的方向，通常为模具的开模方向，可以通过选取平面、直边、基准轴、两点或坐标系来定义。

（4）拔模角度，拔模方向与创建的拔模曲面之间的角度，如果拔模曲面被分割，则可以为拔模曲面的每侧定义独立的角度，拔模角度的范围为−30°～30°。

1.创建拔模特征的方法

（1）单击【插入】/【斜度】（【拔模】）菜单命令或者在工具条中单击 ▨ 图标按钮，打开拔模特征操控板，如图 3-132 所示，图中各个按钮和选项含义如下：

图 3-132　拔模特征操控板

【参照】上滑面板选项：如图 3-133 所示，包括【拔模曲面】、【拔模枢轴】和【拖拉方向】三个选项栏，分别用于上述三项的拔模参照设置。

【分割】上滑面板：如图 3-134 所示，利用分割拔模，可将不同的拔模角度应用于曲面的不同部分。

【角度】上滑面板：如图 3-135 所示，用于设置拔模角度及其位置的列表。

　　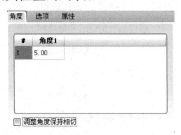

图 3-133　【参照】菜单上滑面板　　图 3-134　【分割】菜单上滑面板　　图 3-135　【角度】菜单上滑面板

【选项】上滑面板：如图 3-136 所示，包含定义拔模几何的选项。

【属性】上滑面板：显示和修改当前创建的拔模特征名称，单击 ⓘ 按钮，将在 Pro/E 浏览器中显示拔模特征的相关信息，如图 3-137 所示。

图 3-136　【选项】菜单上滑面板　　　　　图 3-137　【属性】菜单上滑面板

🖐 [● 单击此处添加项目]：用于设置拔模曲面上的中性直线或曲线，单击列表框可以将其激活，可以添加或删除参照。

🖐 [● 选取 1 个项目]：用于指定测量拔模角度的方向，可以选取平面、直边、基准轴、两点和坐标系作为参照。

✖ ：拔模拖拉方向参照选定后出现，用于改变拖拉方向。

∠ [5.00 ▾] ✖ ：设置拔模角度、反转角度以添加或去除材料。

（2）单击【参照】上滑面板，单击【拔模曲面】选项，选取要拔模的曲面。

（3）单击【参照】上滑面板中【拔模枢轴】选项或者单击 🖐 [● 单击此处添加项目] 列表框，选取一个平面、一条边或者一条曲线作为拔模枢轴。

（4）单击【参照】上滑面板中【拖拉方向】选项或者单击 🖐 [● 选取 1 个项目] 列表框，

选取平面、直边、基准轴、两点和坐标系作为拖拉方向。

（5）结合是否需要分割拔模，单击【分割】上滑面板，设置分割选项。

（6）在【角度】上滑面板或 ∠ [5.00] ▾ ∠ 下拉列表框中输入拔模角度，设定添加拔模特征的角度方向。

（7）单击拔模特征操控板中的 ☑ 按钮，完成并退出拔模特征创建。

2. 创建拔模特征

以四缸发动机油底壳为例，介绍创建拔模特征的具体方法和过程。

单击【文件】/【打开】命令或者单击工具栏中的 ⬚ 按钮，弹出【文件】对话框，在模型目标文件夹中选中"dike.prt"模型，单击【打开】按钮，进入"dike"零件建模界面，底壳基础模型创建过程不再赘述，以油底壳结构实体为例，分别介绍分割拔模特征和不分割拔模特征的创建过程。

创建不分割拔模特征的方法如下：

（1）单击【插入】/【斜度】菜单命令或者在工具条中单击 ⬚ 图标按钮，打开如图 3-132 所示的拔模特征操控板。

（2）单击【参照】上滑面板，单击【拔模曲面】选项，选取油底壳的四个侧面作为拔模的曲面。

（3）单击【参照】上滑面板中【拔模枢轴】选项或者单击 ⬚ [● 单击此处添加项目] 列表框，选取油底壳的顶面作为拔模枢轴，系统默认以顶面的法向作为拖拉方向。

（4）单击【分割】上滑面板，在【分割选项】中选择"不分割"。

（5）在【角度】上滑面板或 ∠ [5.00] ▾ ∠ 下拉列表框中输入拔模角度"3"，设定添加拔模特征的角度方向为去除材料方向。

（6）单击拔模特征操控板中的 ☑ 按钮，完成并退出拔模特征创建，详细过程如图 3-138 所示。

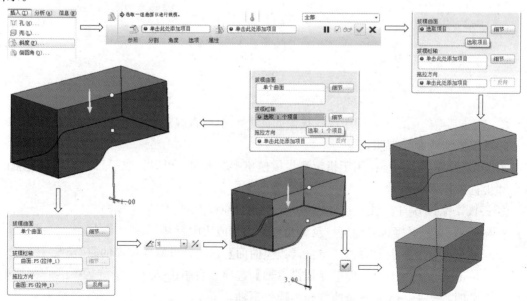

图 3-138　不分割拔模特征创建过程

创建枢面分割拔模特征的方法如下：

（1）单击【插入】/【斜度】菜单命令或者在工具条中单击图标按钮，打开如图 3-132 所示的拔模特征操控板。

（2）单击【参照】上滑面板，单击【拔模曲面】选项，选取油底壳的四个侧面作为拔模的曲面。

（3）单击【参照】上滑面板中【拔模枢轴】选项或者单击 ▸ 单击此处添加项目 列表框，选取"FRONT"基准平面作为拔模枢轴，选取一条侧边为拖拉方向。

（4）单击【分割】上滑面板，在【分割选项】中选择"根据拔模枢面分割"，在【侧选项】选项中选择"独立拔模侧面"。【侧选项】有独立拔模侧面、从属拔模侧面、只拔第一侧和只拔第二侧四个选项。

（5）在【角度】上滑面板中的【角度 1】框中输入"3"，在【角度 2】框中输入"5"，或在 ∠ □ % ∠ □ % 下拉列表框中输入"3"和"5"，设定添加拔模特征的角度方向为去除材料方向。

（6）单击拔模特征操控板中的☑按钮，完成并退出拔模特征创建，详细过程如图 3-139 所示。

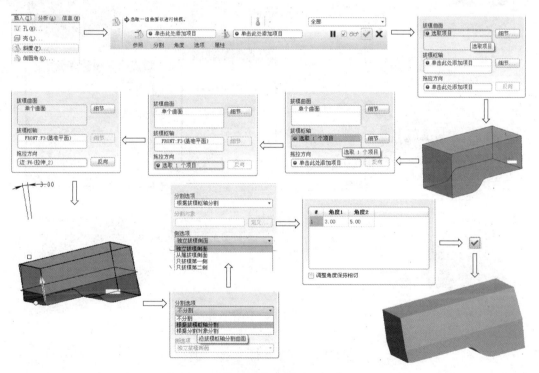

图 3-139　枢面分割拔模特征创建过程

创建对象分割拔模特征的方法如下：

（1）单击【插入】/【斜度】菜单命令或者在工具条中单击图标按钮，打开如图 3-132 所示的拔模特征操控板。

（2）单击【参照】上滑面板，单击【拔模曲面】选项，选取油底壳的前侧面作为拔模的曲面。

（3）单击【参照】上滑面板中【拔模枢轴】选项或者单击 [单击此处添加项目] 列表框，选取"FRONT"基准平面作为拔模枢轴，以"FRONT"基准平面的法线方向作为拖拉方向。

（4）单击【分割】上滑面板，在【分割选项】中选择"根据分割对象分割"，在【侧选项】选项中选择"独立拔模侧面"。

（5）在【角度】上滑面板中的【角度1】框中输入"15"，在【角度2】框中输入"20"，或在 ∠ 15.00 ／ ∠ 20.00 ／ 下拉列表框中输入"15"和"20"，设定添加拔模特征的角度方向为去除材料方向。

（6）单击拔模特征操控板中的 ✓ 按钮，完成并退出拔模特征创建，详细过程如图 3-140 所示。

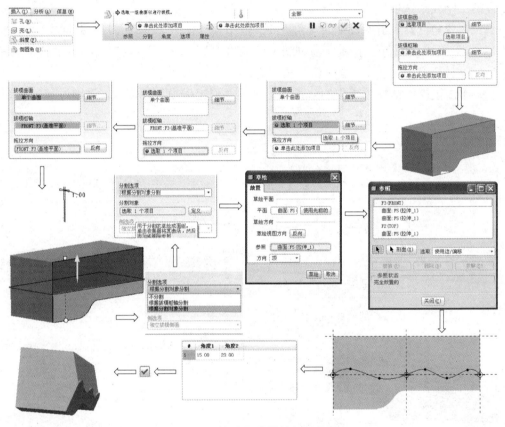

图 3-140　对象分割拔模特征创建过程

第四节　特　征　操　作

基础实体特征和放置特征完成的都是三维模型的创建工作，直接创建的实体特征往往不能完全符合设计要求，或者在后续设计过程中需要对已创建特征进行更改，这时就需要通过特征编辑命令来编辑特征，包括改变特征的参照基准、定形尺寸、定位尺寸等，还包括对一些结构相同但位置不同的特征创建，甚至结构相似位置不同的特征创建。常用的特征编辑命令包括特征复制、特征镜像、特征阵列、特征群组、特征删除、特征隐藏、特征隐含、特征恢复等，通过这些命令可以完善实体结构并能大幅提高设计效率。

一、特征复制

特征复制是将模型中的特征通过复制操作创建与原特征相同或相近的特征，并将其放置到当前零件的指定位置上的操作方法。通过特征复制可以快速地创建具有相同特点的已有对象，避免不必要的重复设计，并且被复制的特征可以从当前模型中选取、也可以从其他模型中选取，经特征复制创建的新特征的外形、尺寸、参照等定义元素也可以与原特征不同。此外，特征复制后的新特征与原特征的关系可以定义为"从属"或者"独立"，如果为"从属"则新特征会随旧特征尺寸更改而更改。

1. 特征复制的操作方法

（1）单击【编辑】/【特征操作】菜单命令，打开【特征】菜单管理器，如图 3-141 所示，里面包括【复制】、【重新排序】、【插入模式】三个选项，其中：【复制】选项为特征复制命令；【重新排序】选项，用于模型树中各个特征创建的先后顺序排列，如果前后特征没有参照无依附关系，可以通过【重新排序】更改模型特征的顺序，通常通过鼠标左键选中要更改的特征，拖曳至目标位置的快捷操作方法；【插入模式】选项，用于在模型树指定顺序位置插入新建特征，通常通过鼠标左键选中模型树中 ➡ 按钮，拖曳至目标位置的快捷操作方法。

图 3-141　特征管理器菜单

（2）单击【复制】选项，弹出【复制特征】菜单管理器，根据复制特征需求，依次选择各选项，如图 3-142 所示，包括参照方式选项区域、复制特选项区域和尺寸关系选项区域。

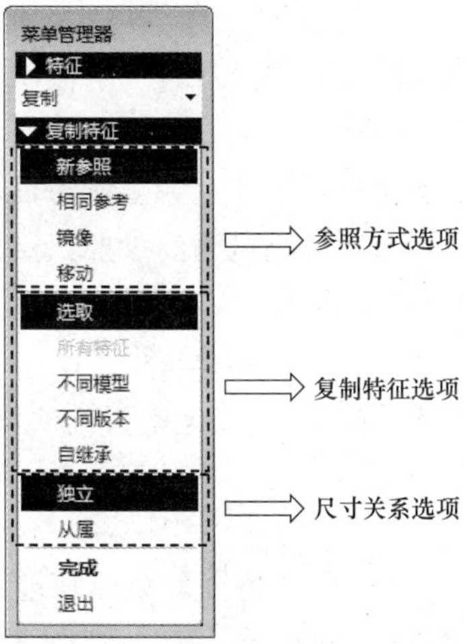

图 3-142　【复制特征】菜单管理器

参照方式选项区域：

【新参照】：选取新的参照来复制特征，包括位置、参照、尺寸标注参照等参数。

【相同参照】：用相同的参照来复制特征，使用与原特征相同的放置与参照，但可以更改新特征的定形尺寸和定位尺寸。

【镜像】：用镜像复制特征，通过一个平面或者基准面镜像特征，不显示对话框，复制特征的尺寸不能改变，放置位置自动确定。

【移动】：通过平移或旋转来复制特征，可改变复制特征的尺寸值和放置位置。

复制特征选项区域：

【选取】：从当前零件复制所选择的特征，直接在图形窗口或模型树中选取。

【全部特征】：复制当前零件所有特征，参照方式为【镜像】、【移动】时可用。

【不同模型】：从不同的零件中复制特征，参照方式为【新参照】时可用。

【不同版本】：从不同版本的相同零件中复制特征，参照方式为【新参照】、【相同参照】时可用。

【自继承】：从继承特征中复制特征，参照方式为【新参照】时可用。

尺寸关系选项区域：

【独立】：复制特征的截面和尺寸是独立的，两者之间没有依存关系。

【从属】：复制特征的截面和尺寸是相关的，两者之间存在继承关系，原特征的更改会影响新特征。

（3）根据所选择的参照方式弹出不同的选项窗口，定义复制特征参数，完成特征复制。特征复制完成以后，新生成的特征会以一个组特征的形式在模型树中出现，如果是选择【独立】的尺寸关系，可以分解组特征以便对新特征进行编辑。

2. 复制特征

以减速器箱座上螺栓连接孔为例，介绍各种特征复制的具体方法和过程。

单击【文件】/【打开】命令或者单击工具栏中的 按钮，弹出【文件】对话框，在模型目标文件夹中选中"xiangzuo.prt"模型，单击【打开】按钮，进入"xiangzuo"零件建模界面，箱座基础模型创建过程不再赘述，仅分别介绍不同参照选项时特征复制的过程。

（1）使用【新参照】特征复制。【新参照】特征复制需要选择与原特征参照作用相同的参照来定义复制特征。

1）单击【编辑】/【特征操作】菜单命令，打开图 3-141 所示【特征】菜单管理器。

2）单击【复制】选项，弹出图 3-142 所示【复制特征】菜单管理器，依次选择【新参照】/【选取】/【独立】，弹出【选择要复制的特征】命令窗口，选择已创建的定位销孔特征，单击【选取】选项中的【确定】按钮。

3）弹出【组元素】对话框和【组可变尺寸】对话框，【组可变尺寸】对话框用于定义【组元素】对话框中的【可变尺寸】选项，全部选中【组可变尺寸】对话框的"Dim1""Dim2""Dim3""Dim4"，单击【完成】按钮。

4）在依次弹出的"输入 Dim1""输入 Dim2""输入 Dim3""输入 Dim4"中依次输入"65""13""111""70"，单击【组元素】对话框中【确定】按钮。

5）弹出【参照】菜单管理器，共有四个选项，分别是：【替换】选项，为复制特征选取新参照；【相同】选项，指原始参照应用于复制特征；【跳过】选项，跳过当前参照，定义下一个参照；【参照信息】选项，解释放置参照的信息。选中【替换】选项，然后依次选中创建的油表孔平面、箱座的左侧边和箱座底边。

6）在弹出的【特征/复制/组放置】菜单管理器中单击【完成】按钮，完成特征复制，具体过程如图 3-143 所示。

（2）使用【相同参照】特征复制。

1）单击【编辑】/【特征操作】菜单命令，打开如图 3-141 所示的【特征】菜单管理器。

2）单击【复制】选项，弹出图 3-142 所示【复制特征】菜单管理器，依次选择【相同参照】/【选取】/【独立】，弹出【选择要复制的特征】命令窗口，选择已创建的定位销孔特征，单击【选取】选项中的【确定】按钮。

3）弹出【组元素】对话框和【组可变尺寸】对话框，【组可变尺寸】对话框用于定义【组元素】对话框中的【可变尺寸】选项，全部选中【组可变尺寸】对话框的"Dim1""Dim2""Dim3""Dim4"，单击【完成】按钮。

4）在依次弹出的"输入 Dim1""输入 Dim2""输入 Dim3""输入 Dim4"中依次输入"17""48""66""20"。

5）在弹出的【组元素】对话框中单击【确定】按钮，弹出的【特征/复制/组放置】菜单管理器中单击【完成】按钮，完成特征复制，具体过程如图 3-144 所示。

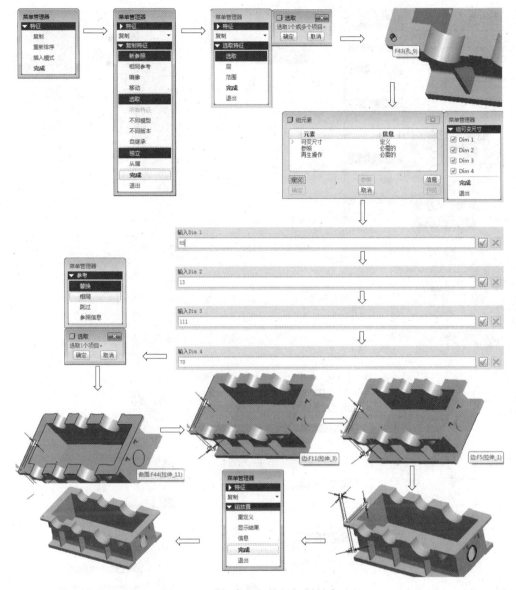

图 3-143 【新参照】特征复制创建过程

（3）使用【镜像】特征复制。

1）单击【编辑】/【特征操作】菜单命令，打开图 3-141 所示的【特征】菜单管理器。

2）单击【复制】选项，弹出图 3-142 所示【复制特征】菜单管理器，依次选择【镜像】/【选取】/【独立】，弹出【选择要复制的特征】命令窗口，选择已创建箱座左侧螺栓连接孔特征，单击【选取】选项中的【确定】按钮。

3）弹出【复制/设置平面】菜单管理器，该管理器有【平面】和【产生基准】两个选项，其中【平面】是选择现有平面，【产生基准】是新创建基准平面，方法与创建基准平面类似，不再赘述，本例选择现有"RIGHT"平面作为镜像平面。

4）单击【复制】菜单管理器中的【完成】按钮，完成特征复制，具体过程如图 3-145 所示。

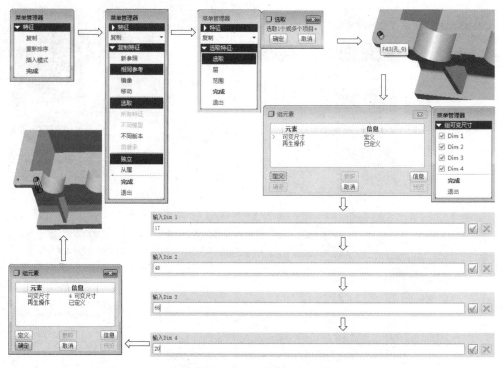

图 3-144　【相同参照】特征复制创建过程

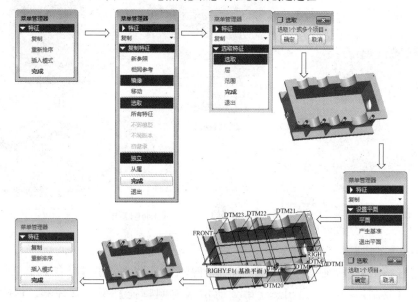

图 3-145　【镜像】特征复制创建过程

（4）使用【移动】特征复制。【移动】特征复制包括【平移】和【旋转】两种方式特征复制。

【平移】特征复制：

1）单击【编辑】/【特征操作】菜单命令，打开如图 3-141 所示的【特征】菜单管理器。

2）单击【复制】选项，弹出如图 3-142 所示的【复制特征】菜单管理器，依次选择

【移动】/【选取】/【独立】，弹出【选择要复制的特征】命令窗口，选择定位销孔特征，单击【选取】选项中的【确定】按钮。

3）弹出【复制/移动特征】菜单管理器，该管理器有【平移】和【旋转】两个选项，分别对应于【平移】复制特征和【旋转】复制特征。选择【平移】选项，弹出【一般选取方向】选项卡，该选项卡包括三个选项，分别是：【平面】选项，特征的移动方向与选定平面的法线方向平行；【曲线/边/轴】选项，特征的移动方向与直线、边界线和轴线的方向平行；【坐标系】选项，特征的移动方向与坐标系的轴向平行。选择【平面】选项，并分别选定箱座的前侧面和左侧面为移动方向，调整法线方向，在弹出的【输入偏移距离】对话框中分别输入"53"和"4"，单击【完成移动】按钮。

4）弹出【组元素】对话框和【组可变尺寸】对话框，【组可变尺寸】对话框用于定义【组元素】对话框中的【可变尺寸】选项，由于已经定义新孔相对原孔的偏移距离，选中【组可变尺寸】对话框的"Dim1"，用来改变孔特征的直径，单击【完成】按钮。

5）弹出"输入Dim1"对话框，输入"13"，单击【组元素】对话框中的【确定】按钮。

6）单击【复制】菜单管理器中的【完成】按钮，完成特征复制，具体过程如图3-146所示。

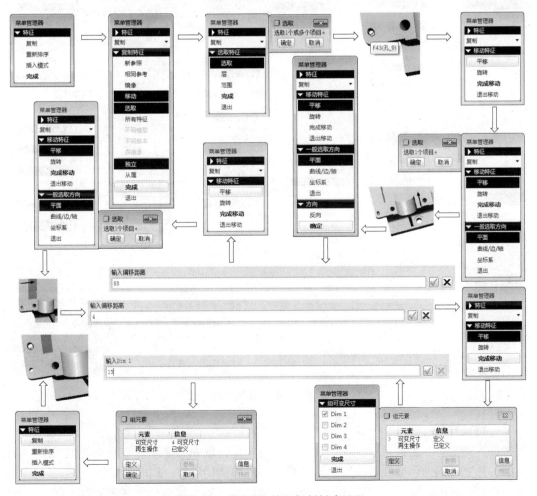

图 3-146　【平移】特征复制创建过程

【旋转】特征复制：

1）单击【编辑】/【特征操作】菜单命令，打开如图 3-141 所示的【特征】菜单管理器。

2）单击【复制】选项，弹出如图 3-142 所示的【复制特征】菜单管理器，依次选择【移动】/【选取】/【独立】，弹出【选择要复制的特征】命令窗口，选择轴承端盖安装螺栓孔特征，单击【选取】选项中的【确定】按钮。

3）弹出【复制/移动特征】菜单管理器，选择【旋转】选项，弹出【一般选取方向】选项卡，选择【曲线/边/轴】选项，选定轴承孔轴线，调整参照方向，在弹出的【输入旋转角度】对话框中输入"90"，按 Enter 键，单击【完成移动】按钮。

4）弹出【组元素】对话框和【组可变尺寸】对话框，由于新孔特征与原孔特征尺寸完全一样，所有尺寸无须更改，直接单击【完成】按钮，再单击【组元素】对话框中的【确定】按钮。

5）单击【复制】菜单管理器的【完成】按钮，完成特征复制，具体过程如图 3-147 所示。

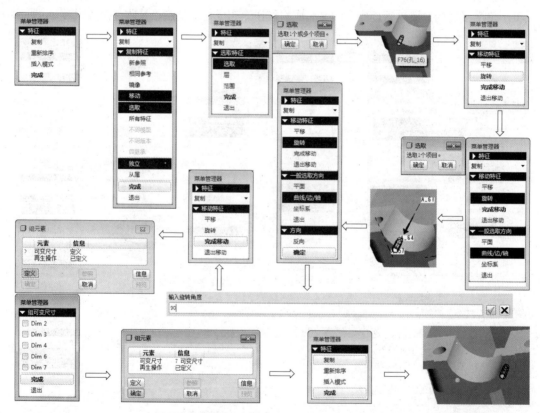

图 3-147　【旋转】特征复制创建过程

二、特征阵列

特征阵列是将一定数量的特征按照一定的方式进行规则的排列。与特征复制相比，特征阵列能够快速准确地创建数量较多、排列规则的一组结构特征；同时，特征复制可以一次选取多个特征，而特征阵列只允许阵列一个单独的特征，要阵列多个特征需要将阵列的对象定义为一个组，然后阵列组；此外，阵列特征与原始特征是从属关系，只要修改原始特征，其阵列成员都会一起更新。因此，特征阵列特别适用于有规律的重复创建多个特征的情况。

特征阵列在参照不同的参照对象和阵列生成规律，Pro/E 中有 8 种阵列类型，分别是尺寸阵列、方向阵列、轴阵列、填充阵列、表阵列、参照阵列、曲线阵列和点阵列。

1. 特征阵列的操作方法

（1）选中需要阵列的对象，单击【编辑】/【阵列】菜单命令或在工具栏中单击▦按钮，打开特征阵列操控板，如图 3-148 所示，图中各按钮和选项含义如下：

图 3-148 特征阵列操控板

【尺寸】上滑面板：如图 3-149 所示，该上滑面板有【方向1】和【方向2】两个选项区域，用于分别定义第一方向和第二方向的多个阵列尺寸，单击收集器可以将其激活，然后添加或删除相应的尺寸，该上滑面板在创建尺寸阵列、方向阵列、轴阵列时可用。

【表尺寸】上滑面板：用于显示表阵列信息的上滑面板，如图 3-150 所示，该菜单只有在创建表阵列时可用。

【参照】上滑面板：用于设置阵列参照，如图 3-151所示，该菜单在填充阵列、曲线阵列时可用。

【表】上滑面板：用于显示当前活动表阵列的信息，如图 3-152 所示，该菜单在创建表阵列时可用。

图 3-149 特征阵列【尺寸】上滑面板

图 3-150 特征阵列【表尺寸】上滑面板

图 3-151 特征阵列【参照】上滑面板

图 3-152 特征阵列【表】上滑面板

【选项】上滑面板：用于设置特征阵列的尺寸再生方式，如图 3-153 所示，分为【相同】、【可变】和【一般】3 种形式，其含义如下：【相同】选项，阵列后的特征成员与原特征尺寸、参照相同，各特征不相交；【可变】选项，阵列后的特征成员与原特征尺寸、参照可以不同，但各特征不相交；【一般】选项，阵列后的特征成员与原特征尺寸、参照可以不同，各特征可以相交。

【属性】上滑面板：显示和修改当前创建的特征阵列名称，单击🛈按钮，将在 Pro/E 浏览器中显示特征阵列的相关信息，如图 3-154 所示。

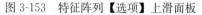

图 3-153　特征阵列【选项】上滑面板

图 3-154　特征阵列【属性】上滑面板

下拉列表框：用于选择阵列类型，共有 8 种选项分别对应于 8 种阵列类型，如图 3-155 所示，其各自功能特征如下：【尺寸阵列】，通过选取特征的定形和定位尺寸作为阵列的驱动尺寸，并指定这些尺寸方向的增量变化以及阵列中特征的实体数量创建阵列特征，尺寸阵列可以分为单向和双向；【方向阵列】，通过选取平面、边或轴等参照来定义阵列方向，并指定尺寸值和行列数创建阵列特征；【轴阵列】，通过选定旋转轴作为参照将特征沿圆周方向进行阵列，允许在圆周和径向两个方向定义阵列尺寸；【填充阵列】，通过制定某一区域并按照一定的排列方式创建均匀的阵列特征；【表阵列】，通过使用阵列表并为每一个阵列特征制定空间位置和自身尺寸的方式创建阵列特征；【参照阵列】，通过借助已有阵列实现新的阵列特征的方式，将一个阵列特征复制在其他阵列特征上，创建的参照和阵列数目与原阵列特征一致，参照阵列一般为不可用状态；【曲线阵列】，指定阵列特征成员之间的距离和成员个数，并沿着草绘曲线创建阵列特征；【点阵列】，通过创建基准点或草绘几何点来创建阵列特征。

　　后面其他按钮用于确定阵列参照和阵列特征数量及尺寸控制，不同的阵列类型时，选项按钮也有很大变化，将结合后续实例对各按钮选项的含义及功能进行介绍。

　　（2）选定阵列类型、阵列参照及尺寸，定义尺寸再生方式，生成阵列特征。

　　由于特征阵列功能强大且应用非常广泛，本书所采用的四缸发动机模型和二级圆柱齿轮减速器模型在建模过程中多次用到该命令，但均采用的是较常用的方向阵列和轴阵列，为了充分展示特征阵列的特点和前后实例的连贯性，新建一个具有典型特征实例介绍各种不同的阵列类型操作过程。

　　2. 创建阵列

　　新建"zhenlieshili"零件，并应用拉伸特征命令创建如图 3-156 所示的特征实例，创建过程不再赘述。

图 3-155　特征阵列类型选项

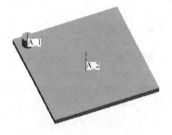

图 3-156　特征阵列实例模型

　　（1）【尺寸】特征阵列。

　　1）选中平板上面的圆柱体作为阵列的对象，单击【编辑】/【阵列】菜单命令或在工具栏中单击▦按钮，打开图 3-148 所示特征阵列操控板。

2）按默认选择【尺寸】特征阵列，单击【尺寸】上滑面板，单击【方向1】选项区域，选中圆柱体水平方向定位尺寸"80"，在【增量】栏中输入"-40"，同时按住Ctrl键选中圆柱体高度方向定形尺寸"20"，在【增量】栏中输入"10"；单击【方向2】选项区域，选中圆柱体竖直方向定位尺寸"80"，在【增量】栏中输入"-40"，同时按住Ctrl键选中圆柱体高度方向定形尺寸"20"，在【增量】栏中输入"10"。

3）在特征操控板分别输入第一方向和第二方向上的阵列特征数"5""5"。

4）单击特征操控板中的☑按钮，完成并退出特征阵列创建，详细过程如图3-157所示。

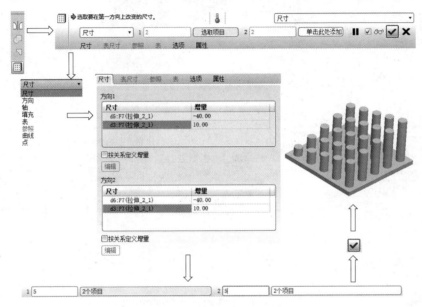

图3-157 【尺寸】特征阵列创建过程

（2）【方向】特征阵列。

1）选中平板上面的圆柱体作为阵列的对象，单击【编辑】/【阵列】菜单命令或在工具栏中单击▥按钮，打开图3-148所示特征阵列操控板。

2）单击[尺寸 ▾]下拉列表框，选择【方向】特征阵列，选择平板上的水平边为第一方向参照，输入第一方向上成员数"5"和第一方向上的成员间的间距"40"；选择平板上的竖直边为第二方向参照，输入第二方向上成员数"4"和第二方向上的成员间的间距"50"。

3）单击【尺寸】上滑面板，单击【方向1】选项区域，选中圆柱体直径定形尺寸"20"，在【增量】栏中输入"10"。

4）单击特征操控板中的☑按钮，完成并退出特征阵列创建，详细过程如图3-158所示。

（3）【轴】特征阵列。

1）选中平板上面的圆柱体作为阵列的对象，单击【编辑】/【阵列】菜单命令或在工具栏中单击▥按钮，打开图3-148所示特征阵列操控板。

2）单击[尺寸 ▾]下拉列表框，选择【轴】特征阵列，选择创建的中心轴"A_2"为阵列中心旋转轴；输入第一方向上阵列成员数"4"，阵列成员间角度"90"；输入第二方向上阵列成员数"2"，输入整列成员间的径向间距"-30"；如果需要调整阵列特征的定形和定

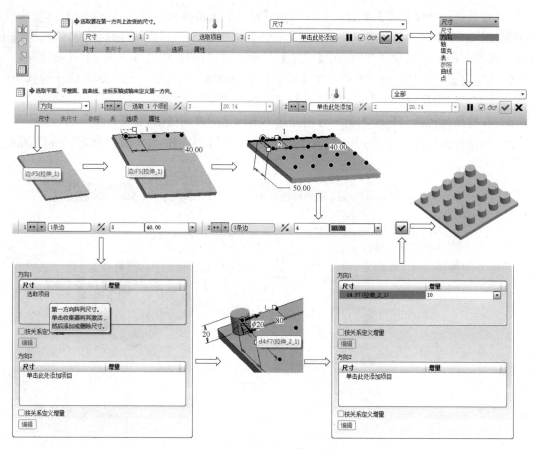

图 3-158 【方向】特征阵列创建过程

位尺寸可以单击【尺寸】上滑面板，按照【尺寸】阵列类型进行更改。

3）单击特征操控板中的 ✓ 按钮，完成并退出特征阵列创建，详细过程如图 3-159 所示。

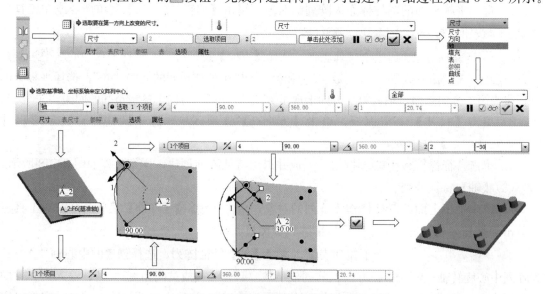

图 3-159 【轴】特征阵列创建过程

（4）【填充】特征阵列。

1）选中平板上面的圆柱体作为阵列的对象，单击【编辑】/【阵列】菜单命令或在工具栏中单击▦按钮，打开图 3-148 所示特征阵列操控板。

2）单击[尺寸 ▾]下拉列表框，选择【填充】特征阵列，单击【参照】按钮，弹出如图 3-147 所示的【参照】上滑面板，单击【定义】按钮，选择平板上表面为草绘平面，采用系统默认参照，进入草绘界面，绘制一个以圆柱体轴心为圆心，半径为"180"，并以平板的上侧边和左侧边为边界的封闭曲线作为填充边界，退出草绘界面。

3）单击特征操控板上的▦▾下拉按钮，选择▦按钮，该下拉按钮共有 6 个选项：▦以方形阵列分隔各成员，▦以菱形阵列分隔各成员，▦以六边阵列分隔各成员，▦以同心圆阵列分隔各成员，▦沿螺旋线分隔各成员，▦沿草绘曲线分隔各成员。

4）在操控板▦[20.74 ▾]▦[0.00 ▾]▵[0.00 ▾]▵[41.48 ▾]上的 4 个数字输入下拉选项框中分别输入"30""20""0""30"。上述 4 个选项框分别表示：阵列成员中心两两间距、距草绘边界的间距、阵列特征关于原点的旋转角度、阵列特征的径向间隔。

5）单击特征操控板中的☑按钮，完成并退出特征阵列创建，详细过程如图 3-160 所示。

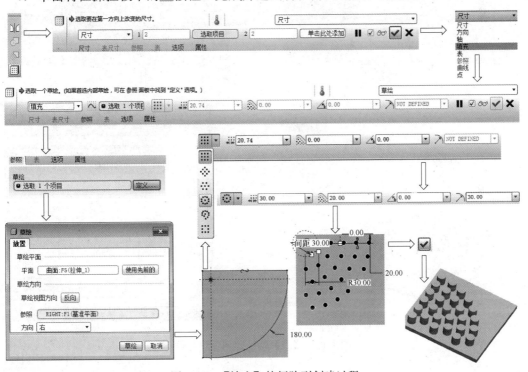

图 3-160　【填充】特征阵列创建过程

（5）【表】特征阵列。

1）选中平板上面的圆柱体作为阵列的对象，单击【编辑】/【阵列】菜单命令或在工具栏中单击▦按钮，打开如图 3-148 所示的特征阵列操控板。

2）单击[尺寸 ▾]下拉列表框，选择【表】特征阵列，单击【表尺寸】按钮，弹出如图 3-146 所示的【表尺寸】上滑面板，按住 Ctrl 键依次选中圆柱体的高度方向定形尺寸、直径定形尺寸、水平方向定位尺寸、竖直方向定位尺寸；单击活动表[TABLE1 ▾][编辑]的

【编辑】按钮或者在【表】上滑面板中单击鼠标右键,在弹出的快捷菜单中选中【编辑】选项。右键快捷菜单共有 6 个选项:【添加】,添加并编辑阵列的另一个阵列驱动表;【移除】,移除选定的阵列表;【应用】,激活当前阵列表;【编辑】,编辑所选阵列表,编辑完成以后可以将阵列表以.ptb 格式保存在磁盘上;【读取】,读取用户以前保存的阵列表文件;【写入】,用来保存所选的阵列表。

　　3)在表文件窗口"C1""C2""C3""C4""C5"栏分别添加阵列特征的序号及对应的尺寸参数,完成后单击【文件(F)】/【保存(S)】/【退出(X)】。

　　4)单击特征操控板中的☑按钮,完成并退出特征阵列创建,详细过程如图 3-161 所示。

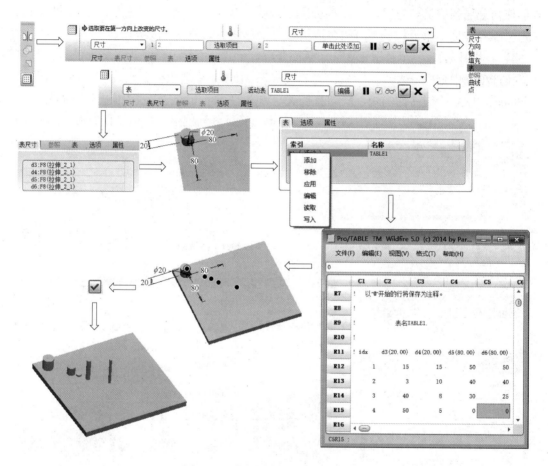

图 3-161 【表】特征阵列创建过程

　　(6)【参照】特征阵列。【参照】特征阵列需要借助已有阵列特征才能实现,故在上一例【表】特征阵列的基础上进行操作。

　　1)在模型树中单击已创建的阵列特征前面的➕,展开阵列特征,选中第一个拉伸特征,为该圆柱的顶端放置半径为 2 的倒圆角。

　　2)单击【编辑】/【阵列】菜单命令或在工具栏中单击▦按钮,系统默认打开【参照】特征阵列控制面板,且除【属性】外其他选项按钮均不激活。

　　3)单击特征操控板中的☑按钮,完成并退出特征阵列创建,详细过程如图 3-162 所示。

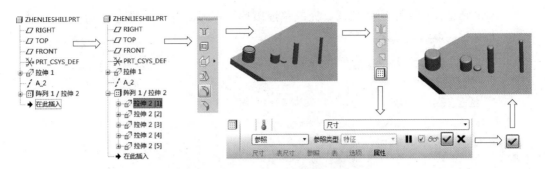

图 3-162　【参照】特征阵列创建过程

（7）【曲线】特征阵列。

1）选中平板上面的圆柱体作为阵列的对象，单击【编辑】/【阵列】菜单命令或在工具栏中单击▦按钮，打开如图 3-148 所示的特征阵列操控板。

2）单击┌尺寸┐下拉列表框，选择【曲线】特征阵列，单击【参照】按钮，弹出图 3-147 所示【参照】上滑面板，单击【定义】按钮，选择平板上表面为草绘平面，采用系统默认参照，进入草绘界面，绘制一条样条曲线作为阵列的轨迹，退出草绘界面。

3）单击激活操控板┌◇┐┌───┐▱┌──────┐第一个下拉选项框，输入"40"。该选项框分别用来定义阵列成员之间的间距和阵列成员的个数，二者只有一个处于激活状态。

4）单击特征操控板中的☑按钮，完成并退出特征阵列创建，详细过程如图 3-163 所示。

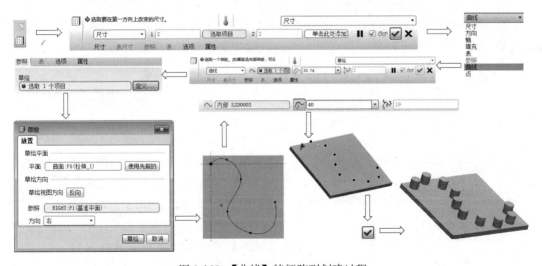

图 3-163　【曲线】特征阵列创建过程

（8）【点】特征阵列。

1）选中平板上面的圆柱体作为阵列的对象，单击【编辑】/【阵列】菜单命令或在工具栏中单击▦按钮，打开如图 3-148 所示的特征阵列操控板。

2）单击┌尺寸┐下拉列表框，选择【点】特征阵列，单击【参照】按钮，弹出如图 3-147 所示的【参照】上滑面板，单击【定义】按钮，选择平板上表面为草绘平面，采用系统默认参照，进入草绘界面，绘制若干▣几何点作为特征阵列轨迹，退出草绘界面。

3）单击特征操控板中的☑按钮，完成并退出特征阵列创建，详细过程如图 3-164 所示。

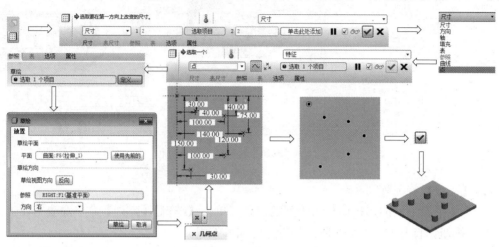

图 3-164 【点】特征阵列创建过程

三、特征镜像

特征镜像是最简单最常用的一种特征编辑命令，用于快速创建一些具有对称关系的特征，与特征阵列一样属于对象操作命令，在进行特征镜像之前必须先选中镜像的对象，然后才能进行镜像的其他操作。同时，镜像不仅可以镜像特征，还可以镜像所有的阵列特征、组特征和镜像特征，在装配体里面还可以镜像零件。

（1）选中要镜像的对象特征，单击【编辑】/【镜像】菜单命令或在工具栏中单击⊲⊳按钮，打开如图 3-165 所示的特征镜像操控板，图中各按钮和选项含义如下：

图 3-165 特征镜像操控板

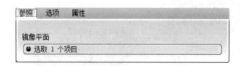

图 3-166 【参照】菜单上滑面板

【参照】上滑面板选项：如图 3-166 所示，用于选定镜像平面，作用等同于操控板上的选项。

【选项】上滑面板：如图 3-167 所示，用于设置镜像特征与原特征的从属关系。

【属性】菜单选项：显示和修改当前特征镜像名称，单击⃗按钮，将在 Pro/E 浏览器中显示特征镜像的相关信息，如图 3-168 所示。

图 3-167 特征镜像【选项】菜单上滑面板

图 3-168 特征镜像【属性】菜单上滑面板

（2）选择或者创建镜像平面。

（3）单击特征镜像操控板中的☑按钮，完成并退出特征镜像。

特征镜像操作比较简单，具体实例不再枚举，在实体特征建模实例中会多次应用。

四、特征的隐含、隐藏、恢复与删除

在零件设计过程中，经常会出现某些特征设计不合理或者在当前情况下不需要显示，需要对这类特征进行删除或者遮蔽起来，这就需要用到特征的隐含、隐藏、恢复、删除操作。

1. 特征隐含

特征隐含是为了提高模型的重新生成速度，暂时不显示被隐含的特征，不再参与任何计算和再生，当需要时可以恢复显示。

（1）在模型树或者模型区域选中需要隐含的特征。

（2）调用隐含命令，进行隐含操作，方法有 2 种：单击鼠标右键，在弹出的快捷菜单中选择【隐含】命令；单击【编辑】/【隐含】/【隐含】，采用这种方式调用命令时，【隐含】命令菜单选项有 3 个，【隐含】隐含所选特征、【隐含直到模型终点】隐含所选特征及其以后的特征、【隐含不相关的项目】隐含除了所选特征和它们的父项之外的所有特征。

（3）如果所隐含的对象没有其他子项特征，系统会弹出【隐含】对话框，提示加亮特征将被隐含，单击【确定】按钮完成操作。

（4）如果要隐含的特征还有其他子项，系统将会以高亮的方式将所有子项特征呈现，所弹出的隐含对话框增加【选项】按钮，用来设定子项特征的处理方式。子项特征的处理方式有【隐含】和【挂起】两个选项，还可以在【编辑】中【替换参照】或【重定义】以调整子项特征与父项特征的关系。特征隐含操作如图 3-169 所示。

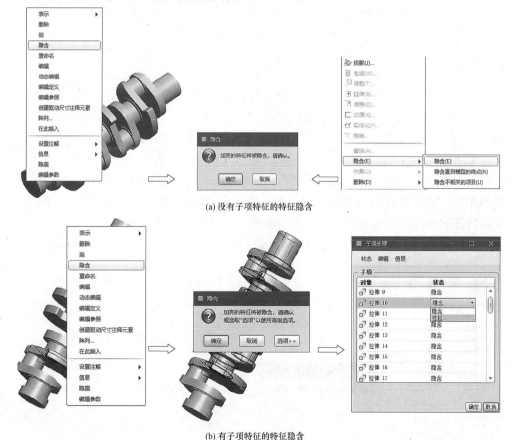

(a) 没有子项特征的特征隐含

(b) 有子项特征的特征隐含

图 3-169　特征隐含

如需恢复隐含特征，只需要单击【编辑】/【恢复】/【恢复】或【恢复上一个集】或【恢复全部】，选择所要恢复的特征。

2. 特征隐藏

特征隐藏是为了遮蔽模型上没有必要的显示特征，暂时不显示被隐藏的特征，仍然参与任何计算和再生，当需要时也可以恢复显示。

特征隐藏的操作方法与特征隐含类似，也是首先选中需要隐藏的对象，在右键快捷菜单中选择【隐藏】，或者单击【视图】/【可见性】/【隐藏】。特征隐藏不受子项与父项的关系影响。如需取消隐藏特征，在右键快捷菜单中选择【取消隐藏】，或者单击【视图】/【可见性】/【取消隐藏】或【全部取消隐藏】，如图 3-170 所示。

(a) 特征隐藏　　　　　　　　　　　　(b) 取消特征隐藏

图 3-170　特征隐藏与取消特征隐藏

3. 特征删除

特征删除是对选定的特征进行删除处理，与特征隐藏和隐含不同，特征删除不可逆。

特征删除的方法有 3 种：选中被删除对象后，在右键快捷菜单中选择【删除】命令；选中被删除对象后，直接按 Delete 键；单击【编辑】/【删除】/【删除】，这种方式调用时，【删除】命令菜单选项有 3 个，【删除】删除所选特征，【删除直到模型终点】删除所选特征及其以后的特征，【删除不相关的项目】删除除了所选特征和它们的父项之外的所有特征。执行完上述操作后，系统会弹出【删除】对话框，提示加亮特征或加亮特征及其子特征将被删除。删除特征的操作及子项处理与特征隐含类似，此处不再赘述，如图 3-171 所示。

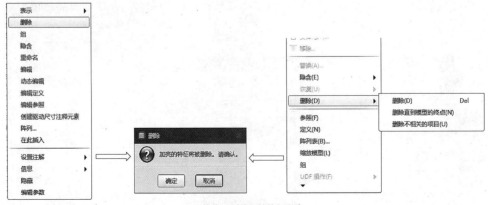

(a) 没有子项特征的特征删除

图 3-171　特征删除（一）

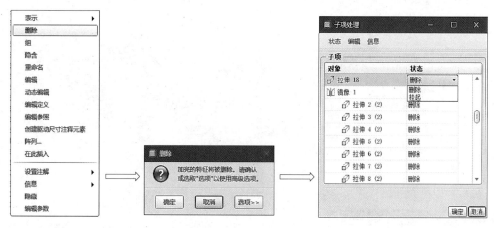

(b) 有子项特征的特征删除

图 3-171　特征删除（二）

第五节　实体特征建模综合实例

前面四节详细介绍基准特征、基础实体特征、放置特征的创建方法，以及特征的编辑操作过程。本节以几个典型零件为实例，介绍三维实体零件的建模思路和上述创建及编辑方法在零件建模时应用的实例。

零件建模的一般思路：首先进行零件的形体分析，确定零件的几何形体组成，采用基础实体特征创建基本体；然后在建模过程中，考虑零件形体之间的参照和定位关系，创建所需基准特征和放置特征；再结合零件上的相似特征或有规律特征，采用特征编辑的方法完善零件上的特征细节。一般而言，基准特征和放置特征应用比较灵活，穿插零件建模整个过程。

一、曲轴建模

创建如图 3-172 所示的四缸发动机曲轴模型。

1. 曲轴模型分析

四缸发动机通过曲轴和连杆将活塞的往复运动转化为回转运动，传递给汽车的传动机构，同时曲轴还驱动配气机构和风扇、水泵、发电机等其他辅助装置。曲轴一般由主轴颈、连杆轴颈、曲柄、平衡重块、前端和后端组成。

图 3-172　四缸发动机曲轴

从结构形体上分析，该曲轴主要由 10 段轴颈、1 段轴环、4 段曲柄及 4 段平衡重组成，如图 3-173 所示，而且上述结构主要都是具有形体特征面的拉伸或旋转特征。因此，创建此曲轴模型比较直观的思路是按照特征的顺序依次创建各个拉伸特征，然后再增加修饰的放置特征。当然还有其他思路创建该曲轴，下一节实体建模一题多解将重点介绍。

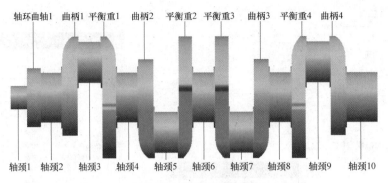

图 3-173　曲轴结构分析

图 3-174　新建曲轴零件

2. 曲轴建模

（1）新建曲轴零件，单击【文件】/【新建】命令或者单击工具栏中的□按钮，如图 3-174 所示弹出【新建】对话框，在【类型】选项中选中【零件】单选按钮，在【子类型】选项中选中【实体】单选按钮，选中【使用缺省模板】复选框，创建三维实体模型，在【名称】文本框中输入"quzhou"，单击【确定】按钮，进入零件模块。

（2）创建轴颈 1，选择【插入】/【拉伸】菜单命令或者在工具条中单击□图标按钮，进入拉伸特征操控板，选择【放置】上滑面板，单击【定义】按钮，在模型树或绘图区域选取"FRONT"基准平面作为草绘平面，按照系统默认参照平面，单击【草绘】按钮，进入草绘模式，以参照中心点为圆心，绘制一个直径为"40"的圆，完成草绘，在拉伸特征操控板中输入拉伸深度值"30"，完成创建轴颈 1，如图 3-175所示。

（3）创建轴环，选择【插入】/【拉伸】菜单命令或者在工具条中单击□图标按钮，进入拉伸特征操控板，选择【放置】上滑面板，单击【定义】按钮，在绘图区域选取创建的圆柱体的右端面作为草绘平面，按照系统默认参照平面，单击【草绘】按钮，进入草绘模式，以参照中心点为圆心，绘制一个直径为"100"的圆，完成草绘，在拉伸特征操控板中输入拉伸深度值"25"，完成创建轴环，如图 3-176 所示。

（4）创建轴颈 2，选择【插入】/【旋转】菜单命令或者在工具条中单击◎图标按钮，进入旋转特征操控板，选择【放置】上滑面板，单击【定义】按钮，选择"TOP"基准平面作为草绘平面，按照系统默认参照平面，单击【草绘】按钮，进入草绘模式，增加轴环右端面为参照基准，绘制旋转界面，在旋转特征操控板中输入旋转角度"360"，完成创建轴颈 2，如图 3-177 所示。

（5）创建曲柄 1，选择【插入】/【拉伸】菜单命令或者在工具条中单击□图标按钮，进入拉伸特征操控板，选择【放置】上滑面板，单击【定义】按钮，在绘图区域选取轴颈 2 的右端面作为草绘平面，按照系统默认参照平面，单击【草绘】按钮，进入草绘模式，绘制连杆 1 的拉伸特征面，完成草绘，在拉伸特征操控板中输入拉伸深度值"26"，完成创建曲柄 1，如图 3-178 所示。

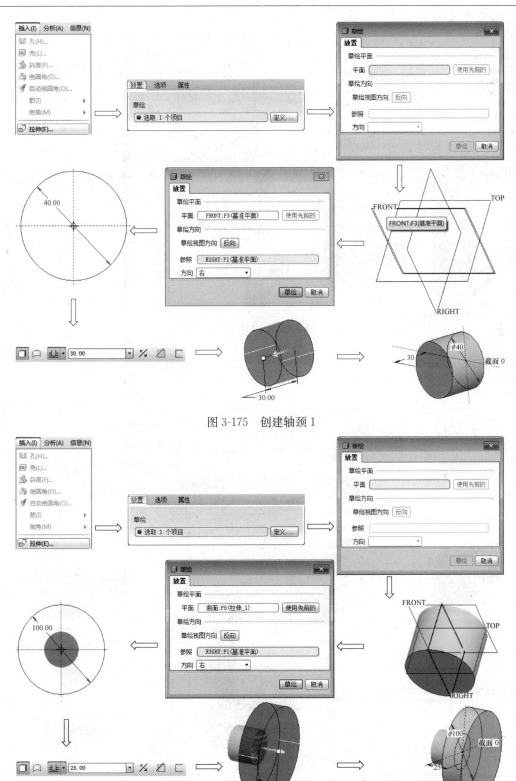

图 3-175　创建轴颈 1

图 3-176　创建轴环

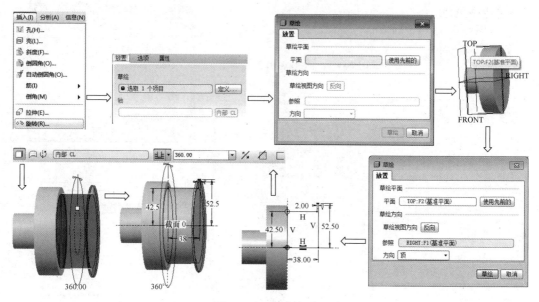

图 3-177　创建轴颈 2

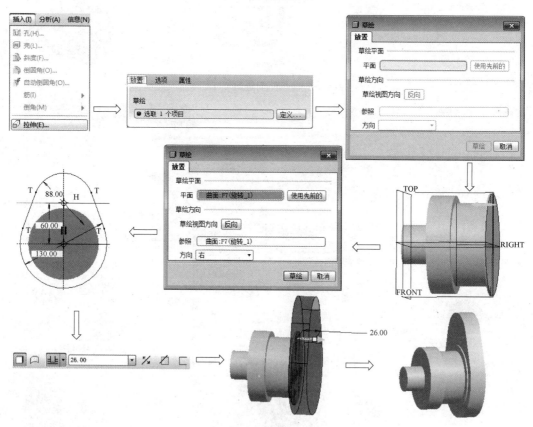

图 3-178　创建曲柄 1

（6）创建上下基准平面，曲轴上下两个曲柄的长度均为"60"，创建一个与上下曲柄轴线重合，并且与"RIGHT"基准平面平行的平面"DTM1""DTM2"，如图 3-179 所示。

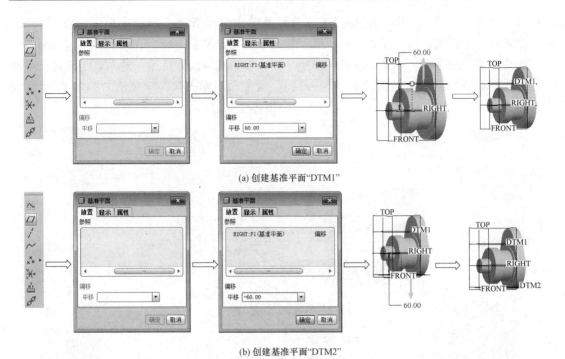

(a) 创建基准平面"DTM1"

(b) 创建基准平面"DTM2"

图 3-179 创建基准平面

（7）创建轴颈 3，选择【插入】/【旋转】菜单命令或者在工具条中单击 图标按钮，进入旋转特征操控板，选择【放置】上滑面板，单击【定义】按钮，选择"TOP"基准平面作为草绘平面，以"DTM1"基准平面为参照平面，单击【草绘】按钮，进入草绘模式，增加曲柄 1 右端面为参照基准，绘制旋转截面，在旋转特征操控板中输入旋转角度"360"，完成创建轴颈 3，如图 3-180 所示。

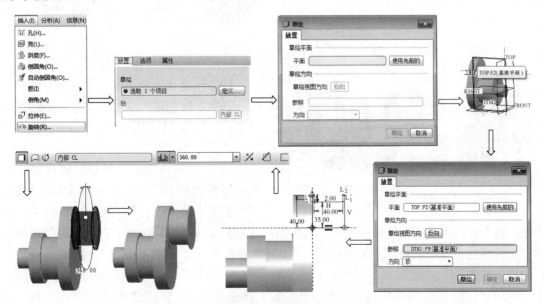

图 3-180 创建轴颈 3

（8）创建平衡重1，选择【插入】/【拉伸】菜单命令或者在工具条中单击 图标按钮，进入拉伸特征操控板，选择【放置】上滑面板，单击【定义】按钮，在绘图区域选取轴颈3的右端面作为草绘平面，按照系统默认参照平面，单击【草绘】按钮，进入草绘模式，绘制平衡重1的拉伸特征面，完成草绘，在拉伸特征操控板中输入拉伸深度值"24"，完成创建平衡重1，如图 3-181 所示。

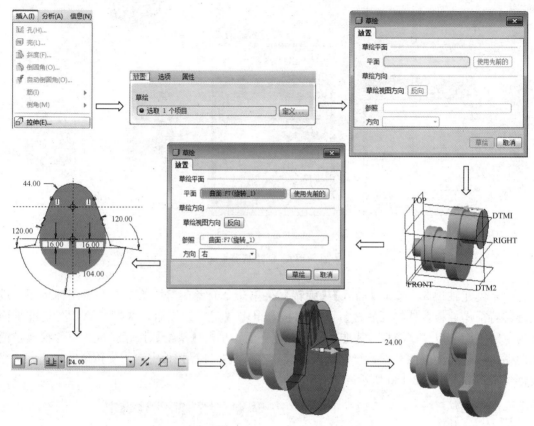

图 3-181　创建平衡重1

图 3-182　基础模型

（9）创建其他轴颈段、曲柄段、平衡重段，其余各段创建方法类似于上述相同结构的创建方法，不再赘述，最终效果如图3-182所示。

（10）创建圆角放置特征，创建每段平衡重拐角处的R6圆角。单击【插入】/【倒圆角】菜单命令或者在工具条中单击 图标按钮，打开倒圆角角特征操控板；采用系统默认【集】和【过渡】选项，直接在模型区域选中平衡重拐角边作为倒角边；单击 8.50 ▼下拉列表框，输入倒角值"6"，完成倒圆角特征创建，如图 3-183 所示。

（11）创建平衡重和曲柄过渡圆滑拉伸特征，选择【插入】/【拉伸】菜单命令或者在工具条中单击 图标按钮，进入拉伸特征操控板，选择【放置】上滑面板，单击【定义】按钮，

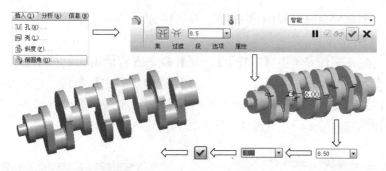

图 3-183　创建平衡重倒圆角特征

在绘图区域选取"TOP"基准平面作为草绘平面，按照系统默认参照平面，单击【草绘】按钮，进入草绘模式，绘制左侧所有过渡圆弧的拉伸特征面，完成草绘，在拉伸特征操控板中输入拉伸深度值"150"，拉伸深度控制方式选择"对称"，采用去除材料的拉伸方式，完成拉伸特征创建，如图 3-184 所示。

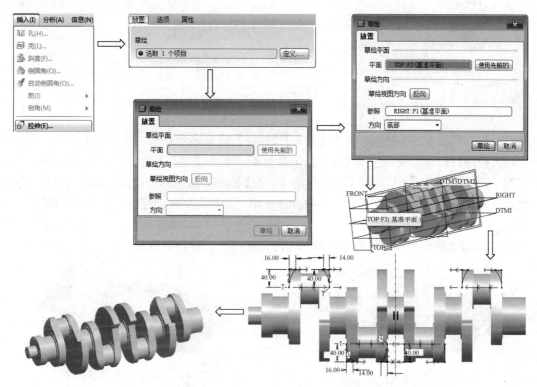

图 3-184　创建过渡圆滑拉伸特征

至此，曲轴三维实体结构创建完成，单击🖫按钮，将零件保存。

二、气缸盖建模

创建如图 3-185 所示的四缸发动机气缸盖模型。

1. 气缸盖模型分析

从结构形体上分析，气缸盖外部结构简单而内部结构复杂，整体外形为长方体，内部包含进气孔、排气口、进气阀顶杆孔、排气阀顶杆孔、喷油孔等，但这些内部结构成组分布，并且结构相同，创建模型时可以创建一组模型后阵列操作。

2. 气缸盖建模

（1）新建气缸盖零件，单击【文件】/【新建】命令或者单击工具栏中的□按钮，如图 3-186 所示弹出【新建】对话框，在【类型】选项中选中【零件】单选按钮，在【子类型】选项中选中【实体】单选按钮，选中【使用缺省模板】复选框，创建三维实体模型，在【名称】文本框中输入"ganggai"，单击【确定】按钮，进入零件模块。

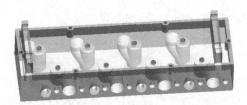

(a) 气缸盖模型

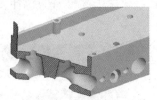

(b) 气缸盖内部结构

图 3-185　四缸发动机气缸盖

图 3-186　新建气缸盖零件

（2）创建气缸盖外廓结构，选择【插入】/【拉伸】菜单命令或者在工具条中单击□图标按钮，进入拉伸特征操控板，选择【放置】上滑面板，单击【定义】按钮，选择"FRONT"作为草绘平面，按照系统默认参照平面，单击【草绘】按钮，进入草绘模式，草绘气缸盖外壳的拉伸特征面；在拉伸特征操控板中输入拉伸深度值"103"，完成创建气缸盖外壳，如图 3-187 所示。

（3）采用拉伸特征命令创建气缸盖外壳的顶部结构，过程不再赘述，如图 3-188 所示。

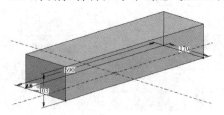

图 3-187　创建气缸盖外壳

图 3-188　气缸盖外壳顶部结构

（4）创建顶部螺纹孔 1。

1）单击【插入】/【孔】菜单命令或者在工具条中单击□图标按钮，默认简单孔特征操控板，单击□按钮，打开标准孔特征操控板。

2）单击【放置】按钮，单击【放置】上滑面板中的【放置】选项区域，选中气缸盖顶面为孔放置平面；在【类型】选中设置放置类型为"径向"；单击【偏移参照】选项区域，分别选中气缸盖左侧面和"TOP"基准平面为参照，并输入偏移数值"7""0"。

3）在□ ISO □ □ M8x1 □中选择【ISO】标准螺纹，在右侧下拉框中选择"M10×

1.5"螺纹规格；单击 下拉按钮，选择 "盲孔"深度控制方式，并输入盲孔深度值"30"；单击【形状】按钮，在【形状】上滑面板中将锥顶角度更改为"118"，输入螺纹深度值"28"。

4）单击孔特征操控板中的 按钮，完成标准孔特征创建，详细过程如图 3-189 所示。

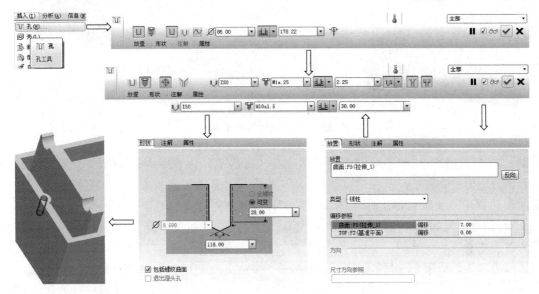

图 3-189 创建顶部螺纹孔 1

（5）创建顶部其他螺纹孔，其他螺纹孔创建方式与螺纹孔 1 类似，不再赘述，完成螺纹孔特征如图 3-190 所示。

（6）创建气缸 1 锥顶。

1）创建基准平面，根据四缸发动机四个缸体的位置，创建气缸 1 锥顶的位置基准，以缸盖左侧面为初始基准向右偏移"86"，创建"DTM1"。

2）选择【插入】/【旋转】菜单命令或者在工具

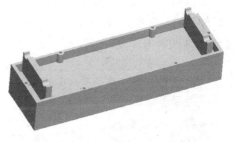

图 3-190 完成顶部螺纹孔创建

条中单击 按钮，进入旋转特征操控板，选择【放置】上滑面板，单击【定义】按钮，按照提示在模型树或绘图区域选取"TOP"基准平面作为草绘平面，以"DTM1"为参照平面，单击【草绘】按钮，进入草绘模式。

3）在草绘模式下绘制锥顶的旋转特征截面，完成后退出草绘模式。

4）选择默认旋转角度"360"，选择去除材料按钮 ，单击 按钮，完成并退出旋转特征操作，得到如图 3-191 所示旋转实体特征。

（7）创建进气阀顶杆孔、排气阀顶杆孔。

1）创建顶杆孔基准参照，以气缸盖底面为基准向上偏移"60"创建基准平面"DTM2"；以"DTM2"和"TOP"基准平面交线创建基准轴"A_10"；过"A_10"创建与水平面偏转"±7°"的基准平面"DTM3"和"DTM7_1"，该两个基准平面为进气阀顶杆孔、排气阀顶杆孔的上终止平面；过"A_10"创建与水平面偏转"12°"和"13°"的基准平面"DTM4"和"DTM5"，该两个基准平面为进气阀顶杆孔、排气阀顶杆孔轴线垂直

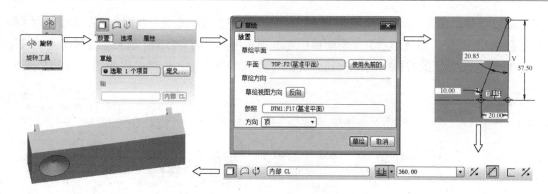

图 3-191　创建气缸锥顶

平面；在"DTM3"基准平面后侧创建基准点"PNT0"，该点距左侧面和"TOP"基准平面距离分别为"60""37"；在"DTM7_1"基准平面前侧创建基准点"PNT1"，该点距左侧面和"TOP"基准平面分别为"106""32"；各基准完成后如图 3-192 所示。

　　2）创建进气阀顶杆孔拉伸特征，以"DTM4"基准平面为草绘平面，以"PNT0"基准点为参照基准圆心，绘制一个直径"40"的圆作为拉伸截面，以"DTM3"基准平面和气缸锥顶面为边界，采用去除材料的方法拉伸特征；仍然以"DTM4"基准平面为草绘平面，以"PNT0"基准点为参照基准圆心，绘制一个直径"15"的圆作为拉伸截面，拉伸深度控制选择 拉伸至与所有曲面相交，采用去除材料的方法拉伸特征。

　　3）将"DTM4"基准平面更换为"DTM5"基准平面、将"DTM3"基准平面更换为"DTM7_1"基准平面、将"PNT0"基准点更换为"PNT1"基准点，按照步骤 2）相同方法创建排气阀顶杆孔拉伸特征；进气阀顶杆孔、排气阀顶杆孔完成后如图 3-193 所示。

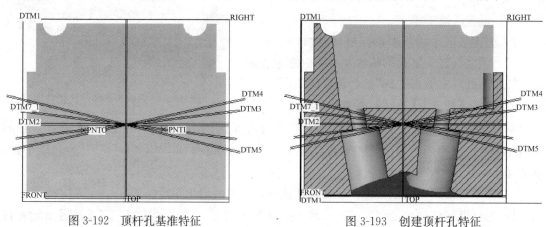

图 3-192　顶杆孔基准特征　　　　　　　图 3-193　创建顶杆孔特征

　　（8）创建喷油孔。

　　1）创建喷油孔基准参照，创建与水平面偏转"60°"的基准平面"DTM6"，该基准平面为喷油孔轴线垂直面和喷油嘴安装面。

　　2）创建喷油嘴螺纹孔放置特征，选择【ISO】标准螺纹，设置"M14×2"螺纹规格，选择 "钻孔与所有曲面相交"深度控制方式，在【形状】上滑面板中将螺纹深度改为"全螺纹"选项；在【放置】上滑面板中，选中"DTM6"为孔放置平面，注意孔方向指向气缸锥顶；分别选中气缸盖前侧底边和"DTM1"基准平面为参照，并输入偏移数值"25""15"，创建螺纹孔。

3）创建喷油嘴安装孔拉伸特征，以"DTM6"基准平面为草绘平面，以喷油嘴螺纹孔轴线为草绘参照，绘制一个直径为"30"的圆作为拉伸截面，拉伸深度控制选择 ，拉伸至气缸盖前端面，采用去除材料的方法拉伸特征；喷油孔完成后如图3-194所示。

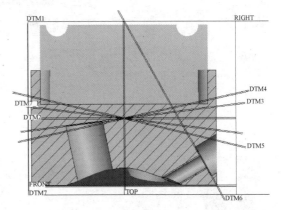

图3-194　创建喷油孔特征

（9）创建进气孔、排气孔扫描特征。进气孔和排气孔形状较复杂，需采用扫描特征创建，并且扫描轨迹曲线不在同一平面内，需在两个平面创建草绘，将两个草绘特征截交，共同组成扫描轨迹曲线。

1）创建进气孔、排气孔扫描特征基准，以进气阀顶杆孔、排气阀顶杆孔和气缸锥顶曲面的脚垫创建基准点"PNT2""PNT3"，该两个基准点为进气孔和排气孔扫描特征的起始基准点；过基准点"PNT2"和"PNT3"并且与"FRONT"基准平面垂直创建基准平面"DTM7"，以气缸盖底面为参照，向上偏移"34"创建基准平面"DTM8"，该两个平面为进气孔和排气孔扫描特征轨迹的草绘平面。

2）创建进气孔扫描轨迹曲线，以基准平面"DTM7"为草绘平面，以基准点"PNT2"和气缸盖底面为参照创建草绘曲线1，如图3-195（a）所示；以基准平面"DTM8"为草绘平面，以基准平面"DTM7"和气缸盖左侧面为参照创建草绘曲线2，如图3-195（b）所示；同时选中两条曲线，单击【编辑】/【相交】，将两条曲线截交为一条曲线，此曲线为进气孔的扫描轨迹曲线，如图3-195（c）所示。

3）创建进气孔扫描特征，选择【插入】/【扫描】/【切口】菜单命令，选择【选取轨迹】/【依次】/【选取】选项，依次选择截交后的轨迹曲线作为扫描轨迹；完成后进入截面草绘界面，以参照原点为圆心，画直径为"40"的圆作为扫描截面，完成后单击草绘工具条中的 按钮，退出草绘截面，然后单击【剪切：扫描】中【确定】按钮，生成扫进气孔描特征，如图3-196所示。

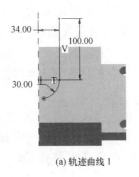 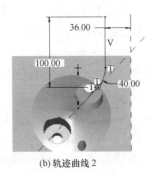 

(a) 轨迹曲线1　　　　(b) 轨迹曲线2　　　　(c) 相交后轨迹曲线

图3-195　进气孔扫描轨迹

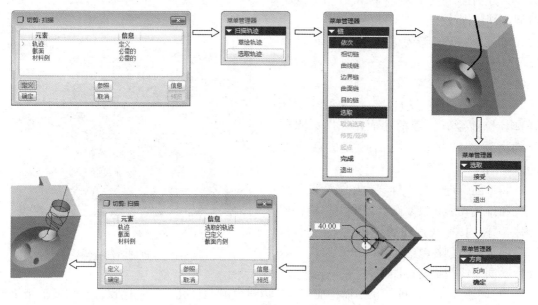

图 3-196　扫描创建进气孔

4）创建排气孔扫描轨迹曲线和扫描特征，创建方法与进气孔相同，不再赘述，轨迹曲线及最终扫描特征如图 3-197 所示。

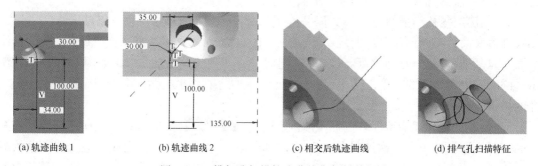

(a) 轨迹曲线 1　　　　(b) 轨迹曲线 2　　　　(c) 相交后轨迹曲线　　　　(d) 排气孔扫描特征

图 3-197　排气孔扫描轨迹曲线和扫描特征

（10）创建排气管安装孔，选择【ISO】标准螺纹，设置"M14×2"螺纹规格，选择⊥"盲孔"深度控制方式，孔深"17"，在【形状】上滑面板中将螺纹深度设置为"15"；在【放置】上滑面板中，选中气缸盖前端面为孔放置平面，分别选中气缸盖底面和左侧面为参照，并输入偏移数值"34""100"，创建螺纹孔 1；采用相同方法，在螺纹孔 1 右侧距离为"70"的位置创建螺纹孔 2，如图 3-198 所示。

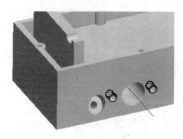

图 3-198　创建排气管安装孔

（11）阵列创建其余相同特征。

1）在模型树选中步骤（5）～（9）创建的所有特征，单击鼠标右键，选择快捷菜单中的【组】按钮，创建组特征。

2）选中组特征作为阵列对象，单击【编辑】/【阵列】菜单命令或在工具栏中单击▦按钮,打开特征阵列操控板。

3)单击 [尺寸 ▼] 下拉列表框,选择【点】特征阵列,单击【参照】按钮,弹出【参照】上滑面板,单击【定义】按钮,选择"TOP"草绘平面,采用系统默认参照,进入草绘界面,根据其余3个缸体的位置绘制3个 ⊠ 几何点作为特征阵列轨迹,退出草绘界面。

4)单击特征操控板中的☑按钮,完成并退出特征阵列创建,详细过程如图3-199所示。

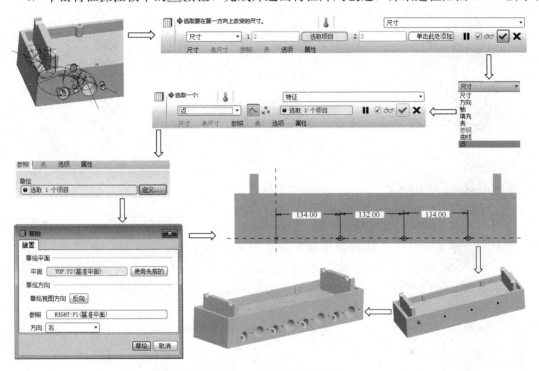

图3-199 特征阵列组特征

至此,完成气缸盖三维实体模型创建,单击▤按钮,将零件保存。

第六节 实体特征建模一题多解

前面对曲轴的建模过程进行了详细的介绍,该例建模步骤虽然较多,但整体思路的命令选用比较单一,根据曲轴的结构特点,可以通过多种方式创建,本节将采用草绘参照、特征复制和特征阵列三种方法阐述不同的建模思路,以进一步加深读者对三维建模技巧及思路的掌握和理解。

一、草绘参照

分析该曲轴结构可以发现,曲轴的曲柄和平衡重虽然有多段,但是形体特征面都相同,可以在创建模型之初绘制一个总的草绘截面和各个特征面的基准位置,以上述特征为参照创建后续特征。

(1)新建曲轴零件,与原来方法一致,不再赘述。

(2)创建轴颈、轴环草绘参照,单击▦按钮,选择"FRONT"平面作为草绘平面,采用系统默认参照,绘制曲轴的轴颈、轴环草绘参照,如图3-200所示。

（3）创建曲柄特征面，单击◎按钮，在弹出的草绘对话窗口中选择【使用先前的】，进入草绘界面，绘制曲柄特征面，如图 3-201 所示。

（4）创建平衡重特征面，单击◎按钮，在弹出的草绘对话窗口中选择【使用先前的】，进入草绘界面，绘制平衡重特征面，如图 3-202 所示。

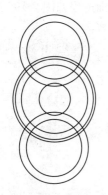 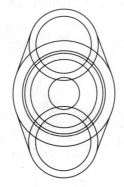 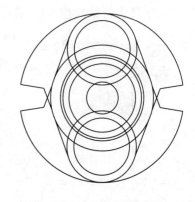

图 3-200　创建轴颈草绘参照　　　图 3-201　创建曲柄特征面　　　图 3-202　创建平衡重特征面

（5）创建各个特征的基准平面，以"FRONT"平面为基准向右依次偏移，创建各轴颈段、曲柄段、平衡重段的特征参照平面，偏移距离依序为 30、25、38、26、44、24、40、26、44、24、20、20、24、44、26、40、24、44、26，其中"DMT11"为中间平面，如图 3-203 所示。也可不建立基准平面，依次以各段的右端面为特征的参照平面。

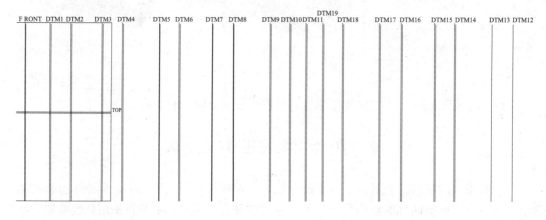

图 3-203　创建参照基准平面

（6）创建轴颈 1 拉伸特征，选择【插入】/【拉伸】菜单命令或者在工具条中单击☑图标按钮，进入拉伸特征操控板，选择【放置】上滑面板，单击【定义】按钮，在模型树或绘图区域选取"FRONT"基准平面作为草绘平面，按照系统默认参照平面，单击【草绘】按钮，进入草绘模式，单击草绘工具条☑按钮，通过边创建图元，选择轴颈 1 对应的草绘参照，注意保证截面封闭，完成草绘，拉伸深度方式选择⊥，选择基准平面"DTM1"，完成创建轴颈 1，如图 3-204 所示。

（7）按照相同思路依次创建各轴颈段、曲柄段、平衡重段特征，如图 3-205 所示。

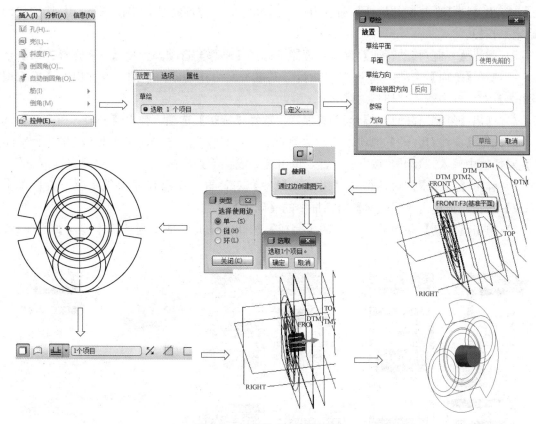

图 3-204 草绘参照创建轴颈 1

（8）完成基本特征创建以后，创建倒圆角和平衡重、曲柄过渡圆滑拉伸特征。

二、特征复制

特征复制是利用曲轴中上下轴线位置的轴颈结构尺寸相同，中间位置的轴颈尺寸相同，各个曲柄的结构尺寸相同，各个平衡重的结构尺寸相同的结构特点，在创建了上述各种具有相同尺寸结构的一个特征以后，其他的结构采用特征复制的方法完成。

（1）分别创建具有相同尺寸结构的一个特征，即创建完曲轴 1、轴颈 3、平衡重 1、轴颈 4，此时曲轴结构如图 3-206 所示。

图 3-205 草绘参照创建基础模型

图 3-206 曲轴阶段模型 1

（2）曲柄 1 特征复制。

1）单击【编辑】/【特征操作】菜单命令，打开【特征】菜单管理器。

2）单击【复制】选项，弹出【复制特征】菜单管理器，依次选择【移动】/【选取】/【独

立】，弹出【选择要复制的特征】命令窗口，选择曲柄 1 拉伸特征，单击【选取】选项中的
【确定】按钮。

　　3）弹出【复制/移动特征】菜单管理器，选择【平移】选项，弹出【一般选择方向】选
项卡，选择【平面】选项，选定"FRONT"基准平面为移动方向参照，在弹出的【输入偏
移距离】对话框中输入"134"，按 Enter 键。

　　4）弹出【复制/移动特征】菜单管理器，选择【旋转】选项，弹出【一般选择方向】选
项卡，选择【曲线/边/轴】选项，选定轴颈 3 轴线，调整参照方向，在弹出的【输入旋转角
度】对话框中输入"180"，按 Enter 键，单击【完成移动】按钮。

　　5）弹出【组元素】对话框和【组可变尺寸】对话框，所有尺寸无须更改，直接单击
【完成】按钮，再单击【组元素】对话框中的【确定】按钮。

　　6）单击【复制】菜单管理器中的【完成】按钮，完成特征复制，具体过程如图 3-207
所示。

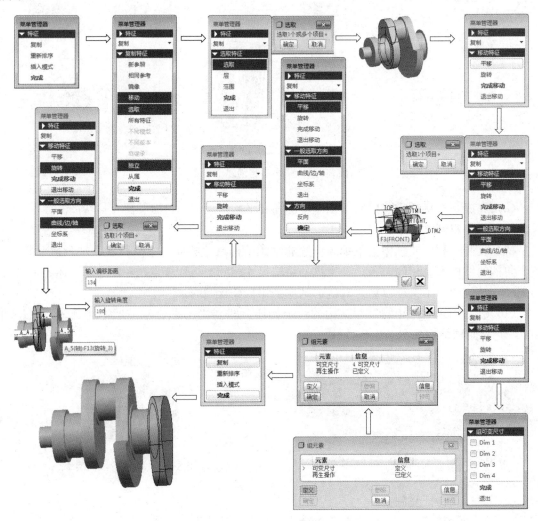

图 3-207　曲柄 1 特征复制

（3）按照步骤（2）方法依次复制轴颈 3、平衡重 1、轴颈 4，如图 3-208 所示。

（4）镜像对称结构，选取曲轴 1、轴颈 3、平衡重 1、轴颈 4、曲轴 2、轴颈 5、平衡重 2 为镜像对象，单击【编辑】/【镜像】菜单命令或在工具栏中单击 按钮，选择中间平面"DTM3"为镜像平面；单击特征镜像操控板中的 按钮，完成并退出特征镜像，如图 3-209 所示。

图 3-208　曲轴阶段模型 2

（5）创建轴颈 10、倒圆角、曲柄过渡圆滑特征等，不再赘述。

图 3-209　镜像对称结构

三、特征阵列

特征阵列和特征复制类似，都可以对相同结构尺寸的特征进行操作，但二者又有不同，特征阵列效率更高，可以一次生成很多相同的特征，本例也可以采用特征阵列的方法建模。

特征阵列也利用曲轴中上下轴线位置的轴颈结构尺寸相同，中间位置的轴颈尺寸相同，各个曲柄的结构尺寸相同，各个平衡重的结构尺寸相同的结构特点，在创建了上述各种具有相同尺寸结构的一个特征以后，其他的结构采用特征阵列的方法一次生成。

（1）分别创建完曲柄 1、轴颈 3、平衡重 1、轴颈 4，此时曲轴结构如图 3-206 所示。

（2）特征阵列曲柄 1。

1）选中曲柄 1 作为阵列的对象，单击【编辑】/【阵列】菜单命令或在工具栏中单击 按钮，打开特征阵列操控板。

2）单击 尺寸 下拉列表框，选择【点】特征阵列，单击【参照】按钮，弹出【参照】上滑面板，单击【定义】按钮，选择"TOP"草绘平面，采用系统默认参照，进入草绘界面，根据曲柄 2、曲柄 3、曲柄 4 相对于曲柄 1 的位置绘制 3 个 几何点作为特征阵列轨迹，并绘制整列特征的四条方向指引线，注意第一条和第四条方向指引线由上到下绘制，第二条和第三条方向指引线由下到上绘制，退出草绘界面。

3）单击特征操控板中【选项】上滑面板中的【跟随曲线方向】复选框，表示将草绘平面中的成员方向定向为跟随曲线方向。

4）单击特征操控板中的 按钮，完成并退出特征阵列创建，详细过程如图 3-210 所示。

（3）特征阵列轴颈 3。

1）选中轴颈 3 作为阵列的对象，单击【编辑】/【阵列】菜单命令或在工具栏中单击 按钮，打开特征阵列操控板。

2）单击 尺寸 下拉列表框，选择【点】特征阵列，单击【参照】按钮，弹出【参照】上滑面板，单击【定义】按钮，选择"TOP"草绘平面，采用系统默认参照，进入草绘界面，根据轴颈 5、轴颈 7、轴颈 9 相对于轴颈 3 的位置绘制 3 个 几何点作为特征阵列轨迹，退出草绘界面。

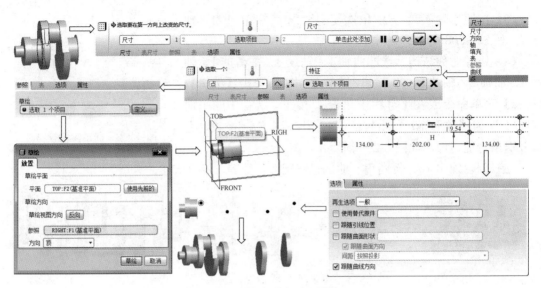

图 3-210　【点】特征阵列曲柄 1

3）单击特征操控板中的☑按钮，完成并退出特征阵列创建，详细过程如图 3-211 所示。

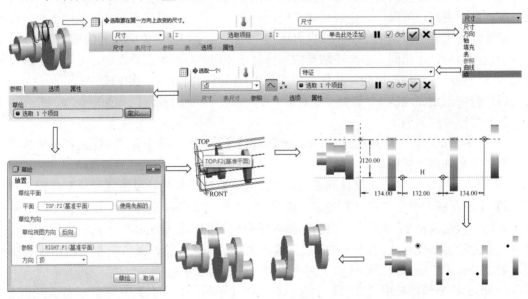

图 3-211　【点】特征阵列轴颈 3

图 3-212　特征阵列创建平衡重

（4）特征阵列平衡重 1，阵列方法与阵列曲柄 1 相同，都采用跟随曲线方向生成的【点】特征阵列，具体过程不再赘述，完成后如图 3-212 所示。

（5）特征阵列轴颈 4，由于轴颈 4、轴颈 6、轴颈 8 均在曲轴中线位置，并且各段之间的间距均为"134"，可以采用【方向】特征阵列。

1）选中轴颈 4 作为阵列对象，单击【编辑】/【阵列】菜单命令或在工具栏中单击▦按钮，打开特征阵列操控板。

2）单击[尺寸]下拉列表框，选择【方向】特征阵列，选择曲轴中心轴线为阵列方向参照，输入第一方向上成员数 "3" 和第一方向上的成员间的间距 "134"。

3）单击特征操控板中的☑按钮，完成并退出特征阵列创建，详细过程如图 3-213 所示。

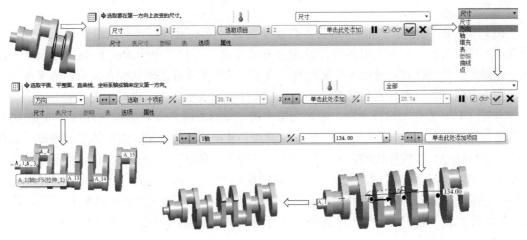

图 3-213　【方向】特征阵列轴颈 4

（6）创建轴颈 10、倒圆角、曲柄过渡圆滑特征等，不再赘述。

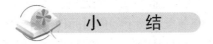

小　　　结

本章依次介绍了基准特征、基础实体特征、放置实体特征，以及特征编辑的含义、基本创建方法和过程，每个基本操作命令都配以具体实例进行阐述；然后结合曲轴和气缸盖这两个典型零件综合介绍了三维实体特征的创建过程；最后还以曲轴为例，从不同的建模思路，采用不同的建模和编辑方法完成曲轴三维模型的创建，以开阔建模思路。通过本章的学习，读者应具备常见零件的结构分析和三维建模能力，可以对零件进行设计和修改。

操作视频

第四章　零　件　装　配

第一节　装配设计概述

在 Pro/E 的装配模块中，可以将零件和子组件装配成组件，并对该组件进行修改、分析或重新定向装配，也可以根据零件的组合方式来设计零件。由于 Pro/E 对设计数据采用单一数据库的管理模式，进行零件装配时，只需定义相关零件之间的配合关系，而无须另外再产生一个包含所有零件资料的文件。而且，组件和组成零件之间也是相关联的。

本篇以 Pro/E 作为设计平台，通过大量实例，全面阐述 Pro/E 装配设计这一重要功能。本篇涵盖的主题包括零件装配的基本概念及流程、装配元件的控制、组件装配的修改、元件设计的各种技巧、零件样式的替换、装配的高级操作、自顶向下的装配设计、产品结构图的设计和运用以及复杂产品的简化等。笔者希望能够以点带面，展现出 Pro/E 的装配精髓，让用户通过一个完整的装配设计过程，进一步加深对 Pro/E 装配模块的理解和认识，体会 Pro/E 的装配设计思想和装配设计功能，从而能够在以后的工程项目中熟练应用。

第二节　装配技术基础

零部件装配功能是 Pro/E 中非常重要的功能之一。本节首先对装配环境进行简单介绍，包括如何进入装配环境界面、在装配环境下如何对元件进行操作、装配过程中可能用到的约束类型、如何调用这些约束等，最后还介绍了装配操作的一般流程，以让读者对整个装配环境进行初步了解。

一、装配界面

进行零件装配首先要启动【组件】模块，其操作步骤如下：在菜单栏中依次单击【文件】/【新建】（或者在工具栏中单击创建新文件的图标□）出现【新建】对话框，如图 4-1 所示，在【类型】栏内点选【组件】选项，在【名称】文本框中输入拟建立的组件名称，单击【确认】按钮后系统会自动设置好组件设计环境，包括 3 个基准平面 ASM_FRONT、ASM_RIGHT、ASM_TOP 及坐标系 ASM_DEF_CSYS。

装配主界面如图 4-2 所示，可以看到，零部件装配环境布局和零件设计布局基本一样，不同之处在于【基准】工具栏中增加了与装配有关的按钮。如【插入】菜单增加了【元件】项（见图 4-2 上侧），工作区右侧工具栏中增加了【将元件添加到组件】按钮🗐和【在组件模式下创建元件】按钮🗐。这两个按钮功能如下：

（1）添加新零部件按钮🗐，其功能为打开已有元件并将其添加到当前装配中（前提是已经设计了待装配零部件）。

（2）而在当前装配中创建新零部件按钮🗐的功能是在当前装配环境中新建元件并将其添加到当前装配体中。

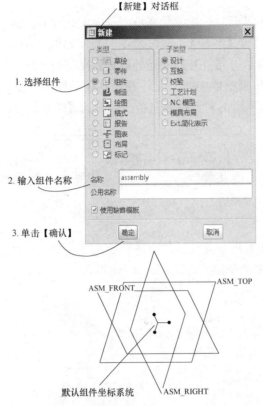

图 4-1 新建装配对话框

图 4-2 装配界面视图

二、元件操作界面

在第一次进入装配主界面时，在装配环境下是没有元件的，所以，要单击添加新元件按钮🔲或【插入】/【元件】/【装配】，添加第一个装配元件。在弹出的【打开】对话框中，选取要放置的元件，然后单击【打开】。【元件放置】操控板出现，同时选定的元件出现在图形窗口中。也可从 Pro/E 浏览器中选取元件并将其拖动到图形窗口中，此时，在装配主界面窗口中会出现如图 4-3 所示的对话框。包括【放置】、【移动】、【属性】等标签。

图 4-3　装配约束对话框

其中【放置】菜单主要用于对元件约束进行定义和编辑，并检查目前的装配状况。包括约束集、约束类型、偏移和约束状态等，如图 4-4 所示。

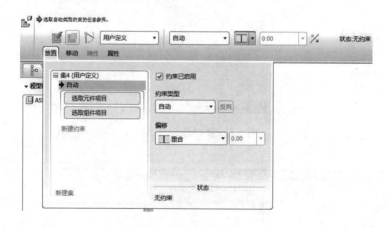

图 4-4　装配约束放置界面

【约束】区用来显示目前所给定的约束条件类型及偏移量。单击如图 4-4 所示【放置】菜单下方的【新建约束】按钮可以增加一个新的约束条件，在已定义的约束上单击鼠标右键，则可以选择删除一个约束条件。

【移动】菜单选项用于在屏幕上移动导入元件，包括运动类型下拉框、在视图平面中相对及运动参照等选项，如图 4-5 所示。

装配界面右上与装配有关的按钮如图 4-6 所示。

图中装配按钮功能如下：

🔲：指定添加约束时，在另一个单独的窗口（即子窗口）中显示该导入元件。

🔲：在组件窗口中显示导入元件，并在指定约束时更新导入元件位置。

提示：一般导入待装配元件时，系统默认将其显示在主窗口中，对于一些不容易选取到的对象，可以在导入时单击按钮使导入元件同时显示在主窗口及子窗口中。

✅：零部件装配完成确认。

图 4-5　装配时移动菜单

✗：取消装配。

三、装配约束

零件的装配过程就是添加约束条件限制零件位置的过程，Pro/E 中提供了以下八种约束进行零件间的装配。

1. 配对约束

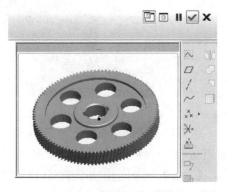

图 4-6　装配相关其他按钮

如图 4-7 所示，使用【配对】约束定位两个选定参照，使其彼此相对。一个配对约束可以将两个选定的参照匹配为重合、定向或者偏移。

如果基准平面或者曲面进行匹配，则其黄色的法向箭头彼此相对。如果基准平面或曲面以一个偏移值相匹配，则在组件参照中会出现一个箭头，指向偏移的正方向。如果元件配对时重合或偏移值为零，说明它们重合，其法线正方向彼此相对。创建基准或曲面时，定义了法向。

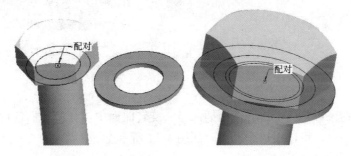

图 4-7　配对约束

【配对】约束可使两个平面平行并相对，它允许配对约束的两个表面之间有一定的偏移量，其偏移值决定两个平面之间的距离。使用偏移拖动控制滑块来更改偏移距离（见图 4-8），也可以输入定值来确定两约束面间的距离。

2. 对齐约束

使用【对齐】约束来对齐两个选定的参照使其朝向相同。对齐约束可以将两个选定的参

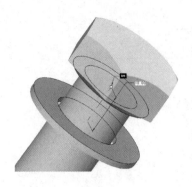

图 4-8　偏移配对约束

照对齐为重合、定向或者偏移。

对齐约束可使两个平面共面（重合并朝向相同），两条轴线同轴，或两个点重合。可以对齐旋转曲面或边。偏移值决定两个参照之间的距离。使用偏移句柄改变偏移值，如图 4-9 所示。

如果两个基准平面要定向配对，则其黄色的法向箭头彼此相对，这样它们就能以不固定的值进行偏移。只要它们的方向箭头彼此相对，就可将它们定位在任何位置。定向对齐方式与上述方式相同，只是它们的方向箭头朝向同一方向。使用配对定向或对齐定向时，必须指定附加约束，以便严格定位元件。

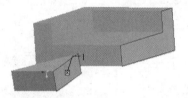 

图 4-9　对齐约束

也可以对齐两个基准点、顶点或曲线端点。两个零件上选择的项目必须是同一类型的，如果在一个零件上选取一个点，则必须在另一零件上选取一个点。

【对齐】约束可使两个平面以某个偏距对齐：平行并朝向相同。使用偏移拖动控制滑块来更改偏移距离（见图 4-10），也可以输入定值来确定两约束面间的距离。

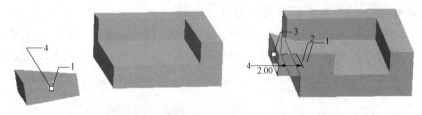

图 4-10　偏移的对齐约束

3. 插入约束

用【插入】约束可将一个旋转曲面插入另一旋转曲面中，且使它们各自的轴共线。当轴选取无效或不方便时，可以用这个约束，如图 4-11 所示。

4. 坐标系约束

如图 4-12 所示，用【坐标系】约束，可通过将元件的坐标系与组件的坐标系对齐（既可以使用组件坐标系又可以使用零件坐标系），将该元件放置在组件中。使用【搜索】工具根据名称选取坐标系，从组件及元件中选取坐标系，或者即时创建坐标系。通过对齐所选坐标系的相应轴来装配元件。

5. 相切约束

用【相切】约束控制两个曲面在切点的接触。该放置约束的功能与【配对】功能相似，

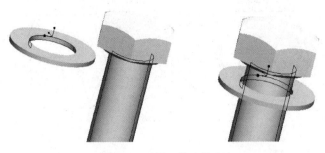

图 4-11　插入装配约束

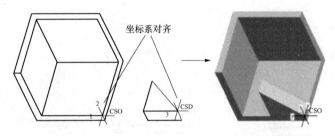

图 4-12　坐标系约束

因为该约束匹配曲面，而不是对齐曲面。该约束的一个应用实例为凸轮与其传动装置之间的接触面或接触点，图 4-13 所示为 V 形槽与圆柱面的相切约束情况。

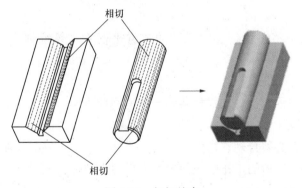

图 4-13　相切约束

6. 直线上的点约束

用【直线上的点】约束控制边、轴或基准曲线与点之间的接触。在图 4-14 中，直线上的点与边对齐。

7. 曲面上的点约束

用【曲面上的点】约束可控制曲面与点之间的接触。在图 4-15 的示例中，系统将零件的曲面约束到三角形上的一个基准点。可以用零件或组件的基准点、曲面特征、基准平面或零件的实体曲面作为参照。

8. 曲面上的边约束

此约束控制曲面与平面边界之间的接触，即用【曲面上的边】约束控制曲面与平面边

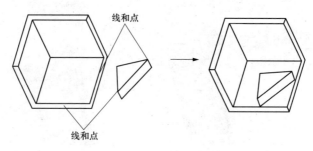

图 4-14　直线上的点约束

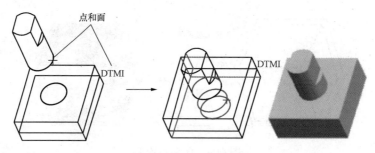

图 4-15　曲面上的点约束

之间的接触。可以用基准平面、平面零件或组件的曲面特征，或任何平面零件的实体曲面。

9. 缺省约束

用【缺省】约束可将系统创建的元件的缺省坐标系与系统创建的组件的缺省坐标系对齐。

10. 固定约束

用【固定】约束来固定被移动或封装的元件的当前位置。

四、装配操作流程

进行零件装配时，必须合理选择第一个装配零件，第一个装配零件应该是整个装配模型中最为关键的零件，在以后的工作中往往参照该零件来装配其他元件。

零件装配的一般步骤如下：

（1）进入零件装配模式。单击【新建文件】按钮⬜，系统弹出【新建】对话框，选取对话框中的【组件】选项，接受默认的【设计】选项，在名称文本框中输入装配模型名称，接受【使用缺省模板】选项，然后单击【确定】按钮，进入零件装配模式。

（2）在刚建立的装配环境下，单击【将元件添加到组件】按钮⬛或选择【插入】/【元件】/【装配】，弹出【打开】对话框。选取要放置的零件或组件，然后单击【打开】。【元件放置】操控板出现，同时选定元件出现在图形窗口中。也可从 Pro/E 浏览器中选取元件并将其拖动到图形窗口中。

（3）单击▣在单独的窗口中显示元件，或单击▣在图形窗口中显示该元件（缺省）。两个选项可同时处于活动状态并可随意更改。

1）选取约束类型。【用户定义】是缺省值，选取一种预定义类型来定义连接，并选取每个约束的元件参照。

2）如果选取【用户定义】，则在缺省情况下会选取【自动】约束。为元件和组件选取参照，不限顺序，定义放置约束。选取一对有效参照后，将自动选取一个相应的约束类型。也可打开【放置】菜单，在【约束类型】列表中选取一种约束类型（通过单击【自动】或邻近的箭头显示列表），然后选取参照。

3）从【偏距】列表中选取偏距类型。缺省偏距类型为【重合】。输入偏移值或拖动图形窗口中的偏移控制滑块来设置偏移值。

4）一旦用户定义了约束，系统会自动激活一个新约束，直到元件被完全约束为止。可以通过单击【放置】菜单中的【新建约束】，或在图形窗口中单击右键，然后从快捷菜单中选择【新建约束】来定义附加约束。定义每个约束时，该约束都在【约束】区域中列出。元件的当前状态显示在【放置状态】区域中。满意后单击【确定】按钮。

根据需要调入其他与已装配元件有装配关系的元件进行装配，可重复上述相关步骤。全部零件装配完毕后，保存装配模型。

装配结束后需要注意以下两点：

（1）可以在模型树下，检查装配元件的约束情况。这首先要在模型树下显示约束集，如图 4-16 所示，单击【设置】/【树过滤器】，【模型树项目】对话框打开。

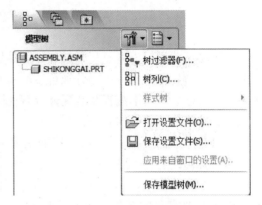

图 4-16　模型树视图

如图 4-17 所示，单击【放置文件夹】复选框，单击【确定】按钮，【放置】文件夹显示为【模型树】中元件下面的第一个文件夹，如图 4-18 所示。

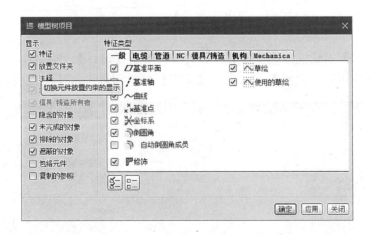

图 4-17　模型树项目及特征类型

（2）可以选取并编辑用户定义的约束。更改约束类型、使用【反向】选项切换【配对】和【对齐】、修改偏距值等。

图 4-18　模型树实例

要删除约束，请右键单击，然后从快捷菜单中选取【删除】。

当元件状态为【完全约束】、【部分约束】或【无约束】时，单击✔，系统就在当前约束的情况下放置该元件。如果元件处于【约束无效】状态下，则不能将其放置到组件中，必须先完成约束定义。

元件可以在不完全约束下保持封装状态。封装元件是指包括到组件中但未完全约束的元件。

移除或添加附加约束来解决冲突。清除【约束已启用】复选框可禁用约束。

第三节　零件装配综合实例

在大型装配中，为避免装配杂乱，总是把一个大型装配体从结构或功能上分成若干部分（即子组件），先把这些较小部分独自装配起来，最后再把这些小部分装配成一个大型结构。本节主要讲述装配基本流程及装配体分解视图的生成。

一、减速器子组件的装配

本小节练习图 4-19 所示减速器的主要零件的装配，练习组件装配基本流程。此组件的装配分为：底座的装配，箱盖的装配，轴 1、轴 2、轴 3 的装配及端盖的装配，为整个减速器及紧固件的装配做准备。

图 4-19　减速器装配

1. 子组件底座的装配

子组件底座的装配步骤如下：

（1）在工具栏上单击□按钮，弹出【新建】对话框（见图 4-1）。

（2）在【新建】对话框中选择【组件】类型，接受【设计】子类型，输入文件名"dizuo"，并接受【使用缺省模板】项，单击【确定】按钮即可进入装配模块。或者如图 4-20

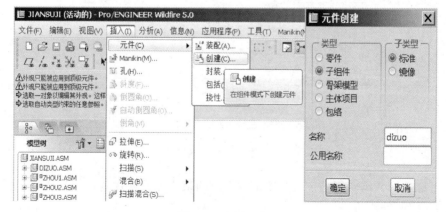

图 4-20　创建元件

所示，在标准状态下，建立子组件。

　　提示：为便于调入装配零件，应先设置零件所在目录为工作路径。

　　（3）单击按钮，系统显示【打开】对话框，选择"xiangzuo.prt"，单击【打开】按钮调入箱座零件。

　　（4）系统显示【元件放置】对话框，如图4-21所示选择缺省后，单击按钮以系统缺省的方式进行装配，也就是使箱座零件的坐标系 PRT＿CSYS＿DEF 与组合件的缺省坐标系 ASM＿DEF＿CSYS 对齐。

　　（5）单击按钮，保存装配件（准备装配油标和放油塞）。

　　（6）单击按钮，系统显示【打开】对话框，选择"youbiao.prt"，单击【打开】按钮调入油标零件。

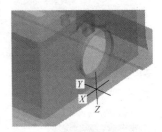

图4-21　放置元件的坐标系

　　（7）系统显示【元件放置】对话框，同时工作区中显示如图4-22所示，单击按钮使调入的油标在单独的子窗口显示。

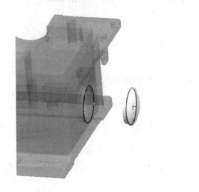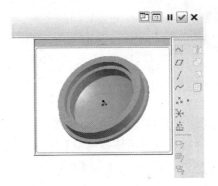

图4-22　调入零件窗口

　　（8）约束类型选择【配对】，选取油标上的配合表面，再选取箱座上的配合表面，如图4-23所示，系统自动赋予【配对】约束。

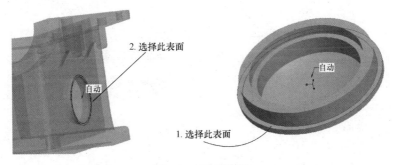

图4-23　配对装配

　　（9）系统自动增加第二个约束，接受【自动】类型，选取油标上的配合表面圆柱面，再选取箱座上的配合表面圆柱面，如图4-24所示，系统自动赋予【插入】约束。且注意到【元件放置】对话框的【放置状态】显示为【完全约束】。

　　（10）单击【元件放置】对话框的按钮完成箱座和油标的装配，如图4-25所示。

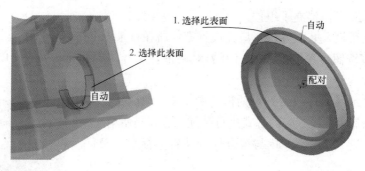

图 4-24　插入约束装配

图 4-25　完成零件装配

　　注意：如果在装配过程中发现有些元件的表面或曲面不好选择，要配合元件放置对话框的【移动】功能，灵活移动元件，以方便选择约束所需特征。

　　以同样的方法把名称为"fangyousai. prt"的零件装配到箱座上。

　　(11) 单击▢按钮，保存装配件。

　　2. 子组件名称为箱盖的装配

　　此子组件箱盖按以下步骤进行装配：

　　(1) 单击▢按钮，弹出【新建】对话框。

　　(2) 在【新建】对话框中选择【组件】类型，接受【设计】子类型，输入文件名"xianggai"，并接受【使用缺省模板】项，单击【确定】按钮进入装配模块。

　　(3) 单击▣按钮，系统显示【打开】对话框，选择"xianggai. prt"，单击【打开】按钮调入箱盖零件。

　　(4) 系统显示【元件放置】对话框，如图 4-26 所示选择缺省后，单击✓按钮以系统缺省的方式进行装配，即使箱盖零件的坐标系 PRT＿CSYS＿DEF 与组合件的缺省坐标系 ASM＿DEF＿CSYS 对齐。

图 4-26　装配箱盖

　　(5) 单击▢按钮，保存装配件（准备装配视孔盖、通气塞和紧固件）。

　　(6) 单击▣按钮，系统显示【打开】对话框，选择"shikonggai. prt"，单击【打开】按钮调入视孔盖零件。

　　(7) 系统显示【元件放置】对话框，单击▣按钮使调入的视孔盖在单独的子窗口显示，如图 4-27 所示。

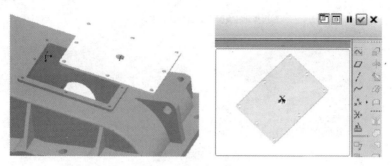

图 4-27 装配视孔盖

（8）约束类型选择【配对】，选取视孔盖上的配合表面，再选取箱盖上的配合表面，如图 4-28 所示，系统自动赋予【配对】约束。

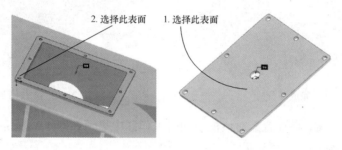

图 4-28 配对装配

（9）系统自动增加第二个约束，接受【自动】类型，选取视孔盖上的配合表面圆柱面，再选取箱盖上的配合表面圆柱面，如图 4-29 所示，系统自动赋予【插入】约束。

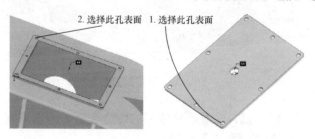

图 4-29 插入装配

（10）系统自动增加第三个约束，接受【自动】类型，选取视孔盖上的配合表面圆柱面，再选取箱盖上的配合表面圆柱面，如图 4-30 所示，系统自动赋予【插入】约束。且注意到【元件放置】对话框的【放置状态】显示为【完全约束】。

（11）单击【元件放置】对话框的☑按钮，完成箱盖和视孔盖的装配，如图 4-31 所示。

注意：如果在装配过程中发现有些元件的表面或曲面不好选择，要配合元件放置对话框的【移动】功能，灵活移动元件，以方便选择约束所需特征。

（12）单击▯按钮，保存装配件。

（13）单击▯按钮，系统显示【打开】对话框，选择"tongqisai.prt"，单击【打开】按钮调入通气塞零件（见图 4-32）。

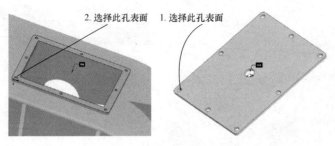

图 4-30　插入装配

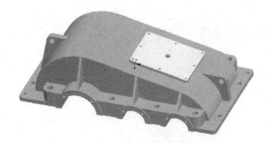

图 4-31　完成装配

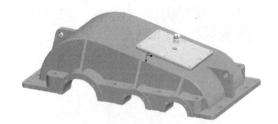

图 4-32　调入待装零件

（14）系统显示【元件放置】对话框，同时工作区中显示如图 4-33 所示，单击回按钮使调入的通气塞在单独的子窗口显示。

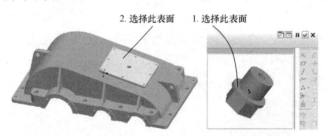

图 4-33　元件放置

（15）约束类型选择【配对】，选取通气塞上的配合表面，再选取视孔盖上的配合表面，如图 4-33 所示，系统自动赋予【配对】约束。

（16）系统自动增加第二个约束，接受【自动】类型，选取通气塞上的配合表面圆柱面，再选取视孔盖上的配合表面圆柱面，如图 4-34 所示，系统自动赋予【插入】约束。且注意

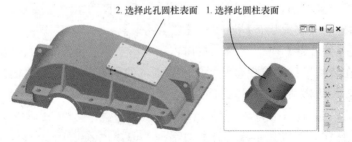

图 4-34　插入装配

到【元件放置】对话框的【放置状态】显示为【完全约束】。

(17) 单击【元件放置】对话框的☑按钮，完成通气塞和视孔盖的装配，如图 4-35 所示。

用同样的方法把零件 "shikonggai-dp. prt" 和 "shikonggai-luoding. prt" 依次装配到视孔盖上（垫片和螺钉共 8 套），结果如图 4-36 所示。

(18) 单击🖫按钮，保存装配件。

图 4-35 完成装配 图 4-36 完成视孔盖装配

3. 子组件轴 1 的装配

此子组件轴 1 按以下步骤进行装配：

1) 单击🗋按钮，弹出【新建】对话框。

2) 在【新建】对话框中选择【组件】类型，接受【设计】子类型，输入文件名 "zhou1"，并接受【使用缺省模板】项，单击【确定】按钮进入装配模块。

3) 单击🖳按钮，系统显示【打开】对话框，选择 "zhou-1. prt"，单击【打开】按钮调入齿轮轴零件。

4) 系统显示【元件放置】对话框，如图 4-37 所示选择缺省后，单击☑按钮以系统缺省的方式进行装配，即使齿轮轴零件的坐标系 PRT _ CSYS _ DEF 与组合件的缺省坐标系 ASM _ DEF _ CSYS 对齐。

5) 单击🖫按钮，保存装配件。

(1) 装配挡油环和轴承。

1) 单击🖳按钮，系统显示【打开】对话框，选择 "dangyouhuan-1. prt"，单击【打开】按钮调入挡油环零件。

2) 系统显示【元件放置】对话框，同时工作区中显示如图 4-38 所示，单击🖵按钮使调入的挡油环在单独的子窗口显示。

图 4-37 调入待装零件 图 4-38 元件放置

3) 约束类型选择【配对】，选取油标上的配合表面，再选取箱座上的配合表面，如

图 4-38 所示，系统自动赋予【配对】约束。

4）系统自动增加第二个约束，选择【插入】类型，选取挡油环上的配合表面圆柱面，再选取齿轮轴上的配合表面圆柱面，如图 4-39 所示，系统自动赋予【插入】约束。且注意到【元件放置】对话框的【放置状态】显示为【完全约束】。

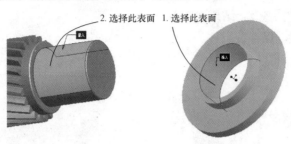

2. 选择此表面 1. 选择此表面

图 4-39 插入约束

5）单击【元件放置】对话框的☑按钮，完成齿轮轴和挡油环的装配，如图 4-40 所示。

6）单击🖫按钮，保存装配件。

7）单击🖾按钮，系统显示【打开】对话框，选择 "zhou-1. prt"，单击【打开】按钮调入齿轮轴零件。

8）系统显示【元件放置】对话框，单击☑按钮以系统缺省的方式进行装配，即使齿轮轴零件的坐标系 PRT＿CSYS＿DEF 与组合件的缺省坐标系 ASM＿DEF＿CSYS 对齐，如图 4-41 所示。

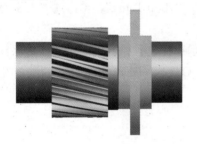

图 4-40 完成装配

图 4-41 调入待装部件

9）单击🖫按钮，保存装配件。

（2）装配轴承。

1）单击🖾按钮，系统显示【打开】对话框，选择 "zhoucheng-6207. prt"，单击【打开】按钮调入轴承零件。

2）系统显示【元件放置】对话框，同时工作区中显示如图 4-42 所示，单击🖵按钮使调入的轴承在单独的子窗口显示。

3）约束类型选择【配对】，选取挡油环上的配合表面，再选轴承上的配合表面，如图 4-42 所示，系统自动赋予【配对】约束。

4）系统自动增加第二个约束，接受【自动】类型，选取挡油环上的配合表面圆柱面，再选取轴承上的配合表面圆柱面，如图 4-43 所示，系统自动赋予【插入】约束。且注意到【元件放置】对话框的【放置状态】显示为【完全约束】。

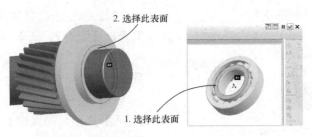

图 4-42 配对约束

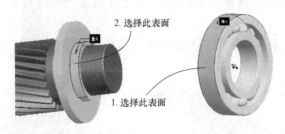

图 4-43 插入约束

5）单击【元件放置】对话框的☑按钮完成轴承和齿轮轴的装配，如图 4-44 所示。

6）单击🖫按钮，保存装配件。

7）用同样的方法安装齿轮轴另一端的挡油环和轴承（准备装配键 1）。

8）单击🖼按钮，系统显示【打开】对话框，选择"jian1-1.prt"，单击【打开】按钮调入键零件（见图 4-45）。

图 4-44 完成装配

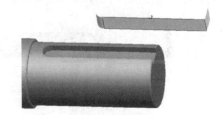

图 4-45 调入零件

9）系统显示【元件放置】对话框，同时工作区中显示如图 4-46 所示，单击🗗按钮使调入的键在单独的子窗口显示。

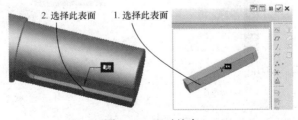

图 4-46 配对约束

10）约束类型选择【配对】，选取键上的配合表面，再选取齿轮轴上的配合表面，如图 4-46 所示，系统自动赋予【配对】约束。

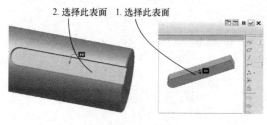

图 4-47　配对约束

11）系统自动增加第二个约束，约束类型选择【配对】，选取键上的配合表面，再选取齿轮轴上的配合表面，如图 4-47 所示，系统自动赋予【配对】约束。

12）系统自动增加第三个约束，选择【插入】类型，选取键上的配合表面圆柱面，再选取齿轮轴上的配合表面圆柱面，如图 4-48 所示，系统自动赋予【插入】约束。且注意到【元件放置】对话框的【放置状态】显示为【完全约束】。

13）单击【元件放置】对话框的☑按钮完成齿轮轴和键的装配，如图 4-49 所示。

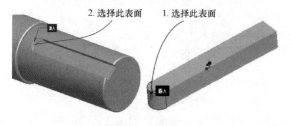

图 4-48　插入约束

图 4-49　完成装配

齿轮轴上的挡油环、轴承和键安装完毕后，轴 1 的最终结果如图 4-50 所示。

14）单击🖫按钮，保存装配件。

15）用同样的方法安装齿轮轴另一端的挡油环和轴承。

最后，用安装轴 1 同样的方法安装轴 2 和轴 3，安装完成后如图 4-51 和图 4-52 所示。

图 4-50　轴 1 安装图

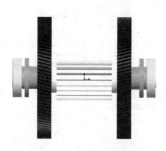

图 4-51　轴 2 安装图

图 4-52　轴 3 安装图

4. 齿轮轴端盖组件装配

齿轮轴端盖组件按以下步骤进行装配：

（1）单击🗋按钮，弹出【新建】对话框。

（2）在【新建】对话框中选择【组件】类型，接受【设计】子类型，输入文件名"zhouchenggai-1-1.asm"，并接受【使用缺省模板】项，单击【确定】按钮进入装配模块。

（3）单击按钮，系统显示【打开】对话框，选择"zhouchenggai-1-1.prt"，单击【打开】按钮调入轴承盖零件。

（4）系统显示【元件放置】对话框，如图 4-53 选择缺省后单击按钮以系统缺省的方式进行装配，即使轴承盖零件的坐标系 PRT＿CSYS＿DEF 与组合件的缺省坐标系 ASM＿DEF＿CSYS 对齐。

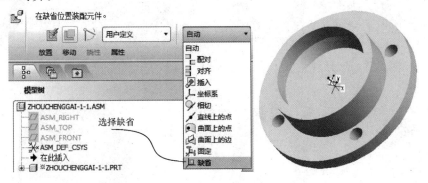

图 4-53 轮轴端盖装配

（5）单击按钮，保存装配件。

（6）单击按钮，系统显示【打开】对话框，选择"zhouchenggai-1＿dianpian.prt"，单击【打开】按钮调入垫片零件。

（7）系统显示【元件放置】对话框，同时工作区中显示如图 4-54 所示，单击按钮使调入的垫片在单独的子窗口显示。

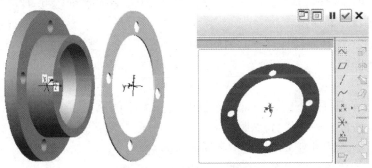

图 4-54 调入待装零件

（8）约束类型选择【配对】，选取轴承盖垫片上的配合表面，再选取轴承盖上的配合表面，如图 4-55 所示，系统自动赋予【配对】约束。

（9）系统自动增加第二个约束，接受【自动】类型，选取轴承盖垫片上的配合表面圆柱面，再选取轴承盖上的配合表面圆柱面，如图 4-56 所示，系统自动赋予【插入】约束。

（10）系统自动增加第三个约束，接受【自动】类型，选取轴承盖垫片上的配合表面圆柱面，再选取轴承盖上的配合表面圆柱面，如图 4-57 所示，系统自动赋予【插入】约束。且注意到【元件放置】对话框的【放置状态】显示为【完全约束】。

（11）单击【元件放置】对话框的按钮完成轴承盖和轴承盖垫片的装配，如图 4-58 所示。

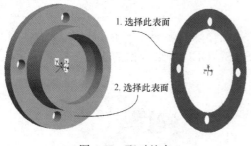

图 4-55　配对约束

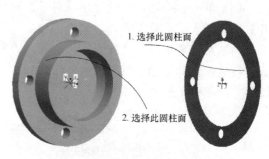

图 4-56　插入约束

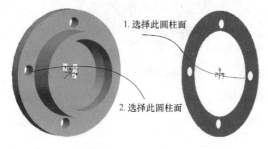

图 4-57　插入约束

图 4-58　完成装配

（12）单击■按钮，保存装配件。

（13）用上面同样的方法装配其他 5 套轴承盖 zhouchenggai-1-2.asm，zhouchenggai-2-1.asm，zhouchenggai-2-2.asm，zhouchenggai-3-1.asm，zhouchenggai-3-2.asm。

二、零件装配一题多解

在安装如图 4-59 所示减速器上盖紧固件时，除前面的一般装配方法外，还有重复装配、按点阵列等装配技巧。

1. 重复装配

在进行 Pro/E 组件装配时，通常会遇到对同一个零件重复装配的情况，例如标准件的装配。如果用传统的装配操作方法进行装配，既不方便又浪费时间。可以用重复装配的技巧来提高装配零件效率。重复装配一般按下面的步骤进行：

（1）按常规方法装配完成第一个垫片，如图 4-60 所示。

图 4-59　紧固件装配

图 4-60　起始零部件

（2）在模型树中或图中选中垫片零件并单击鼠标右键，如图 4-61 所示。

（3）如图 4-62 所示，在弹出的【重复元件】对话框中按住 Ctrl 键，在可变组件参照中

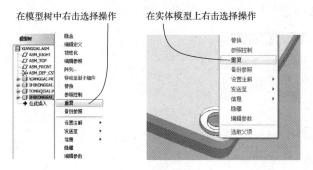

在模型树中右击选择操作　　在实体模型上右击选择操作

图 4-61　装配选项

选择所有装配类型，全部装配类型选择完成后，对话框下方的【添加】按钮变亮。

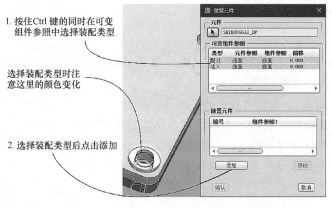

1. 按住Ctrl键的同时在可变组件参照中选择装配类型

选择装配类型时注意这里的颜色变化

2. 选择装配类型后点击添加

图 4-62　重复装配操作

（4）单击【添加】按钮，按照【重复元件】/【可变组件参照】中的约束顺序依次单击视孔盖上相应的表面及孔的内圆柱面，选择完成以后，垫片自动装配到相应孔上，如图 4-63所示。

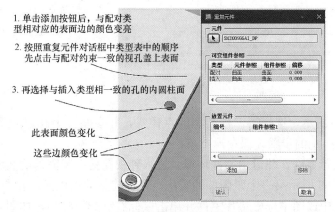

1. 单击添加按钮后，与配对类型相对应的表面边的颜色变亮

2. 按照重复元件对话框中类型表中的顺序先点击与配对约束一致的视孔盖上表面

3. 再选择与插入类型一致的孔的内圆柱面

此表面颜色变化

这些边颜色变化

图 4-63　重复装配操作

（5）装配完成后，如图 4-64 所示。
（6）重复步骤（4）继续选择视孔盖上表面和孔的内圆柱面，则又装配一新的垫片。按照这种方法装配完成剩余垫片和螺钉，结果如图 4-65 所示。

图 4-64 重复装配操作

图 4-65 完成重复装配

2. 使用点阵列

点阵列作为 Pro/E 5.0 新增的功能，可以提高装配效率并减少后期更改带来的参数变更。点阵列一般按以下步骤操作：

（1）打开零件视孔盖（图档名称为"shikonggai.prt"），选择上表面为基准面建立草图，草绘方向和参照选择默认，单击草绘进入草绘界面（见图 4-66）。

（2）在菜单栏中选择【草绘】/【参照】，接下来依次按图 4-67 所示选择 7 个孔的边作为参照，余下的一个孔不设置参照，留作第一个紧固件的装配。

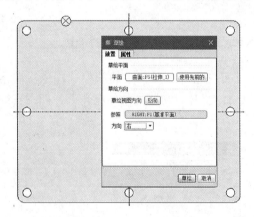

图 4-66 点阵列装配

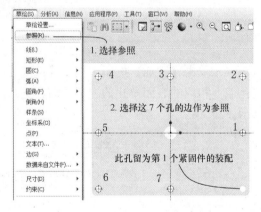

图 4-67 参照选择图

（3）如图 4-68 所示，选择第二种类型的点样式，并参照 7 个孔建立 7 个点（不分先后顺序），并按图 4-68 中的步骤 3 保存退出草绘。

（4）保存视孔盖零件，并退出零件环境，进入到视孔盖上紧固件的装配环境。

（5）完成图 4-69 所示第一个紧固件的装配。先前建立的点也显示在图 4-69 中。

（6）在模型树中或图中选中垫片零件并单击鼠标右键选择阵列，如图 4-70 所示。

（7）在弹出的阵列对话框中选择下拉列表，并选择点，选择完成后在视孔盖上任选一个先前创建的点，并单击☑按钮，则自动完成不规则的点阵列，如图 4-71 所示。

（8）按照步骤（5）～（7）完成螺钉的点阵列。

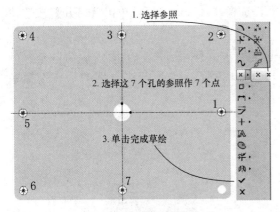

图 4-68　选择参照点的样式

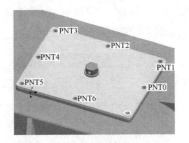

图 4-69　完成一个零件的装配

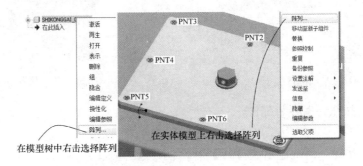

图 4-70　点阵列操作

图 4-71　完成装配

三、减速器整体装配

在完成减速器所有子组件的装配后，进行整体部件的装配工作，主要分以下几部分进行。

1. 基础部件装配

（1）单击□按钮，弹出【新建】对话框。

（2）在【新建】对话框中选择【组件】类型，接受【设计】子类型，输入文件名"jiansuji"，并接受【使用缺省模板】项，单击【确定】按钮进入装配模块，如图 4-72 所示。

（3）单击圝按钮，系统显示【打开】对话框，选择"dizuo.asm"，单击【打开】按钮调入底座零件。

（4）系统显示【元件放置】对话框，如图 4-73 所示选择缺省后，单击☑按钮以系统缺省的方式进行装配，即使底座零件的坐标系 PRT_CSYS_DEF 与组合件的缺省坐标系 ASM_DEF_CSYS 对齐。

图 4-72　基础部件装配

图 4-73　放置元件

（5）单击圝按钮，保存装配件。

2. 装配传动轴

（1）单击圝按钮，系统显示【打开】对话框，选择轴 1 组件"zhou1.asm"，单击【打开】按钮调入轴 1 组件"zhou1.asm"。

（2）系统显示【元件放置】对话框，同时工作区中显示，单击圝按钮使调入的传动轴在单独的子窗口显示，约束集选择【销钉】，如图 4-74 所示。

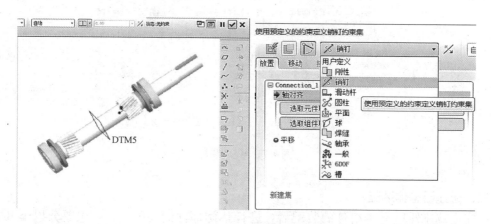

图 4-74　销钉装配

（3）放置对话框中的连接类型自动切换到【轴对齐】，选取底座上的圆柱面，再选取轴 1 上的圆柱面 DTM5，如图 4-75 所示，系统自动赋予【轴对齐】约束。

（4）系统自动增加第二个约束【平移】，选取底座上的基准面 RIGHT，再选取轴 1 上的基准面 DTM5，如图 4-76 所示，系统自动赋予【平移】约束。且【元件放置】对话框的

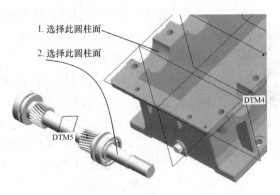

图 4-75 插入约束

【放置状态】显示为【完成连接定义】。

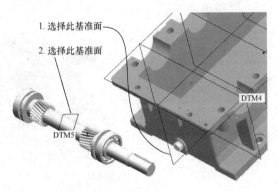

图 4-76 平移约束

（5）单击【元件放置】对话框的☑按钮完成底座和轴 1 的装配，同时模型树中装配的图标也发生了变化，如图 4-77 所示。

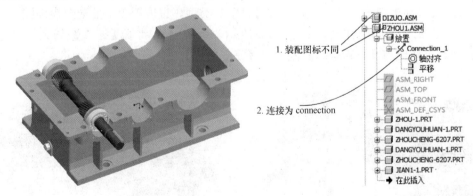

图 4-77 模型树状态

注意：如果在装配过程中发现有些元件的表面或曲面不好选择，要配合元件放置对话框的【移动】功能，灵活移动元件，以方便选择约束所需特征。如果发现有太多影响装配的基准面或线，建议先进行隐藏不必要的特征。

以同样的方法把名称为轴 2 "zhou2.asm" 和名称为轴 3 "zhou3.asm" 的组件装配到底

图 4-78　部分安装视图

座上。装配完成后，结果如图 4-78 所示。

（6）单击回按钮，保存装配件。

3. 减速器箱盖装配

（1）单击回按钮，系统显示【打开】对话框，选择"xianggai.asm"，单击【打开】按钮调入箱盖组件。

（2）系统显示【元件放置】对话框，同时工作区中显示如图 4-79 所示，单击回按钮使调入的箱盖在单独的子窗口显示。

（3）约束类型选择【配对】，选取箱盖上的配合表面，再选取底座上的配合表面，如图 4-80 所示，系统自动赋予【配对】约束。

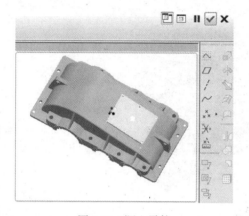

图 4-79　调入零件

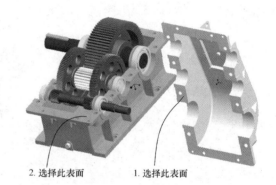

图 4-80　配对约束

（4）系统自动增加第二个约束，接受【自动】类型，选取箱盖上的配合表面圆柱面，再选取底座上的配合表面圆柱面，如图 4-81 所示，系统自动赋予【插入】约束。

（5）系统自动增加第三个约束，接受【自动】类型，选取箱盖上的配合表面圆柱面，再选取底座上的配合表面圆柱面，如图 4-82 所示，系统自动赋予【插入】约束。且注意到【元件放置】对话框的【放置状态】显示为【完全约束】。

图 4-81　插入约束

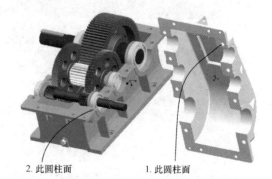

图 4-82　插入约束

（6）单击【元件放置】对话框的☑按钮完成箱盖和底座的装配，如图 4-83 所示。

（7）参照视孔盖紧固件的安装方法用轴承旁螺钉、轴承旁垫片、M16 螺母、连接螺钉、M12 螺母和销钉（zhouchengpang＿luoding.prt，zhouchengpang＿dianpian.prt，m16.prt，lianjie＿luoding.prt，M12.prt，xiaoding.prt）对箱盖进行紧固。紧固件安装完成后如图 4-84 所示。

图 4-83　完成装配

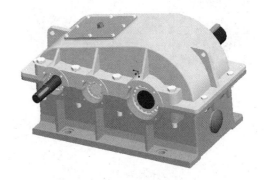

图 4-84　紧固件装配完成

（8）单击 按钮，保存装配件。

4. 安装轴承端盖及各紧固件

轴承端盖及各紧固件安装步骤如下：

（1）单击 按钮，系统显示【打开】对话框，选择"zhouchenggai-1-1.asm"，单击【打开】按钮调入轴承盖组件。

（2）系统显示【元件放置】对话框，同时工作区中显示如图 4-85 所示，单击 按钮使调入的轴承盖在单独的子窗口显示。

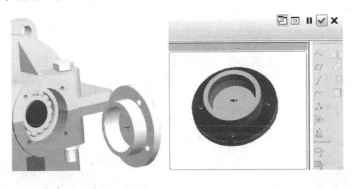

图 4-85　调入零件

（3）约束类型选择【配对】，选取轴承盖上的配合表面，再选取底座上的配合表面，如图 4-86 所示，系统自动赋予【配对】约束。

（4）系统自动增加第二个约束，接受【自动】类型，选取轴承盖上的配合表面圆柱面，再选取底座上的配合表面圆柱面，如图 4-87 所示，系统自动赋予【插入】约束。

（5）系统自动增加第三个约束，接受【自动】类型，选取轴承盖上的配合表面圆柱面，再选取底座上的配合表面圆柱面，如图 4-88 所示，系统自动赋予【插入】约束。且注意到【元件放置】对话框的【放置状态】显示为【完全约束】。

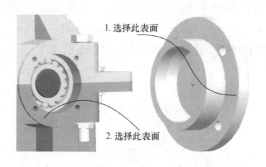

图 4-86　配对约束

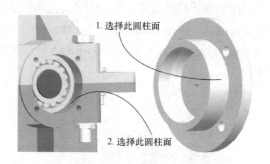

图 4-87　插入约束

（6）单击【元件放置】对话框的☑按钮完成轴承端盖的装配，如图 4-89 所示。

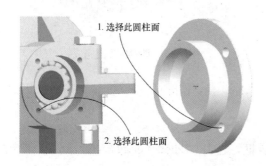

图 4-88　配对约束

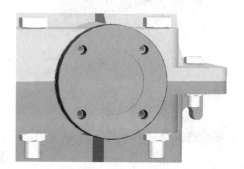

图 4-89　完成端盖装配

（7）按照安装通气塞的方法安装轴承盖垫圈和轴承盖螺钉（zhouchenggai＿dian quan.prt，zhouchenggai＿luoding.prt），安装完成后如图 4-90 所示。

（8）单击🖫按钮，保存装配件。

（9）用上面同样的方法装配其他 5 套轴承盖（zhouchenggai-1-2.asm，zhouchenggai-2-1.asm，zhouchenggai-2-2.asm，zhouchenggai-3-1.asm，zhouchenggai-3-2.asm）。安装完成后如图 4-91 所示。

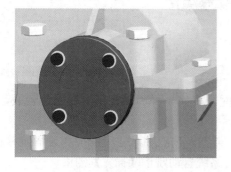

图 4-90　完成螺钉装配

图 4-91　轴承盖安装

第四节 分 解 装 配 体

一、分解装配体概述

组件的分解视图也称为爆炸视图，是将模型中每个元件与其他元件分开的表达方法。选取菜单栏中的【视图】/【分解】/【分解视图】命令可创建分解视图。分解视图仅影响组件外观，设计意图及装配元件之间的实际距离不会改变。可创建分解视图来定义所有元件的分解位置。对于每个分解视图，可执行下列操作：

(1) 随时打开和关闭元件的分解视图。

(2) 更改元件的位置（仅表示分解视图中元件的显示位置，不影响装配结果）。

(3) 创建偏移线。

可以为每个组件定义多个分解视图，然后可随时使用任意一个已保存的视图。还可以为组件的每个视图设置一个分解状态，每个元件都具有一个由放置约束确定的默认分解位置。默认情况下，分解视图的参照元件是父组件（顶级组件或子组件）。

使用分解视图时，请牢记以下规则：

(1) 如果在更高级组件范围内分解子组件，则子组件中的元件不会自动分解。可以为每个子组件指定要使用的分解状态。

(2) 至其上一分解位置。

(3) 所有组件均具有一个默认分解视图，该视图是使用元件放置规范创建的。

(4) 在分解视图中多次出现的同一组件在更高级组件中可以具有不同的特性。

二、减速器的分解

(1) 打开减速器装配图"jiansuqi.asm"。

(2) 通过旋转、缩放等方法调整减速器视图视角，以便在下面的分解过程中能够看清每个零件。调整好视角以后（调整到适合分解视图的最佳方向），再在菜单栏中依次单击【视图】/【方向】/【重定向】，按图 4-92 所示进行操作。或在工具栏中单击 按钮，则弹出方向对话框，如图 4-93 所示。

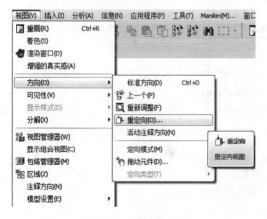

图 4-92　重定向视图

图 4-93　重定向视图方向

图 4-94　视图方向控制

单击方向对话框中的【保存的视图】，并在【名称】文本框中填入"jiansuqi"，接着单击保存按钮，并单击【确定】按钮结束对话框。如图 4-94 所示，当前显示的视图位置被保存下来。

（3）在菜单栏中依次单击【视图】/【视图管理器】，或在工具栏中单击 按钮，弹出视图管理器对话框，如图 4-95 所示。

单击视图管理器的【分解】/【新建】，并输入"fenjie1"后单击下方的【属性】按钮，弹出【分解】的属性对话框（在分解的属性对话框下方单击 按钮可以返回到分解上一步对话框），如图 4-96 所示。

图 4-95　视图管理器

图 4-96　视图管理器

（4）缺省的分解视图根据元件在组件中的放置约束显示分离开的每个元件。但是，可在新的分解视图中为任意数量元件定义位置。可单独为每个元件定义分解位置，也可将两个或更多个元件作为一个整体来移动。还可以为组件的每个视图设置一个分解状态。单击鼠标右键分解视图的名字（这里选择"fenjie1"）选择编辑位置或在分解属性对话框中单击编辑位置按钮 ，则弹出分解工具选项，具体功能说明如图 4-97 所示。

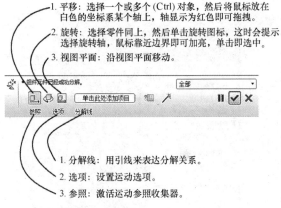

1. 平移：选择一个或多个（Ctrl）对象，然后将鼠标放在白色的坐标系某个轴上，轴显示为红色即可拖拽。
2. 旋转：选择零件同上，然后单击旋转图标，这时会提示选择旋转轴，鼠标靠近边界即可加亮，单击即选中。
3. 视图平面：沿视图平面移动。

1. 分解线：用引线来表达分解关系。
2. 选项：设置运动选项。
3. 参照：激活运动参照收集器。

图 4-97　视图管理器功能说明

其中，【编辑位置】操控板（见图 4-97 右）中的功能介绍如下：

1）平移：使用平移类型移动元件时，可通过平移参照设置移动方向，平移的运动参照包括6类。

2）旋转：在多个元件具有相同的分解位置时，某一个元件的分解方式可复制到其他元件上。因此，可以先处理好一个元件的分解位置，然后使用复制位置功能对其他元件进行设定。

3）视图平面：将元件的位置恢复到系统缺省分解的情况。

（5）如图4-98所示，单击参照，先单击平移 🔲 按钮，并在对话框的【移动参照】中选择相应参照，在【要移动的元件】中选择要移动的元件。

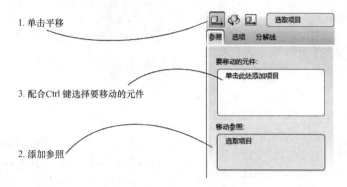

图4-98　移动参照对话框

如图4-99所示，选择底座的侧面添加到【移动参照】对话框中，然后再把箱盖、箱盖上的紧固件、视孔盖等上部元件加入到【要移动的元件】对话框中，鼠标接近视图中的坐标系，则坐标系自动变红，选中 x 轴拖动要移动的元件到合适位置。移动后的位置如图4-100所示。

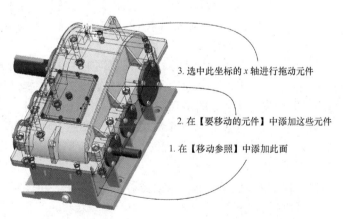

图4-99　移动元件

（6）为了更进一步的分解，继续移动齿轮轴2和齿轮轴3。如图4-101所示，选择底座的上表面添加到【移动参照】对话框中，然后再把齿轮轴2和齿轮轴3加入【要移动的元件】对话框中，将鼠标接近视图中的坐标系，则坐标系自动变红，选中 x 轴拖动要移动的元件到合适位置（齿轮轴2和齿轮轴3要分别添加并分别移动）。

图 4-100　部分分解视图

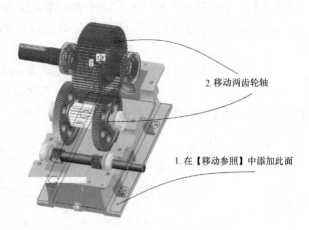

2. 移动两齿轮轴

1. 在【移动参照】中添加此面

图 4-101　移动完成视图

单击鼠标右键并选择保存

图 4-102　保存视图

（7）保存阶段性装配。单击右侧的☑按钮，返回到视图管理器对话框，在"fenjie1"单击鼠标右键并选择保存，在弹出的对话框中选择【确认】按钮，完成保存装配，如图 4-102 所示。

（8）以同样的方法完成其他元件的分解，结果如图 4-103 所示。

（9）创建分解线。

1）在编辑分解位置状态下，单击创建修饰偏移线按钮✐，或在【分解线】对话框中单击✐创建修饰偏移线按钮，则弹出【修饰偏移线】对话框，如图 4-104 所示。

两个参照便可创建一条偏移线，在【修饰偏移线】的参照一状态下选中一个参照，则自动激活第二个参照窗口，并提示添加参照项目。

2）在【修饰偏移线】的参照 1（见图 4-104 右）状态下，选择垫片一个螺钉孔的内圆柱面（见图 4-105），选择完成后自动激活第二个状态窗口（参照 2），在第二个参照窗口中，选择对应的螺钉头部的外圆柱面，最后单击对话框下方的【应用】按钮，则自动生成一条偏移线，如图 4-105 所示。

注意：如果在创建过程中发现已经创建的偏移线不满足要求，可以进行编辑；如果发现不需要创建的偏移线，可以进行删除。

3）用同样的方法创建其他偏移线，结果如图 4-106 所示。

三、分解装配体状态处理

分解视图创建后或在分解状态的创建过程中，如果想对当前的视图状态进行处理，包括保存分解视图、删除已经创建的分解视图、对当前的分解视图进行重新命名、显示或不显示分解视图等。如果想进行这些操作，只需在视图管理器的分解项中选中一个视图名称，然后单击管理器中的编辑按钮，便可按照提示进行操作，具体选项如图 4-107 所示。

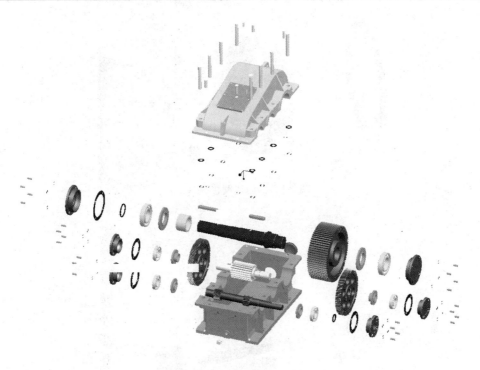

图 4-103 分解后的视图

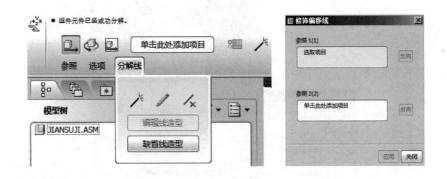

图 4-104 创建偏移线

2. 选择此螺钉外圆柱面

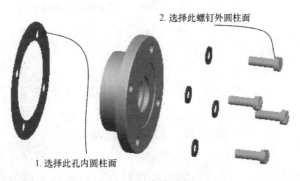

1. 选择此孔内圆柱面

图 4-105 创建偏移线（一）

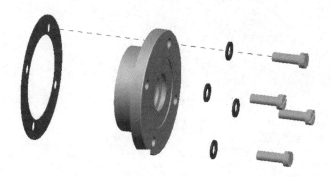

图 4-105　创建偏移线（二）

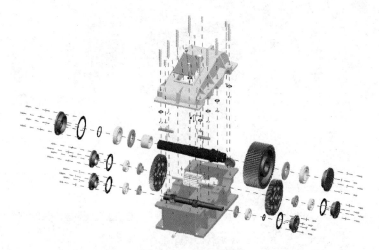

图 4-106　分解视图

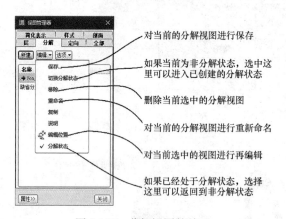

图 4-107　分解视图的处理

第五节　自顶向下设计

　　装配设计分为两种方式，一种是自底向上设计方法，这也是最为传统、应用最多的方法；另外一种是自顶向下设计方法，这种方法一般在对机构比较了解的基础上使用。在传统的设计过程中，总是先对产品的每个零件创建模型，然后进行装配，最终生成装配组件，接着对子组件和其他零件进行装配，最后完成整个产品的装配。

一般情况下，在 Pro/E 中进行产品整体设计时，可以先把一个产品的每个零件都设计好，再分别拿到组件中进行装配，装配完成后再检查各零件的设计是否符合要求，是否存在干涉等情况，如果确认需要修改，则分别更改单独的零件，然后再在组件中再次进行检测，直到最后完全符合设计要求。由于整个过程是自底（零件）向上（组件）的，所以无法从一开始对产品有很好的规划，产品到底有多少个零件只能到所有的零件完成后才能确定。这种方法在修改中也会因为没有事前的仔细规划而事倍功半。这种自底向上的设计，在有现成的产品提供参考，且产品系列单一的情况下还是可以使用的。但在全新的产品设计或产品系列丰富多变的情况下很不方便。

所以，Pro/E 为用户提供了一种十分方便的设计方法——自顶向下设计。自顶向下设计是指从已完成的产品进行分析，然后按产品功能或结构特征自顶向下设计。将产品的主框架作为主组件，并将产品分解为组件、子组件，然后标识主组件元件及其相关特征，最后了解组件内部及组件之间的关系，并评估产品的装配方式。掌握了这些信息，便能规划设计并在模型中传递设计意图。图 4-108 所示为自顶向下设计与传统设计对比图。

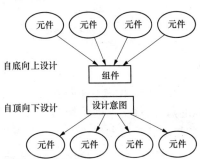

图 4-108 自顶向下设计与传统设计

自顶向下设计有很多优点，它既可以管理大型组件，又能有效地掌握设计意图，使组织结构明确，不仅能在同一设计小组间迅速传递设计信息、达到信息共享的目的，也能在不同的设计小组间同样传递相同的设计信息，达到协同作战的目的。这样在设计初期，通过严谨的沟通管理，能让不同的设计部门同步进行产品的设计和开发。

一、骨架模型

骨架模型作为产品装配的三维空间规划，用来帮助处理大型组件的重要工具。可以用它来分析产品的设计、规划基本的空间设计需求、决定重要的尺寸及参考基准，也可以限制产品中各零部件的位置关系，并利用骨架进行装配。

骨架模型捕捉并定义设计意图和产品结构。骨架可以使设计者们将必要的设计信息从一个子系统或组件传递至另一个。这些必要的设计信息要么是几何的主定义，要么是在其他地方定义的设计中的复制几何。对骨架所做的任何更改也会更改其元件。

二、自顶向下设计实例

如图 4-109 所示，用轴承盖的简单实例演示基于骨架的自顶向下设计。演示如下功能：

（1）基于概念的设计。

（2）修改一个零件的几何特征，其他零件的相应几何特征也一起更新。

（3）在组件装配中新建元件的过程及方法。

（4）零件的自动装配。

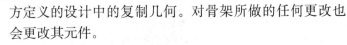

图 4-109 自顶向下设计

自顶向下设计详细步骤如下：

（1）单击新建按钮，弹出【新建】对话框。

（2）在【新建】对话框中选择【组件】类型，接受【设计】子类型，输入文件名"zhouchenggai"，并接受【使用缺省模板】项，单击【确定】按钮进入装配模块。

（3）在装配环境下单击工具栏中的创建图标或在菜单栏中依次单击【插入】/【元件】/【创建】进入新建元件对话框，如图 4-110 所示。

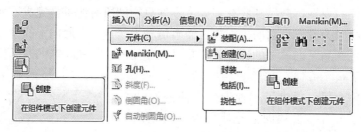

图 4-110　创建元件

（4）在弹出的元件创建对话框中进行如下操作：类型选择为【骨架模型】，子类型选择【标准】，名称文本框中填写"zhouchenggai_skel"，选择【确定】，如图 4-111 所示。新建骨架模型后，模型树如图 4-111 所示（可以看到，新建的骨架模型已加入模型树中）。

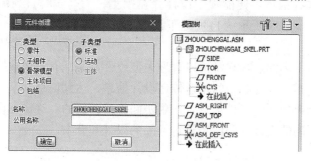

图 4-111　创建骨架模型

（5）打开模型树的骨架元件，弹出如图 4-112 所示骨架模型设计窗口。从图中可以看到，骨架模型与普通模型的设计基本一致。

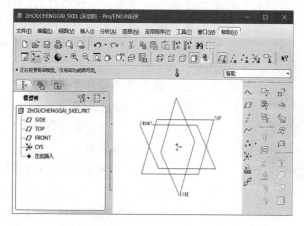

图 4-112　创建骨架模型

（6）以基准平面 FRONT 为草绘平面，建立如图 4-113 所示的草绘（左为尺寸图，右为空间图），并保存后退出草绘。

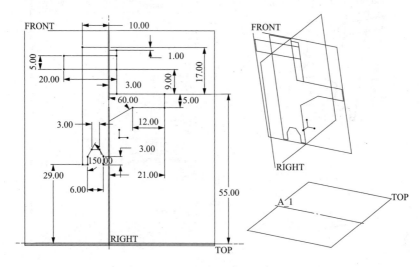

图 4-113　草绘骨架

（7）从菜单栏依次选择【插入】/【共享数据】/【发布几何】，如图 4-114 所示。

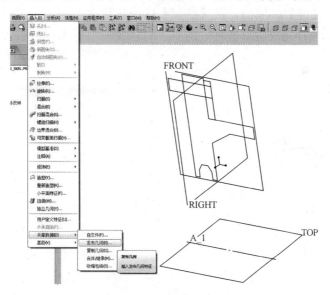

图 4-114　共享数据

（8）从弹出的【出版几何】对话框中，在属性栏的名称中填入"zhouchenggai"，在参数对话框中，在【链】选择栏内配合 Ctrl 键选择参照曲线，并加入【链】区域内，在【参照】区域内配合 Ctrl 键选择 FRONT、RIGHT、TOP 三个基准面，选择完成后单击对话框下方的☑按钮，退出【出版几何】对话框，如图 4-115 所示。

（9）按照步骤（7）、步骤（8）的方法再次出版几何，从弹出的【出版几何】对话框中，

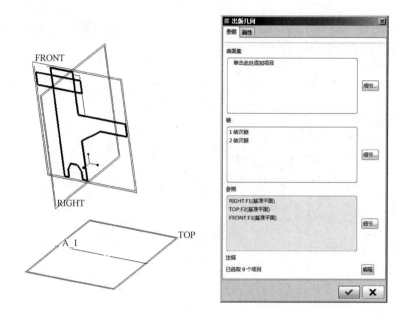

图 4-115　出版几何

在属性栏的名称中填入"dianquan"，在参数对话框中，在【链】选择栏内配合 Ctrl 键选择参照曲线，并加入【链】区域内，在【参照】区域内配合 Ctrl 键选择 FRONT、RIGHT、TOP 三个基准面，选择完成后单击对话框下方的☑按钮，退出【出版几何】对话框，如图4-116 所示。

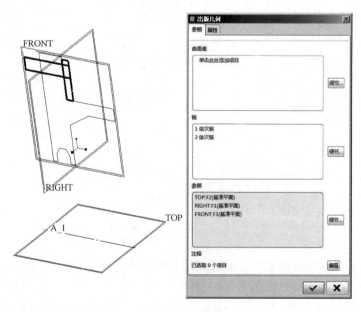

图 4-116　出版几何

（10）按照步骤（7）、步骤（8）的方法再次出版几何，从弹出的【出版几何】对话框中，在属性栏的名称中填入"zhanquan"，在参数对话框中，在【链】选择栏右侧的【细节】中选择参照曲线，并加入【链】区域内，在【参照】区域内配合 Ctrl 键选择 FRONT、RIGHT、TOP 三个基准面，选择完成后单击对话框下方的✔按钮，退出【出版几何】对话框，如图 4-117 所示。

（11）发布几何完成以后，骨架模型的模型树如图 4-118 所示。单击【保存】完成骨架模型的保存，但不要关闭骨架模型。

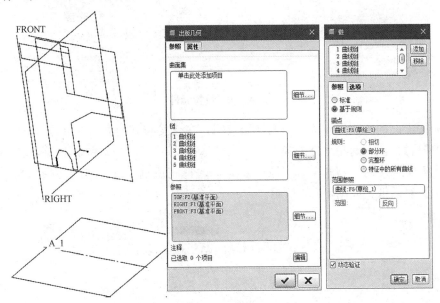

图 4-117　出版几何

（12）激活"zhouchenggai.asm"窗口（在菜单栏的【窗口】中可以激活），在装配环境下单击工具栏中的创建图标或在菜单栏中依次单击【插入】/【元件】/【创建】进入新建元件对话框。在弹出的元件创建对话框中进行如下操作：类型选择为【零件】，子类型选择【实体】，名称文本框中填写"zhouchenggai"，选择【确定】，在【创建选项】的创建方法中选择【空】。选择【确认】进入轴承盖零件的创建，如图 4-119 所示。

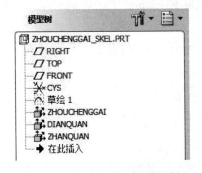

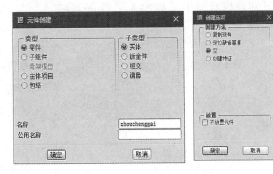

图 4-118　发布几何后的模型树　　　　图 4-119　元件的创建

（13）在模型树中打开新建的轴承盖零件"zhouchenggai.prt"。然后在新打开的"zhouchenggai.prt"中进行以下操作：从菜单栏依次选择【插入】/【共享数据】/【复制几何】。按指示打开文件夹，弹出文件夹对话框，选择刚刚建立的"zhouchenggai _ skel. prt"文件，然后确认，弹出如下【旋转】对话框，选择【缺省】/【确认】，如图 4-120 所示。

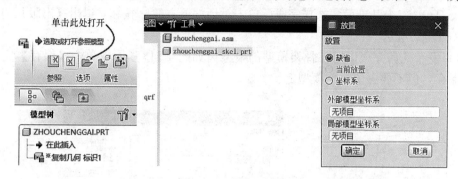

图 4-120　放置元件

（14）按上面的步骤操作后，单击参照按钮，在【发布几何】下单击文本框中的【单击此处添加项目】，窗口的左下方的模型树中出现选择发布几何的选择窗口，在模型树（2）中选择已经发布的几何"ZHOUCHENGGAI"，选择完成后单击窗口上方的☑按钮，退出【复制几何】对话框，如图 4-121 所示。

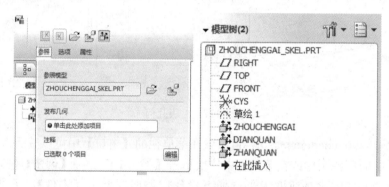

图 4-121　复制几何

操作完以上步骤后，"zhouchenggai. prt"主窗口的内容如图 4-122 所示。从图 4-122 中可知，模型树中已经加入了外部复制几何标识 1，而在图形窗口中已经加入了复制的出版几何。

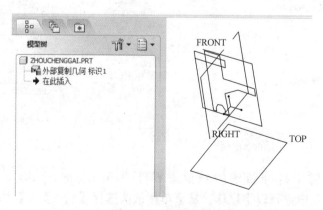

图 4-122　复制几何

（15）单击旋转体按钮✳或在菜单栏中依次选择【插入】/【旋转】，以 FRONT 平面为绘图平面，如图 4-123 所示单击通过边创建图元或从菜单栏选择【草绘】/【边】/【使用】，弹出类型对话框，选择【环】。

图 4-123　类型的选取

按图 4-124 所示选择线条后，整个与之关联的几何线自动被选中，且颜色发生变化，单击【确定】后完成通过边创建图元。

按图 4-125 所示单击几何中心线的创建按钮，并以 TOP 为基准创建旋转中心线。

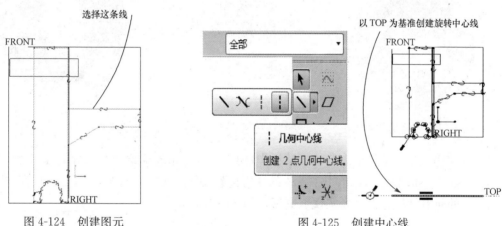

图 4-124　创建图元　　　　　　　　　　图 4-125　创建中心线

单击工具栏上的✔按钮，退出草绘对话框，结果如图4-126所示。

（16）按照步骤（15）的方法建立孔特征，如图 4-127所示。

（17）对孔特征进行阵列，结果如图 4-128 所示。

（18）用同样的方法创建"zhanquan. prt"和"dianquan. prt"，结果如图 4-129 所示。从图形窗口中可以看到，所有图形已经完全建立，并实现了自动装配；从模型树中可以看到，所有元件的装配已经实现了完全的自动约束。

（19）这一步验证自顶向下控制螺栓孔的大小，做到修改一次螺栓孔的大小，垫圈和轴承盖上的所有螺栓孔大小同时改变。激活"zhouchenggai _ skel. prt"窗口，把草图中的尺寸

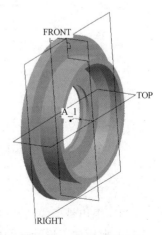

图 4-126　完成旋转建模

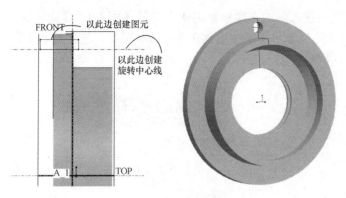

图 4-127　创建孔特征

图 4-128　完成阵列操作

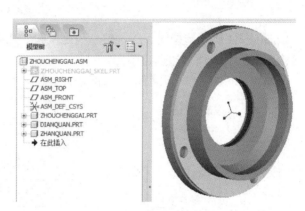

图 4-129　完成零件创建

"5.00"修改为"2.00",单击草绘工具栏中的按钮☑,完成草绘,并保存骨架模型。激活
zhouchenggai.asm 装配图,单击工具栏的【再生】按钮☒或按 Ctrl+G 键,可以看到垫圈和
轴承盖上的所有螺栓孔都已经实现了更新,如图 4-130 所示。

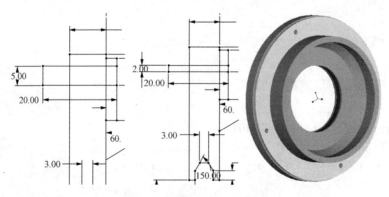

图 4-130　验证自顶向下控制

(20) 退出骨架模型窗口,保存轴承盖组件模型,退出装配环境。

三、自顶向下设计一题多解

在此实例中,用骨架模型结合布局设计实现轴承盖的组件设计,其中骨架用于控制子零件外形尺寸，布局参数用于控制螺栓孔的大小及阵列数量。

如图 4-131 所示，用轴承盖的简单实例演示基于骨架及布局的自顶向下设计。演示如下功能：

（1）基于概念的设计。

（2）修改一个零件的几何特征，其他零件的相应几何特征也一起更新。

（3）在组件装配中新建元件的过程及方法。

（4）零件的自动装配。

（5）用布局参数控制装配体全局尺寸。

本实例详细步骤如下：

（1）同上一节一样的方法建立"zhouchenggai"装配模型和骨架模型。

（2）单击【新建】按钮，弹出【新建】对话框。在【新建】对话框中选择【布局】类型，输入文件名"zhouchenggai"，单击【确定】按钮，在【新布局】对话框中选择【空】，单击【确定】按钮进入布局环境，如图 4-132 所示。

图 4-131 自顶向下设计之布局

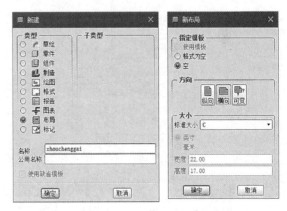

图 4-132 创建新布局

进入布局环境后，其工作窗口如图 4-133 所示，窗口上方为菜单栏和工具栏，右侧为基本绘图工具，左侧为图层等导航窗口。

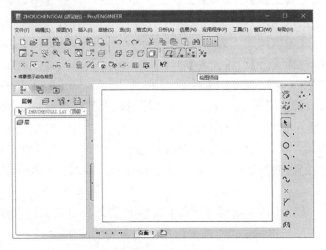

图 4-133 布局窗口

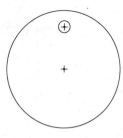

图 4-134　草绘布局

（3）选择菜单栏中的【草绘】/【圆】或直接在右侧工具栏中选择【圆】功能按钮，直接在图形区草绘两个圆，尺寸大小和相对位置精度不重要，只要大概一样就行，如图 4-134 所示。

（4）从菜单栏选择【插入】/【尺寸】/【尺寸—新参照】或在工具栏中选择【尺寸—新参照】功能按钮 ⊢⊣，弹出菜单管理器，选择【在图元上】后，在图中的小圆边上鼠标双击选择，用鼠标中键确认选择，弹出符号对话框，在对话框中填入 "luoshuankongjing"（螺栓孔径），单击按钮☑确认，在弹出的【值】对话框中填入 "5"作为直径尺寸，单击☑确认，结果如图 4-135 所示。

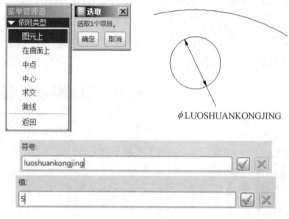

图 4-135　菜单管理器

（5）从菜单管理器中选择【中心】，结合 Ctrl 键在图中鼠标选择大圆和小圆，用鼠标中键确认选择，弹出菜单管理器，选择【尺寸方向】/【垂直】，弹出符号对话框，在对话框中填入 "luoshuankongju"（螺栓孔距），单击按钮☑确认，在弹出的【值】对话框中填入 "64"作为螺栓孔到轴承盖中心的尺寸，单击☑确认，结果如图 4-136 所示。

（6）从菜单栏选择【工具】/【参数】弹出参数对话框，在【参数】对话框中单击 ＋ 按钮，在名称文本框中输入 "luoshuankongshu"（螺栓孔数），在类型中选择整数，在值中输入 "4"，单击确定完成参数添加，如图 4-137 所示。

（7）从菜单栏中选择【表】/【插入】/【表】，建立一个四行三列的表格，并在表头中填入名称、值和备注三项，第二行对应名称中填入 "luoshuankongjing"，值中填入 "5.000"，备注中填入螺栓孔直径，第三行对应名称中填入 "luoshuankongju"，值中填入 "64.000"，备注中填入螺栓孔到轴承盖中心的距离，第四行对应名称中填入 "luoshua-nkongshu"，值中填入 "4"，备注中填入螺栓孔数目。填写完成后的表格如图 4-138 所示，其中的【值】列对应的数据为根据填入的参数自动生成。单击工具栏上的保存，完成布局的阶段性保存。

（8）声明布局。从菜单栏内选择【文件】/【声明】，弹出菜单管理器，在菜单管理器中选择【布局】下的 "zhouchenggai"，单击保存完成布局的声明。

（9）打开骨架演示实例中的 "zhouchenggai.prt" 零件，删除所有螺栓孔，删除完成后

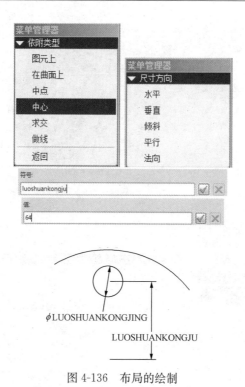

图 4-136　布局的绘制

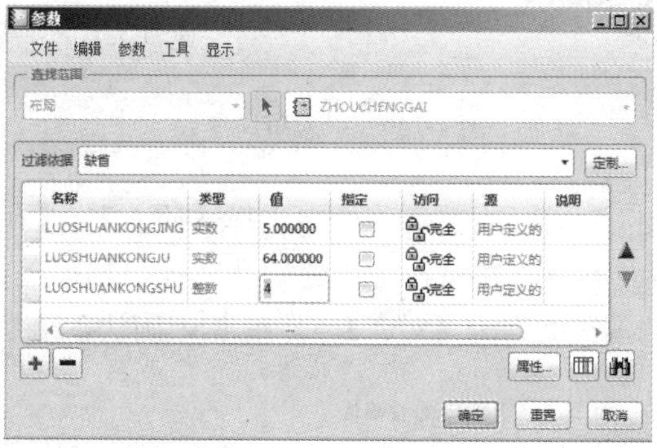

图 4-137　布局管理的参数控制

名称	值	备注
luoshuankongjing	5.000	螺栓孔直径
lushuankongju	64.000	螺栓孔到轴承盖中心距离
luoshuankongshu	4	螺栓孔数目

图 4-138　参数值的设定

如图 4-139 所示（模型树中没有螺栓孔的参数，图形中没有螺栓孔的几何特征）。

（10）从菜单栏中选择【文件】/【声明】，弹出菜单管理器，选择【声明】/【声明布局】/【布局】，从菜单栏中选择【工具】/【参数】，弹出参数对话框，可以看出布局参数已

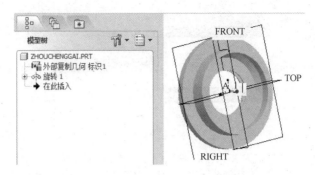

图 4-139　调入零件

加入零件的参数列表中，如图 4-140 所示。

图 4-140　引入布局参数

（11）从工具栏中单击 ⫘ 图标或在菜单栏中选择【插入】/【孔】，弹出孔特征操控板。按图 4-141 中的步骤设置孔参数（注意，待创建的孔特征与轴承盖中心的距离为"64"，孔的中心与 FRONT 平面的偏移类型为【对齐】）。单击 ☑ 确认，结果如图 4-142 所示。

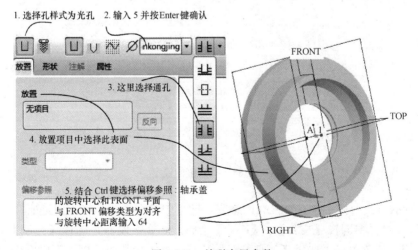

图 4-141　关联布局参数

（12）以轴承盖的旋转中心对螺栓孔特征进行阵列，结果如图 4-143 所示。

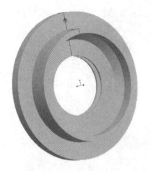

图 4-142 参数传递的结果

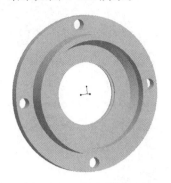

图 4-143 阵列后的视图

（13）添加关系，建立零件几何特征与全局控制参数的关系。从菜单栏选择【工具】/【关系】，打开关系对话框。关系对话框打开后在模型树中先后单击孔特征和阵列特征，则模型窗口中显示各尺寸参数代号，单击尺寸代号 d11（孔代号），d13（螺栓孔中心到轴承孔盖旋转中心的距离），p23（螺栓孔的阵列个数），d20（螺栓孔的阵列分度角度）加入关系对话框中，并把布局中的全局控制参数与之对应建立关联，如图 4-144 所示。单击【确定】按钮，退出关系对话框。

注意：d11、d13、p23、d20 根据自己创建的顺序可能不同，要与自己的图形中相应的尺寸字母一致，另外，公式右侧为在布局中创建的参数，可以单击图 4-144 下方的【局部参数】按钮显示出来。

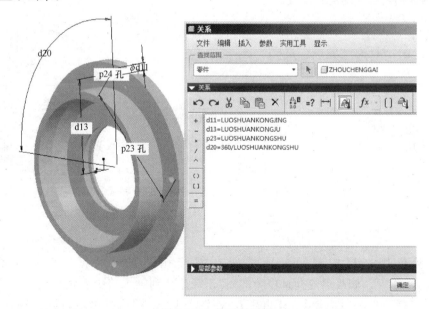

图 4-144 关系对话框

（14）用同样的方法修改垫圈零件"dianquan. prt"，最终结果如图 4-145 所示。从图形窗口中可以看到，所有图形已经完全建立，并实现了自动装配；从模型树中可以看到，所有元件的装配已经实现了完全的自动约束。

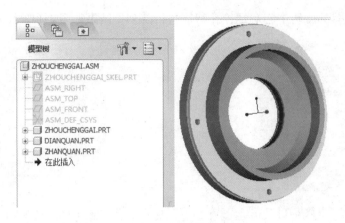

图 4-145　模型树约束显示

（15）这一步验证自顶向下骨架模型控制"zhanquan. prt"与轴承盖内圈的大小，同时控制垫圈外径与轴承盖外圆的大小。做到修改一次大小，"zhanquan. prt"、垫圈和轴承盖上的所有相关尺寸同时改变。激活"zhouchenggai_skel. prt"窗口，如图 4-146 所示，把草图中右上角的尺寸"17.00"修改为"35.00"，左下角的尺寸"29.00"修改为"19.00"，单击草绘工具栏中的按钮☑完成草绘，并保存骨架模型。激活"zhouchenggai. asm"装配图，单击工具栏的【再生】按钮🔁或按 Ctrl＋G 键，可以看到垫圈和轴承盖的外圆都已经同时变大，"zhanquan. prt"与轴承盖内圆都已同时变小。可以看出骨架模型的修改控制了装配图形中所有零件相关尺寸的同时修改。

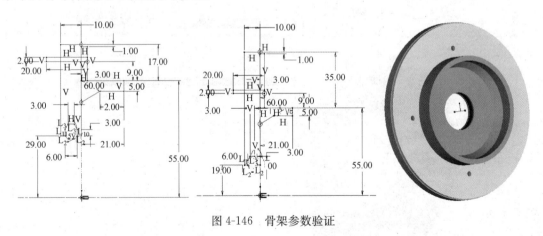

图 4-146　骨架参数验证

（16）验证用布局控制装配图中所有螺栓孔的几何特征。激活轴承盖布局"zhouchenggai. lay"，修改螺栓孔直径为"15"，螺栓孔到轴承盖中心距离为"75"，螺栓孔数目为 8，选择菜单栏【编辑】/【再生】或按 Ctrl＋G 键执行再生，然后保存布局，如图 4-147 所示。

激活轴承盖装配图"zhouchenggai. asm"，单击工具栏的【再生】按钮🔁或按 Ctrl＋G 键执行再生，可以看到所有零件的螺栓孔直径、中心距和孔的数目都已改变。实现了布局参数对装配元件中所有零件的顶层控制，更新后的视图如图 4-148 所示。

名称	值	备注
luoshuankongjing	5.000	螺栓孔直径
lushuankongju	64.000	螺栓孔到轴承盖中心距离
luoshuankongshu	4	螺栓孔数目

名称	值	备注
luoshuankongjing	15.000	螺栓孔直径
lushuankongju	75.000	螺栓孔到轴承盖中心距离
luoshuankongshu	8	螺栓孔数目

图 4-147 布局参数控制

图 4-148 最终结果视图

保存轴承盖组件模型，退出装配环境，此实例演示结束。

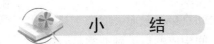

小　结

本章介绍了零件装配的基本界面及基本流程，以及 Pro/E 零件装配时的基本约束、综合装配、视图分解及自顶向下装配的几种技巧。需要强调的是：本章关于 Pro/E 零部件装配的学习只是冰山一角，Pro/E 的熟练掌握需要大量的实际操作与练习，参与真实项目，在产品设计中深刻体会 Pro/E 的各种功能是熟练运用的最佳途径。

操作视频

第五章　机构运动仿真

第一节　概　述

一、机构运动仿真基础

1. 常用术语

在进行机构运动仿真之前，需要熟悉以下的常用术语。

（1）机构。机构是一种用来传递运动和力或改变运动形式的机械装置。例如曲柄连杆机构是将回转运动转变为往复运动，槽轮机构是将连续的转动转变为间隙运动，凸轮机构是将凸轮的转动转变为从动件的移动或摆动等。

（2）运动副。由两构件之间直接接触而又能产生某些相对运动的连接称为运动副，即构件之间的可动连接。两构件之间构成的运动副通常是通过点、线和面的接触来实现的，而根据运动副之间的接触情况，可将其分为低副和高副两类。凡是面接触构成的运动副称为低副，低副将约束两个自由度，如移动副和转动副；凡是点、线接触构成的运动副称为高副，只约束一个自由度。另外，运动副还可根据构成运动副两构件之间的相对运动分为平面运动副和空间运动副。

（3）LCS。LCS 是指与主体相关联的局部坐标系，是与主体中定义的第一个零件相关的默认坐标系。

（4）UCS。UCS 是指用户自定义坐标系。

（5）WCS。WCS 是指整体（或全局）坐标系。组件的整体坐标系，它包括用于组件及该组件内所有主体的整体坐标系。

（6）放置约束。放置约束是指组件中放置元件并限制该元件在组件中运动的图元。

（7）环连接。环连接是指添加后使连接主体链中形成环的连接。

（8）自由度。自由度是指确定一个系统的运动（或状态）所必需的独立参变量。

（9）主体。主体是指机构模型的基本元件。一个元件或没有相对运动的一组元件，作为主体的一组元件内部不存在任何自由度。

（10）基础。基础是指不运动的主体，即大地或者机架，其他主体相对于基础运动。在仿真时，可以定义多个基础。

（11）接头。接头是指主体间的连接形式，其类型有销钉、圆柱、轴承、移动杆、焊接等连接。

（12）预定义的连接集。预定义的连接集可以定义使用哪些放置约束在模型中放置元件、限制主体之间的相对运动、减少系统可能的总自由度及定义元件在机构中可能具有的运动类型。

（13）运动。运动取决于驱动器或负荷的主体运动方式。

（14）拖动。拖动是指在图形窗口上，用鼠标选择并移动机构。

（15）回放。回放是记录并重放分析运动的操作的功能。

（16）伺服电动机。定义一个主体相对于另一个主体运动的方式。

2. 机构运动仿真的过程

机构是由构件组合而成的，而每个构件都以一定的方式至少与另一个构件相连接。这种连接，即使两个构件直接接触，又使两个构件能产生一定的相对运动。

在机构运动仿真中，用户可以通过对机构添加运动副，使其随伺服电动机一起运动，并且在不考虑作用于系统上的力的情况下分析其运动。使用运动分析可观察机构的运动，并测量主体位置、速度和加速度的改变。然后用图形表示这些测量，或者创建轨迹曲线和运动包络。

总之，机构运动仿真最重要的两个步骤是创建机构和添加运动副。其具体过程如下：

（1）进入 Pro/E 的装配模块完成元件的连接。

（2）进入 Mechanism 添加驱动器。向模型中添加驱动器，为运动做好准备。驱动器应准确定义接头或几何图元之间运动副的连接关系，如旋转或平移。

（3）如果有机构中存在【槽】、【凸轮】或者【齿轮】从动件，则需要进行从动机构的连接。

（4）选择【运动分析】，并创建运动记录。

（5）选择【结果回放】来重新演示机械运动、检测干涉、定性分析运动特性、检查锁定装置，以及保存重新演示的运动结果，创建"MPEG"和"JPEG"文件等。

（6）选择【测量结果】以图形方式查看位置结果。

3. 连接类型

在对机构进行运动仿真之前，需要把各元件进行连接。连接是在【装配】模块中建立，但是连接与装配中的约束不同，连接具有一定的自由度，可以进行一定的运动。在装配模式中单击【装配】按钮，从文件中选中需要打开的文件，弹出如图 5-1 所示的【元件放置】操控板。在操控板中单击【预定义的连接集】中的【用户定义】下拉列表框，系统弹出如图 5-1 所示的【预定义的连接集】列表框。如果单击【取消】按钮，则新元件被取消。

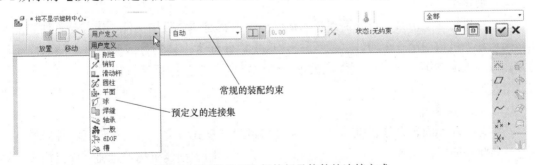

图 5-1 【元件放置】操控板及构件的连接方式

在选择预定义的连接集前，应先了解系统在定义运动时，是如何使用放置约束和自由度的，以正确限制主体的自由度，保留所需的自由度，从而产生机构所需的运动类型。现对机构中的各种连接方式和功能进行简要介绍。

【刚性】：自由度为"0"，一般定义机架时需要此连接。刚性连接的零件构成单一主体。选中【刚性】连接，对话框中多出"将元件固定到当前位置"图标（其他的连接选项中没有此图标）。单击图标"元件参照"和"组件参照"都接受"原始"。单击【确定】按钮即可。

【销钉】：只有 1 个旋转自由度，允许沿指定轴旋转。需要定义一个"轴对齐"和"平移对齐"约束，即"平面对齐/匹配或点对齐"，也可用"平面匹配/偏距"。

【滑动杆】：只有 1 个平移自由度，允许沿轴平移。需要定义"轴对齐"和"平面匹配/对齐"约束，以限制构件沿轴线旋转。

【圆柱】：有 1 个旋转自由度和 1 个平移自由度，允许沿指定的轴平移并相对于该轴旋转。需要定义一个"轴对齐"约束，也可以用"反向"。

【平面】：有 1 个旋转自由度和 2 个平移自由度，允许通过平面接头连接的主体在一个平面内相对运动，相对于垂直该平面的轴旋转。需要定义"平面对齐"或"平面偏距"。

【球】：有 3 个旋转自由度，但是没有平移自由度。"球杯中的球"接头允许在连接点沿任意方向旋转。需要定义"点与点对齐"的约束。

【焊接】：自由度为"0"，将两个零件粘接在一起。需要定义"坐标系"对齐。

【轴承】：有 3 个旋转自由度和 1 个平移自由度，轴承连接是球接头和滑块接头的组合，允许接头在连接点沿任意方向旋转，沿指定轴平移。

【一般】：也就是自定义组合约束。可根据需要指定一个或多个基本约束来形成一个新的组合约束，其自由度的多少因所用的基本约束种类及数量不同而不同。可用的基本约束有 7 种：匹配、对齐、插入、坐标系、线上点、曲面上的点和曲面上的边。

【6DOF】：即 6 自由度。也即不对元件进行任何约束，仅用一个元件坐标系和一个组件坐标系重合来使元件与组件发生关联。具体而言，元件可任意旋转和平移，具有 3 个旋转自由度和 3 个平移自由度，即总自由度为 6。

【槽】：槽是两个主体之间的一个点和一曲线连接。从动件上的一个点，始终在主动件上的一根曲线上运动。槽连接只使两个主体按所指定的要求运动，不检查两个主体之间是否干涉，点和曲线甚至可以是零件实体以外的基准点和基准曲线，当然也可以在实体内部。

二、创建机构

要进行机构运动仿真，首先需要进入组件模块，新建一个机构文件。接着与零件装配操作相同，载入机构的第一个构件（或零件），这个构件称为主体构件或基构件。然后以相同的方式载入机构的第二个构件，依次类推。创建机构主要包括新建机构文件、载入主体机构、定义连接和约束等操作。

1. 新建机构文件

与零件装配相同，在创建机构之前必须在零件设计模式下完成所有构件（零件）模型的建立。将机构所要涉及的所有构件复制到同一目录下，用于创建机构，进而完成机构设计和运动仿真分析。

（1）在菜单栏中选择【文件】/【新建】命令，或者单击特征工具栏中的【新建】按钮，或者直接按 Ctrl+N 键，系统弹出【新建】对话框。

（2）在【新建】对话框的【类型】选项组中选中【组件】选项，并在【子类型】选项组中选中【设计】选项。

（3）在【名称】文本框中将自动显示新建文件的缺省名"asm0001"。用户可根据需要删除系统的缺省文件名，输入自己想要的文件名。

（4）系统缺省是【使用缺省模板】复选框处于选中状态，表示系统选用"inlbs_asm_design"作为模板，用户可根据需要指定相应的模板。

（5）最后单击对话框中的【确定】按钮完成机构文件的创建，系统将自动进入组件模块的主界面中。

2. 载入主体构件

主体构件又称为机架，就是机构的参考系统。

（1）在菜单栏中选择【插入】/【元件】/【装配】命令，或者单击工具栏右侧的【装配】按钮 。

（2）系统自动弹出【打开】对话框，在该对话框中选择主体构件文件。

（3）最后单击【打开】对话框中的【打开】按钮，完成主体构件的载入。

此时主体构件模型将出现在主窗口中。同时系统显示【元件放置】操控板，如图 5-1 所示。单击该对话框中的【确定】按钮完成即可。

3. 定义连接和约束

在零件装配中，主要定义装配约束就可以完成。而机构运动仿真必须同时定义连接和约束。所以载入主体机构后，要求载入第二个构件并进行连接和约束。

选择【插入】/【元件】/【装配】命令；在弹出的【打开】对话框中选择构件文件，并单击【打开】按钮完成（与载入主体构件的方法相同）。此时系统弹出如图 5-1 所示的【元件放置】操控板，同时机构模型也出现在主窗口中，完成构件的载入。

连接的定义主要是通过【元件放置】操控板来实现的。构件的装配可以完全使用连接即可设定，当然在某些特定的情况下，可以搭配装配约束条件来辅助连接的定义。

（1）在【元件放置】操控板中，单击【连接】选项，将【连接】选项展开，如图 5-1 所示，用于定义各个构件之间的连接类型。

（2）在此【元件放置】操控板中定义连接和装配约束，完成后单击【确定】按钮 即可。如果机构中有多个构件，那么按照同样的方法将构件一一进行装配和连接。

三、添加驱动器（伺服电动机）

由于机构由原动件、机架和从动件 3 个部分组成，因此，在对机构定义完连接和约束后，需要在原动件上添加驱动器（伺服电动机）才能驱动机构运动。

首先选择【应用程序】/【机构】命令，进入【机构】工作界面；然后选择【插入】/【伺服电动机】命令，或者单击特征工具栏中的【伺服电动机】按钮 ，系统弹出【伺服电动机定义】对话框，如图 5-2 所示。

1. 名称选项组

【名称】选项组用于定义机构伺服电动机名称，系统默认为"ServoMotor1"，也可以更改为其他名称。

2. 类型选项卡

【类型】选项卡用于定义伺服电动机的类型和方向等参数。【从动图元】选项组用于定义伺服电动机要驱动图

图 5-2 【伺服电动机定义】对话框

元的类型：连接轴、点、面等几何参数。

（1）点选【运动轴】单选按钮，系统弹出【选择】对话框，在3D模型中选取在【机械设计】模块中添加的连接轴，文本框中显示选取的连接轴，用于创建某一方向明确定义的运动；单击【反向】按钮，可更改电动机旋转方向。

（2）点选【几何】单选按钮，系统弹出【选取】对话框，在3D模型中选取运动的几何元素，可以是点或面。对于点或平面的伺服电动机，如果参照图元未被固定，则它也可能移动。伺服电动机仅指定从动图元相对于参照图元的相对运动，单击【反向】按钮可更改伺服电动机的运动方向。

图5-3　打开收集器

在点选【几何】单选按钮后，打开如图5-3所示的收集器。首先需要在模型中选择一个几何图元，接着选取【参照图元】和【运动方向】。若在【参照图元】收集器中输入了参照，则从动图元将相对于该参照并根据在【轮廓】选项卡上所指定的信息进行运动。如果选取点作为参照图元，则必须选取边或基准轴来定义方向。如果伺服电动机有旋转运动，则选取的图元应为旋转轴。

几何伺服电动机的选取对象及功能见表5-1。其中，前三种需要再选取一条直边来定义运动方向，后两种不需要。

【运动类型】为图元的运动建立方向基础，有平移和旋转两种类型。平移就是沿直线移动模型，不进行旋转；而旋转就是绕着某个轴移动模型。

3. 轮廓选项卡

【轮廓】选项卡用于定义伺服电动机的位置、转速、加速度等运动轮廓线，如图5-4所示。

表 5-1 选取对象及功能

选 取 对 象	功 能 说 明
从动点	参照点，平移
从动点	参照平面，旋转
从动平面	参照平面，旋转
从动点	参照平面，平移
从动平面	参照平面，平移

（1）【规范】选项组：在【规范】选项组的下拉列表框中有【位置】、【速度】和【加速度】3个选项，分别用来设置伺服电动机的位置、速度和加速度。

若在设置运动类型时选择为【运动轴】，则可单击【运动轴设置】按钮，在【运动轴】对话框中设置运动轴。

（2）【模】选项组：根据要在机构上施加的运动类型，可用多种方式定义伺服电动机的模。表5-2列出了用于生成模的各种类型的函数，需要输入函数的系数值。函数表达式中 x 的值由模拟时间提供，而对于执行电动机，则由模拟时间和选取的测量提供。

表 5-2　　　　　　　　　　　【模】下拉列表中各选项及含义

函数类型	含　义	设置
常数（Constant）	轮廓为恒定值，其方程为　$y=A$	A 为常数
斜坡（Ramp）	轮廓随时间做线性变化，其方程为　$y=A+Bt$	A 为截距，B 为斜率
余弦（Cosine）	轮廓随时间做余弦曲线变化，其方程为 $$y=A\cos(360t/T+B)+C$$	A 为幅值，B 为相位 C 为截距，T 为周期
正弦—常数—余弦—加速度（SCCA）	模拟凸轮轮廓输出。只有选中"加速度"后才可使用"SCCA"，此轮廓不适用于执行电动机。其方程为 当 $0\leqslant t\leqslant A$ 时，$y=H\sin[t\pi i/(2A)]$ 当 $A\leqslant t<(A+B)$ 时，$y=H$ 当 $(A+B)\leqslant t<(A+B+2C)$ 时，$y=H\cos[(t-A-B)\pi i/(2C)]$ 当 $(A+B+2C)\leqslant t<(A+2B+2C)$ 时，$y=-H$ 当 $(A+2B+2C)\leqslant t<2(A+B+C)$ 时，$y=H\sin[(t-2A-2B-2C)\pi i/(2A)]$	A 为渐增加速度归一化时间部分，B 为恒定加速度归一化时间部分，C 为递减加速度归一化时间部分，且 $A+B+C=1$；H 为幅值，T 为周期
摆线（Cycloidal）	模拟凸轮轮廓输出，方程为　$y=Lt/T-L\sin(2\pi it)/(2\pi i)$	L 为总高度，T 为周期
抛物线（Parabolic）	模拟电动机的轨迹，其方程为 $$Y=At+0.5Bt^2$$	A 为线性系数，B 为二次项系数
多项式（Polynomial）	一般的电动机轮廓，其方程为 $$Y=A+Bt+Ct^2+Dt^3$$	A 为常数项，B 为线性项系数，C 为二次项系数，D 为三次项系数
表（Table）	利用两列表格中的值生成模。如果已将测量结果输出到表中，此时就可以使用该表	
用户定义的（User Defined）	指定由多个表达式段定义的任一种复合轮廓	

（3）【图形】选项组：以图形形式表示轮廓，使之以更加直观的方式来查看。

选择【绘图】按钮⬚，系统弹出【图形工具】对话框。例如，在【模】下拉列表框中选择【抛物线】选项，在"A"文本框中输入"10"，在"B"文本框中输入"5"，勾选【位置】复选框，单击选择【绘图】按钮⬚，系统弹出图 5-5 所示的抛物线位置轮廓。

图 5-4　【轮廓】选项卡

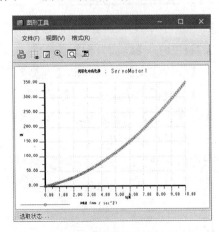

图 5-5　抛物线位置轮廓

【图形工具】对话框中各按钮的功能：【打印图形】按钮 🖶 用于打印当前图中的图形；【切换栅格线】按钮 ▦ 用于切换当前图形窗口中是否显示栅格；【重画当前视图】按钮 ▨ 用于重新调整当前视图中图形以合适的比例显示；【放大】按钮 🔍 用于将图形放大，以利于观察图形；【重新调整】按钮 ▨ 用于重新调整当前视图中图形以合适的比例显示；单击【格式化图形对话框】按钮 🖻，系统弹出【图形窗口选项】对话框，通过该对话框，用户可利用【X轴】、【Y轴】、【数据系列】和【图形显示】四个选项卡对输出图形的坐标轴、数据格式和图形显示样式进行设置。

另外，用户分别勾选【图形】选项组中的【位置】、【速度】和【加速度】复选框，表示【图形工具】窗口中将只显示伺服电动机的【位置】、【速度】和【加速度】随时间变化的曲线；如果【位置】、【速度】和【加速度】三个复选框都勾选上，且【在单独图形中】复选框没有勾选上，表示伺服电动机的【位置】、【速度】和【加速度】随时间变化的曲线将共用一个坐标系，而勾选上【在单独图形中】复选框，则表示【位置】、【速度】和【加速度】随时间变化的曲线将显示在三个坐标系中。

四、执行运动仿真

在不考虑力、质量和惯量的情况下，仅对机构进行运动分析时，可以使用运动和位置两种类型。由于仅考虑机构的运动，所以这两种类型不需要指定质量属性、弹簧、阻尼器、重力、力/力矩、执行电动机等外部载荷，即【外部载荷】选项卡为灰色不可用状态。位置分析和运动分析使用方法相同，两种方法的对比见表 5-3。

表 5-3　　　　　　　　　　　　　　　位置分析和运动分析比较

可分析的项目	运动分析	位置分析
位置	√	√
速度、加速度	√	×
运动干涉	√	√
轨迹曲线	√	√
运动包络	√	√

运动分析的执行过程如下：选择菜单栏中【分析】/【机构分析】命令，或者单击【运动】工具栏中的【机构分析】按钮 ▨，系统弹出如图 5-6 所示的【分析定义】对话框。

在【分析定义】对话框中【类型】下拉列表框中选择【运动】选项，在【终止时间】文本框中输入分析的结束时间，【帧频】文本框中输入动画显示的帧频值。

单击【运行】按钮，系统开始运动仿真。

五、查看和分析结果

查看是对分析结果进行回放、测量等操作，而分析结果是机构分析的主要目的。对仿真结果进行回放、测量、轨迹曲线等表达，有利于对机构运动进行直观分析，从而优化设计结果。

1. 回放

【回放】是对机构进行运动干涉检测、创建运动包络和动态影像捕捉等的工具。选择菜单栏中的【分析】/【回放】命令，或者单击【运动】工具栏上的【回放】按钮 ◀▶ ，系统弹出【回放】对话框，如图 5-7 所示。

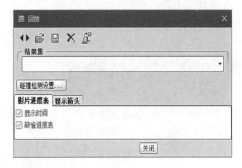

图 5-6 【分析定义】对话框　　　　　　　　　　图 5-7 【回放】对话框

2. 测量

【测量】是测量机构运动过程中精确的参数。选择菜单栏中的【分析】/【测量】命令，或单击【运动】工具栏上的【测量】按钮 🔳 ，系统弹出【测量结果】对话框，如图 5-8 所示。

3. 轨迹曲线

【轨迹曲线】是运动机构中主体上的点相对于零件生成的运动曲线。选择菜单栏中的【插入】/【轨迹曲线】命令，系统弹出【轨迹曲线】对话框，如图 5-9 所示。

图 5-8 【测量结果】对话框　　　　　　　　　　图 5-9 【轨迹曲线】对话框

第二节　机构运动仿真实例

一、曲柄连杆机构运动仿真

创建四缸发动机中的曲柄连杆机构，结果如图 5-10 所示。然后对该机构进行运动仿真，机构创建及整个运动仿真的具体过程如下。

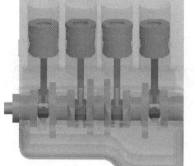

1. 创建机构

（1）新建一个名为"qubing_jigou"的装配件，采用毫米（mm）、牛顿（N）和秒（s）单位制，进入 Pro/E 的装配模块，如图 5-11 所示。

（2）如图 5-12 所示，利用预定义的连接集放置第一个零件（基础），具体操作过程如下：

1）选择【插入】/【元件】/【装配】命令，或者单击特征工具栏中的【装配】按钮，然后在系统弹出的【打开】对话框中选取零件"gangti"后，单击【打开】按钮，系统立即在绘图区中调入该零件。

图 5-10　创建的曲柄连杆机构

图 5-11　新建装配文件及单位设置

2）同时系统还弹出装配操控板，要求用户将打开的零件按照一定的装配约束关系进行空间定位，单击常规装配约束类型中的【缺省】按钮，表示系统将在默认位置装配该元件，即将该零件定义为机构的基础主体。

3）最后单击装配操控板中的【确定】按钮，即可确定该零件的空间装配位置，也就是完成了第一个零件的放置。

（3）隐藏零件"gangti"和"quzhou_1"中的相关轴线，为气缸体和曲轴的装配做准备。

1）单击工具栏上的【轴显示】按钮，显示气缸体模型上的所有轴线；然后单击【层】按钮，在模型树窗口中选择零件"GANGTI.PRT"；最后双击"02_PRT_ALL_AXES"图层，并选中打开列表中除 F11（旋转_1）外的所有项目，单击鼠标右键，在弹出

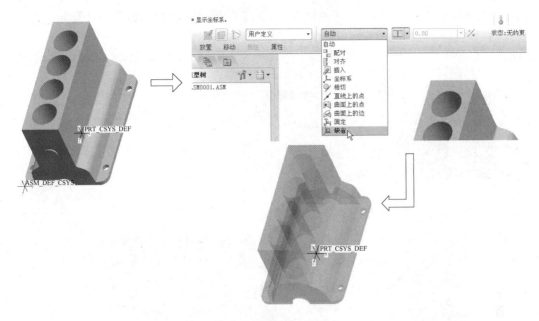

图 5-12　放置第一个零件

的快捷菜单中选择【隐藏】命令，即将除轴线 A_1 外的所有轴线隐藏，并将文件保存。气缸体上轴线的隐藏过程如图 5-13 所示。

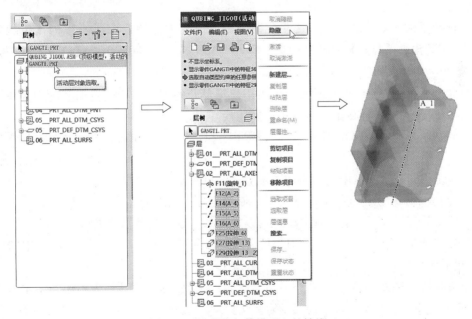

图 5-13　隐藏气缸体模型上的轴线

2）打开"quzhou_1"文件，采用同样的方法，将除轴线 F6 外的所有轴线都隐藏，并将文件保存。其他零件也用上述方法，将除装配所用轴线外的所有轴线隐藏，以后不再赘述。

（3）调入零件"quzhou_1"并创建第一个销钉的轴对齐约束，如图 5-14 所示。

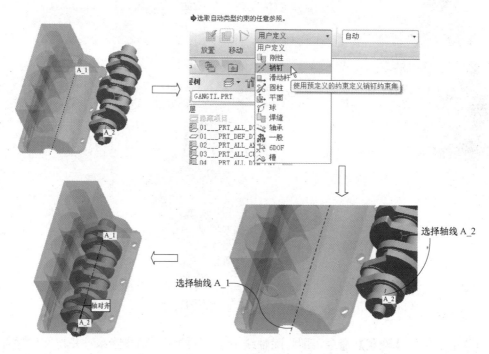

图 5-14　创建第一个销钉连接的轴对齐约束

1）选择【插入】/【元件】/【装配】命令，或者单击特征工具栏中的【装配】按钮，在系统弹出的【打开】对话框中选取零件"quzhou_1"后，单击【打开】按钮，系统立即在绘图区中调入该零件。

2）同时系统还弹出装配操控板，要求用户将打开的零件按照一定的装配约束关系进行空间定位，单击预定义连接集中的【销钉】连接方式。

3）分别选择零件"QUZHOU_1.PRT"和"GANGTI.PRT"中的轴线 A_2 和 A_1。

4）系统立即在绘图区中显示添加了轴对齐约束后的装配效果。

（4）创建第一个销钉连接的平移约束，如图 5-15 所示。

1）单击装配操控板中的放置菜单，可以发现系统自动选择了"平移"约束条件。

2）分别选择图 5-15 中零件"QUZHOU_1.PRT"和"GANGTI.PRT"中的两个表面，创建平移约束。

（5）此时，系统在装配操控板中显示"状态：完成连接定义"，表示第一个销钉连接已经定义完成。单击装配操控板中的【确定】按钮，确认上述定义，结果如图 5-16 所示。

（6）隐藏和取消隐藏轴线，为第二个销钉连接做准备。

1）在模型树窗口中选择零件"GANGTI.PRT"，双击"02_PRT_ALL_AXES"图层，在打开的列表中将 F11（旋转_1）隐藏，并将 F16（A6）取消隐藏。

2）用同样的方法，将零件"quzhou_1"中的轴线 F6 隐藏，并取消轴线 F28（拉伸_6_2）的隐藏状态，最后保存文件。

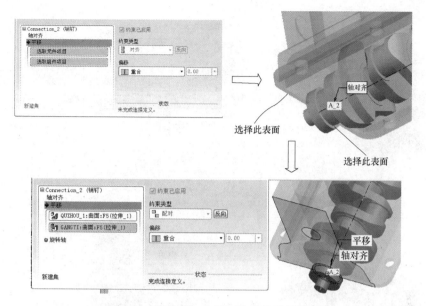

图 5-15　创建第一个销钉连接的平移约束

（7）调入零件"lian_gan"，创建第二个销钉连接的轴对齐约束，如图 5-17 所示。

1）选择【插入】/【元件】/【装配】命令，或者单击特征工具栏中的【装配】按钮，在系统弹出的【打开】对话框中选取零件"liangan_1"后，单击【打开】按钮，系统立即在绘图区中调入该零件。

2）同时系统还弹出装配操控板，要求用户将打开的零件按照一定的装配约束关系进行空间定位，单击预定义连接集中的【销钉】连接方式。

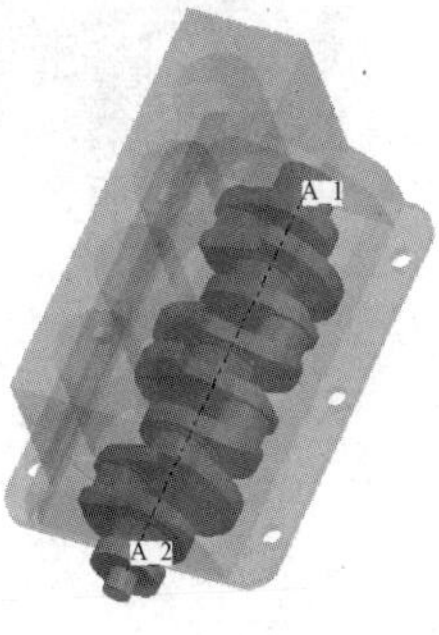

图 5-16　第一个销钉连接
完成后的装配件

3）分别选择零件"QUZHOU_1.PRT"和"LIANGAN_1.PRT"中的轴线 A_17 和 A_1。

4）系统立即在绘图区中显示添加了轴对齐约束后的装配效果。

（8）创建第二个销钉连接的平移约束，如图 5-18 所示。

1）单击装配操控板中的放置菜单，可以发现系统自动选择了"平移"约束条件。

2）分别选择图 5-18 中零件"QUZHOU_1.PRT"和"LIANGAN_1.PRT"中的两个表面，创建平移约束。

（9）此时，系统在装配操控板中显示"状态：完成连接定义"，表示第二个销钉连接已经定义完成。单击装配操控板中的【确定】按钮，确认上述定义，结果如图 5-19 所示。

（10）隐藏和取消隐藏轴线，为"liangan_2"的常规装配做准备。

1）在模型树窗口中选择零件"LIANGAN_2.PRT"，双击"02_PRT_ALL_AXES"图层，在打开的列表中将 F11（旋转_1）隐藏，将 F16（拉伸_6）隐藏，取消 F8（拉伸 4）和 F10（拉伸_4_2）的隐藏状态。

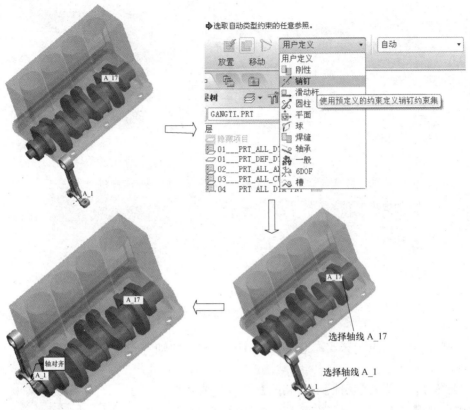

图 5-17　创建第二个销钉连接的轴对齐约束

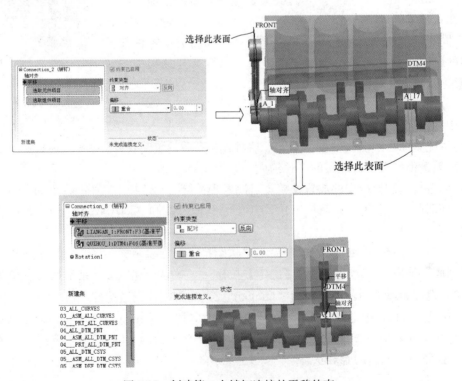

图 5-18　创建第二个销钉连接的平移约束

2）用同样的方法，将零件"quzhou _ 1"中的轴线 F28（拉伸 _ 6 _ 2）隐藏，最后保存文件。

（11）向装配件中继续调入固定零件"liangan _ 2"并进行常规装配，首先施加配对约束，操作过程如图 5-20 所示。

1）选择【插入】/【元件】/【装配】命令，或者单击特征工具栏中的【装配】按钮 ，然后在系统弹出的【打开】对话框中选取零件"liangan _ 2"后，单击【打开】按钮。系统立即在绘图区中调入该零件，同时系统还弹出装配操控板。

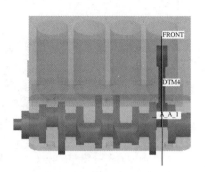

图 5-19　第二个销钉连接完成后的装配件

2）单击【约束类型】下拉列表框，并选取【配对】作为要采用的约束类型。

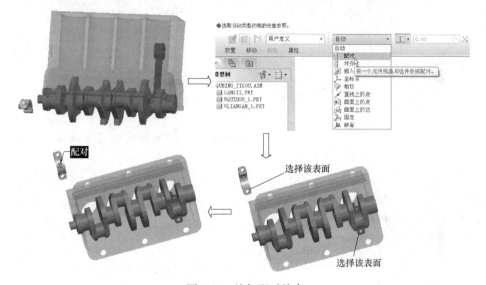

图 5-20　施加配对约束

3）分别选择零件"LIANGAN _ 1. PRT"和"LIANGAN _ 2. PRT"中的两个平面。

4）系统立即在绘图区中显示添加了配对约束后的装配效果。

（12）添加两个轴对齐约束，完成零件"lian _ gan2"的常规装配，操作过程如图 5-21 所示。

1）单击工具栏上的【轴显示】按钮 ，绘图区中显示没有隐藏的轴线。

2）单击装配操控板中的【放置】菜单，在弹出的面板中单击【新建约束】命令。分别选择零件"liangan _ 1"和"liangan _ 2"上的轴线 A _ 2 和 A _ 6，系统立即在绘图区显示添加了第一个轴对齐约束后的效果。

3）同理，在【放置】菜单的上滑面板中单击【新建约束】命令。分别选择零件"liangan _ 1"和"liangan _ 2"上的轴线 A _ 3 和 A _ 7，系统立即在绘图区显示添加了第二个轴对齐约束后的效果。

（13）单击【装配】操控板中的【确定】按钮 ，完成"liangan _ 2"的常规装配。零件"lian _ gan2"常规装配后的效果如图 5-22 所示。

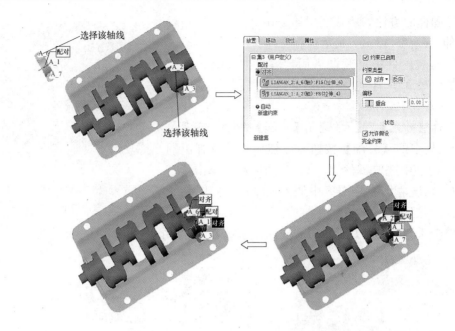

图 5-21　施加轴对齐约束

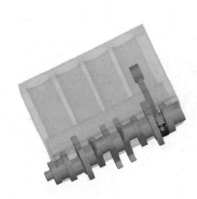

图 5-22　常规装配后的效果

　　（14）隐藏和取消隐藏轴线，为"huosai"的圆柱连接做准备。

　　1）在模型树窗口中选择零件"LANGAN_1.PRT"，双击"02_PRT_ALL_AXES"图层，在打开的列表中将 F8（拉伸 4）和 F10（拉伸_4_2）隐藏，取消 F12（拉伸 6）的隐藏状态。

　　2）用同样的方法，取消零件"GANGTI.PRT"中的轴线 F16（A_6）的隐藏状态，最后保存文件。

　　（15）调入零件"huosai"，然后创建第一个圆柱连接，操作过程如图 5-23 所示。

　　1）选择【插入】/【元件】/【装配】命令，或者单击特征工具栏中的【装配】按钮 ，然后在系统弹出的【打开】对话框中选取零件"huosai"后，单击【打开】按钮，系统立即在绘图区中调入该零件。

　　2）同时系统还弹出装配操控板，要求用户将打开的零件按照一定的装配约束关系进行空间定位，单击预定义连接集中的【圆柱】连接方式。

　　3）分别选择零件"LIANGAN_1.PRT"和"HUOSAI.PRT"中的轴线 A_4 和 A_5。

　　4）系统立即在绘图区中显示添加了轴对齐约束后的装配效果。

　　（16）接下来创建第二个圆柱连接，操作过程如图 5-24 所示。

　　1）在装配操控板中选择【放置】菜单中的【新建集】选项，表示将添加另一个连接。

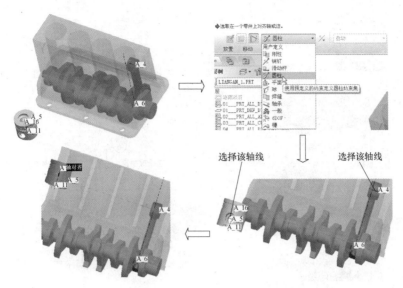

图 5-23 施加第一个圆柱连接

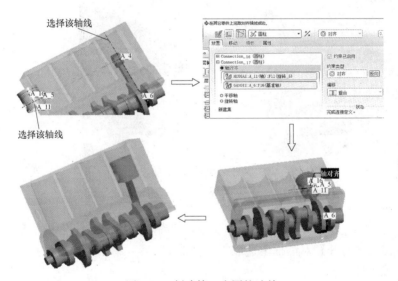

图 5-24 创建第二个圆柱连接

2）分别选择零件"GANGTI. PRT"和"HUOSAI. PRT"中的轴线 A_6 和 A_11。

3）系统立即在绘图区中显示添加了轴对齐约束后的装配效果。

（17）利用与上述装配连杆和活塞相同的方法，装配另外三个缸的连杆和活塞，结果如图 5-25 所示。

（18）调入零件"dike"进行常规装配，操作过程如图 5-26 所示。

1）单击工具栏上的【轴显示】按钮，关闭绘图

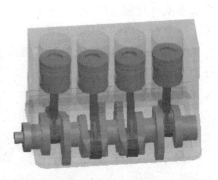

图 5-25 连杆和活塞完全装配后

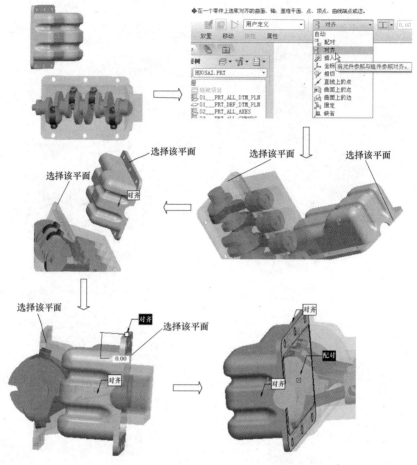

图 5-26　零件 "dike" 的常规装配过程

区中轴线的显示。

2) 选择【插入】/【元件】/【装配】命令，或者单击特征工具栏中的【装配】按钮，然后在系统弹出的【打开】对话框中选取零件 "dike" 后，单击【打开】按钮，系统立即在绘图区中调入该零件。

3) 单击装配操控板中的【约束类型】下拉列表框，在弹出的下拉列表中选择【对齐】约束选项。分别选择零件 "gangti" 和 "dike" 上的对应表面，系统立即在绘图区显示添加了第一个面对齐约束后的效果。

4) 单击装配操控板中的【放置】菜单，在弹出的上滑面板中单击【新建约束】命令。分别选择零件 "gangti" 和 "dike" 上的对应表面，系统立即在绘图区显示添加了第二个面对齐约束后的效果。

5) 同理，在【放置】菜单的上滑面板中单击【新建约束】命令。分别选择零件 "gangti" 和 "dike" 的下端面和上端面，系统在装配操控板中显示 "状态：完成连接定义"，表示油底壳的常规装配已经完成。单击装配操控板中的【确定】按钮，确认上述装配。

(19) 零件 "dike" 常规装配后的效果如图 5-27 所示。

2. 机构设置

(1) 检查机构。当进行机构连接后，是否能够按照设计目标运动，就要检查模型的装配与连接是否合理。检查模型的命令就是拖动。

1) 选取菜单栏中的【应用程序】/【机构】命令，Pro/E系统立即进入机构模块的操作界面。

2) 选择菜单栏中的【视图】/【加亮主体】命令，或者单击特征工具栏中的【加亮主体】按钮，系统在绘图区中将主体加亮显示，如图5-28所示。

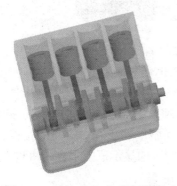

图 5-27　零件"dike"常规装配后

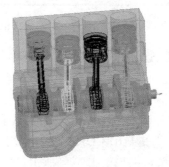

图 5-28　加亮主体

3) 单击【已命名的视图列表】按钮，然后在弹出的列表框中选择【FRONT】选项。

4) 选择【视图】/【方向】/【拖动元件】命令，或者单击工具栏上的【拖动元件】按钮，系统弹出【拖动】对话框和【选取】对话框，在零件"LIANGAN_1"底部附近选取一点（远离垂直中心线），如图5-29所示。

5) 在【选取】对话框中，单击【确定】按钮，移动鼠标，模型运动如图5-30所示。

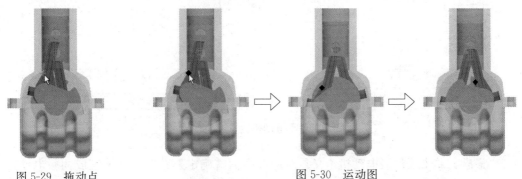

图 5-29　拖动点

图 5-30　运动图

6) 单击【拖动】对话框中的【关闭】按钮，完成模型的拖动。

(2) 添加伺服电动机。

1) 选择菜单栏中的【插入】/【伺服电动机】命令，或者单击特征工具栏中的【伺服电动机】按钮，系统弹出【伺服电动机定义】对话框，如图5-31所示。在【类型】选项卡的【从动图元】选项组中选中【运动轴】单选按钮，单击【选取】按钮，在3D模型中选择伺服电动机旋转轴，如图5-32所示。

图 5-31　【伺服电动机定义】对话框

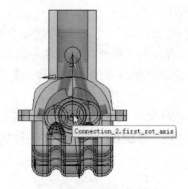

图 5-32　选择运动轴

2）在【伺服电动机】对话框中，单击【轮廓】按钮，选择【规范】下拉列表框中的【速度】选项，选择【模】下拉列表框中的【常数】选项，在【A】文本框中输入"60"，在【图形】选项区域中选中【位置】复选框，同时取消【速度】选项的选中状态，最后单击【绘图】按钮。系统在【图形工具】窗口中默认显示伺服电动机在 10s 内的位移/时间曲线，此时可在【图形工具】窗口中调整"X 轴"和"Y 轴"的显示范围来显示机构在 12s 内的位移曲线，结果如图 5-33 所示。

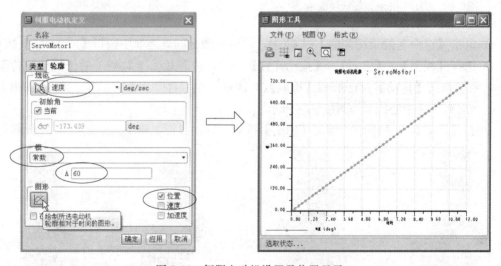

图 5-33　伺服电动机设置及位置显示

3）最后，单击【伺服电动机定义】对话框中的【确定】按钮，系统完成伺服电动机的创建。

3. 执行运动仿真

（1）选择菜单栏中的【分析】/【机构分析】命令，或者单击特征工具栏中的【机构分析】按钮，系统弹出【分析定义】对话框，如图 5-34 所示。在【名称】文本框中保持系统默认名称，在【类型】选项区域中选择【运动】选项，在【首选项】选项卡中保持系统的默认设置。

（2）如图 5-35 所示，在【分析定义】对话框的【电动机】选项卡中确保列出了伺服电动机"ServoMotor1"。如果未列出，则可单击【添加】按钮 ，然后添加伺服电动机 "ServoMotor1"。最后，单击【运行】按钮。

图 5-34　【分析定义】对话框设置

图 5-35　电动机选项卡

（3）曲柄连杆机构的曲轴零件在伺服电动机的驱动下开始回转运动两周，曲轴零件在回转的同时带动整个机构进行运动仿真。

（4）最后单击【分析定义】对话框中的【确定】按钮，完成运动仿真。

4. 查看和分析结果

（1）将运动分析结果保存为回放文件，并查看曲柄连杆机构的运动分析结果，如图 5-36 所示。

1）选择【分析】/【回放】命令，或者单击特征工具栏中的【回放】按钮 ，系统弹出【回放】对话框。在【播放当前结果集】下拉列表框中系统自动选择了前面的分析结果文件"AnalysisDefinition1"，单击对话框中的【回放】按钮 。

2）系统弹出【动画】对话框，单击【播放】按钮 ▶ 。

3）曲柄连杆机构中的曲轴零件在伺服电动机的驱动下开始回转运动，曲轴零件在回转的同时，带动整个机构进行运动仿真。当曲轴零件回转两周后，机构自动重新开始进行运动仿真。

4）单击【回放】对话框中的【关闭】按钮，系统便停止机构的运动仿真。

5）系统重新返回到【回放】对话框，单击对话框中的【保存】按钮 ，在弹出的【保存分析结果】对话框中单击【保存】按钮，可将分析结果保存为"AnalysisDefinition1. pbk"文件。

6）单击【回放】对话框中的【关闭】按钮，完成机构的结果回放。

（2）测量和分析运动结果，结果如图 5-37 所示。

1）选择【分析】/【测量】命令，或者单击特征工具栏中的【测量】按钮 ，系统弹

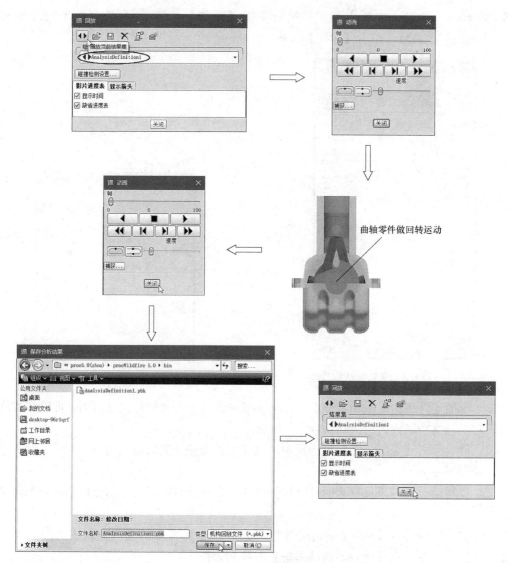

图 5-36　保存运动分析结果为回放文件

出【测量结果】对话框。

2）单击对话框中的【新建】按钮 □ 。系统弹出【测量定义】会话框，保持系统默认的 "measure1" 作为名称，在【类型】下拉列表框中选择【位置】选项。

3）在绘图区中选择零件 "HUOSAI" 上的一个顶点。

4）在【坐标系】选项区域中保持 "WCS" 作为坐标系，在【分量】下拉列表框中选择【Y 分量】选项，在【评估方法】下拉列表框中选择【每个时间步长】选项，最后单击【确定】按钮。

5）系统返回【测量结果】对话框，在【图形类型】选项区域中选择【测量对时间】选项，在【测量】选项区域中选择【measure1】选项，在【结果集】选项区域中选择【AnalysisDefinition1】选项，最后单击对话框中的【绘图】按钮 ⊠ 。系统立即在【图形工具】窗口中显示测量结果为一条正弦曲线。

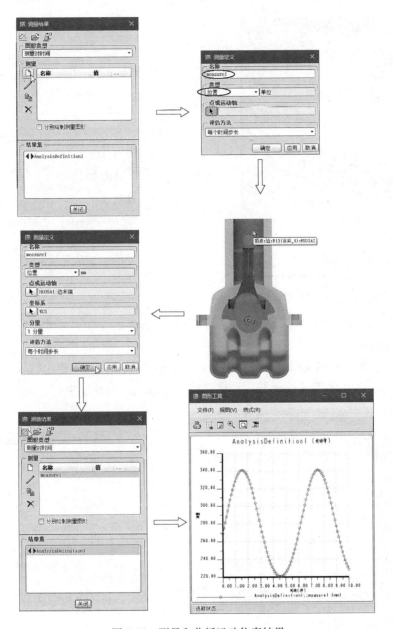

图 5-37 测量和分析运动仿真结果

6）单击【测量结果】对话框中的【关闭】按钮，如图 5-38 所示。

至此，已顺利完成了曲柄连杆机构的运动仿真。

5. 打开并回放运动仿真结果

打开刚创建的曲柄连杆机构模型"qubing_jigou"，然后打开上面保存的运动仿真结果文件"AnalysisDefinition1.pbk"，重新观察运动仿真的结果。具体步骤如下：

（1）首先打开曲柄连杆机构模型"qubing_jigou"，然后选择【应用程序】/【机构】命令，Pro/E 系统立即进入机构模块的操作界面，最后单击机构工具栏中的【回放】按钮。

（2）在系统弹出的【回放】对话框中单击【打开】按钮，如图 5-39 所示。

图 5-38　【测量结果】对话框

图 5-39　【回放】对话框

（3）在弹出的【选择回放文件】对话框中，选择前面保存过的"AanalysisDefinition1.pbk"文件，单击【打开】按钮。

（4）系统重新返回到【回放】对话框，如图 5-40 所示单击对话框中的【回放】按钮◆▶。系统弹出如图 5-41 所示的【动画】对话框，然后通过该对话框即可重新观察曲柄连杆机构的运动仿真结果。

图 5-40　选择回放文件后的【回放】对话框

图 5-41　【动画】对话框

二、配气机构运动仿真

创建四缸发动机配气机构中的排气机构，结果如图 5-42 所示。然后对该机构进行运动仿真，机构创建及整个运动仿真的具体过程如下。

1．创建机构

（1）首先创建排气门组从动件，该从动件由排气门、气门弹簧、气门座、气门锁片和挺柱组成。新建一个名为"qimenzu"的装配件，采用毫米（mm）、牛顿（N）和秒（s）单位制，进入 Pro/E 的装配模块。

（2）如图 5-43 所示，利用常规装配约束放置第一个零件"valve_ex"，具体操作过程如下。

1）选择【插入】/【元件】/【装配】命令，或者单击特征工具栏中的【装配】按钮

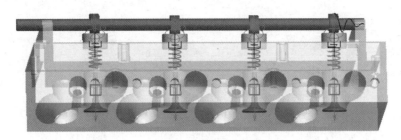

图 5-42　创建的排气机构

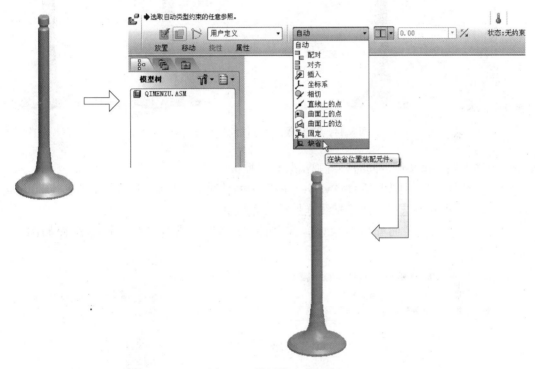

图 5-43　放置第一个零件

，然后在系统弹出的【打开】对话框中选取零件"valve _ ex"后，单击【打开】按钮，系统立即在绘图区中调入该零件。

2) 同时系统还弹出装配操控板，要求用户将打开的零件按照一定的装配约束关系进行空间定位，单击常规装配约束类型中的【缺省】按钮，表示系统将在默认位置装配该元件。

3) 最后单击装配操控板中的【确定】按钮，即可确定该零件的空间装配位置，也就是完成了第一个零件的放置。

（3）如图 5-44 所示，向装配件中调入第二个零件"lock"并进行常规装配，首先施加第一个轴对齐约束。

1) 选择【插入】/【元件】/【装配】命令，或者单击特征工具栏中的【装配】按钮，然后在系统弹出的【打开】对话框中选取零件"lock"后，单击【打开】按钮，系统立

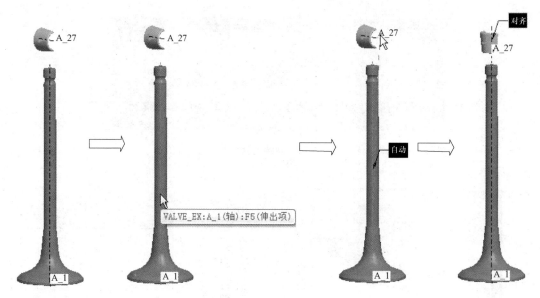

图 5-44　装配第二个零件的轴对齐约束

即在绘图区中调入该零件，同时系统弹出装配操控板。

2）在绘图区中分别选择零件 "valve_ex" 中的轴线 A_1 和 "lock" 中的轴线 A_27。

3）系统立即对所选择的两条轴线施加轴对齐约束。

（4）添加第二个平面配对约束，完成零件 "lock" 的常规装配，操作过程如图 5-45 所示。

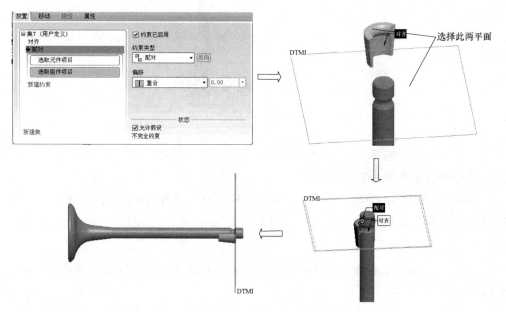

图 5-45　装配第二个零件的平面配对约束

1）在装配操控板中的【放置】菜单上滑面板中选择【新建约束】选项，【约束类型】选择【配对】选项，【偏移】类型选择【重合】选项，同时打开【平面显示】按钮 ⬜。

2）在绘图区中分别选择零件"valve _ ex"中的平面DTM _ 1 和"lock"中的上表面。

3）系统立即对所选择的两条轴线施加平面配对约束。

4）最后单击装配操控板中的【确定】按钮☑，即可确定该零件的空间装配位置，也就是完成了第二个零件的放置。

（5）如图5-46所示，向装配件中调入第三个零件"lock"并进行常规装配。

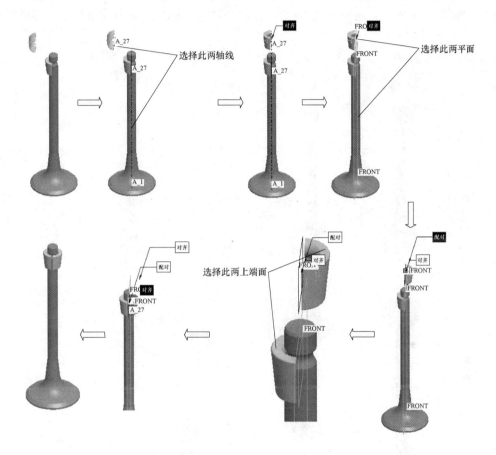

图 5-46　向装配件中添加第三个零件"lock"

1）选择【插入】/【元件】/【装配】命令，或者单击特征工具栏中的【装配】🔧，然后在系统弹出的【打开】对话框中选取零件"lock"后，单击【打开】按钮，系统立即在绘图区中调入该零件，同时系统弹出装配操控板。

2）单击【轴显示】按钮📏以显示轴线，在绘图区中分别选择零件"valve _ ex"中的轴线 A _ 1 和"lock"中的轴线 A _ 27，系统立即对所选择的两条轴线施加轴对齐约束。

3）单击【轴显示】按钮📏和【平面显示】按钮🔲，以关闭轴线显示，并打开平面的显示，在装配操控板中的【放置】菜单上滑面板中选择【新建约束】选项，【约束类型】选择【配对】选项，【偏移】类型选择【重合】选项。

4）在绘图区中分别选择零件"valve _ ex"中的平面 FRONT 和"lock"中的平面 FRONT，系统立即对所选择的两个平面施加平面配对约束。

5）在装配操控板中的【放置】菜单上滑面板中选择【新建约束】选项，【约束类型】选择【对齐】选项，【偏移】类型选择【重合】选项，分别选择前后加载的两个零件"lock"的上端面，系统立即对所选择的两个平面施加平面对齐约束。

6）最后单击装配操控板中的【确定】按钮，即可确定该零件的空间装配位置，也就是完成了第三个零件的放置。

（6）如图 5-47 所示，向装配件中调入第四个零件"seat"并进行常规装配，具体操作步骤如下。

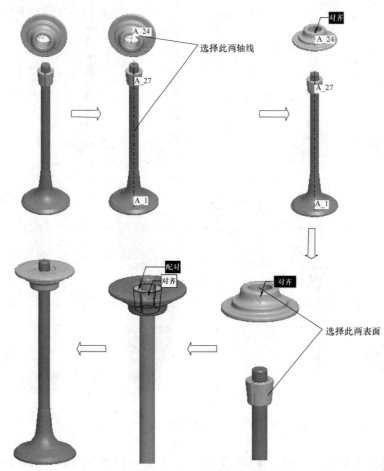

图 5-47　向装配件中添加第四个零件"seat"

1）选择【插入】/【元件】/【装配】命令，或者单击特征工具栏中的【装配】按钮，然后在系统弹出的【打开】对话框中选取零件"seat"后，单击【打开】按钮，系统立即在绘图区中调入该零件。

2）单击【轴显示】按钮以显示轴线，在绘图区中分别选择零件"valve_ex"中的轴线 A_1 和"seat"中的轴线 A_24，系统立即对所选择的两条轴线施加轴对齐约束。

3）单击【轴显示】按钮以关闭轴线显示，在装配操控板中的【放置】菜单上滑面板中选择【新建约束】选项，【约束类型】选择【配对】选项，【偏移】类型选择【重合】选项。

4）在绘图区中分别选择零件"lock"的外锥面和"seat"的内锥面，系统立即对所选择的两个锥面施加配对约束。

5）最后单击装配操控板中的【确定】按钮☑，即可确定该零件的空间装配位置，也就是完成了第四个零件的放置。

（7）如图 5-48 所示，向装配件中调入第五个零件"tingzhu"并进行常规装配，从而成功创建气门组从动件。

1）选择【插入】/【元件】/【装配】命令，或者单击特征工具栏中的【装配】按钮📳，然后在系统弹出的【打开】对话框中选取零件"tingzhu"后，单击【打开】按钮，系统立即在绘图区中调入该零件。

2）单击【轴显示】按钮📐以显示轴线，在绘图区中分别选择零件"valve_ex"中的轴线 A_1 和"tingzhu"中的轴线 A_1，系统立即对所选择的两条轴线施加轴对齐约束。

3）单击【轴显示】按钮☑以关闭轴线显示，在装配操控板中的【放置】菜单上滑面板中选择【新建约束】选项，【约束类型】选择【配对】选项，【偏移】类型选择【重合】选项。

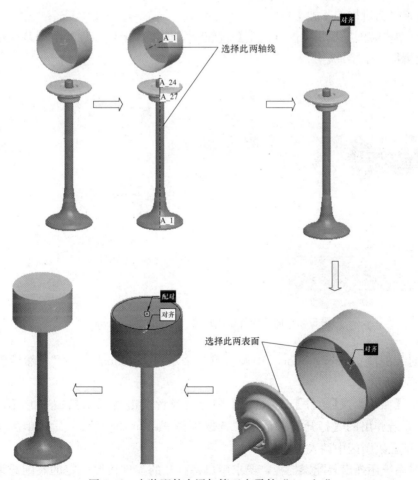

图 5-48　向装配件中添加第五个零件"tingzhu"

4）在绘图区中分别选择零件"valve ＿ ex"的上顶面和"tingzhu"的内底面，系统立即对所选择的两个平面施加平面配对约束。

5）最后单击装配操控板中的【确定】按钮 ☑，即可确定该零件的空间装配位置，也就是完成了第五个零件的放置。

6）将气门组装配件存盘。在主菜单中依次选择【文件】/【保存】命令或者单击工具条中的【保存】按钮 🖫，系统弹出【保存对象】对话框，直接单击【确定】按钮，将装配件以原来的文件名进行保存。

（8）创建凸轮机构。新建一个名为"paiqi ＿ jigou"的装配件，采用毫米（mm）、牛顿（N）和秒（s）单位制，进入 Pro/E 的装配模块。

（9）向装配件"paiqi ＿ jigou"中调入第一个零件"ganggai"，如图 5-49 所示。

1）选择【插入】/【元件】/【装配】命令，或者单击特征工具栏中的【装配】按钮 🖳，然后在系统弹出的【打开】对话框中选取零件"ganggai"后，单击【打开】按钮，系统立即在绘图区中调入该零件，同时系统还弹出装配操控板。

2）单击常规装配约束类型中的【缺省】按钮 🖳，表示系统将在默认位置装配该元件，即将该零件定义为机构的基础主体。

3）最后单击装配操控板中的【确定】按钮 ☑，即可确定该零件的空间装配位置，也就是完成了放置第一个零件。

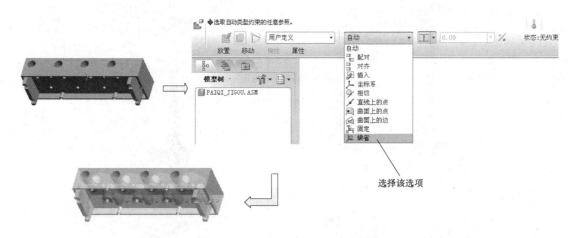

图 5-49　向装配件中添加第一个零件"ganggai"

（10）向装配件"paiqi ＿ jigou"中调入第二个零件"tulunzhou ＿ 2"，然后创建销钉连接，如图 5-50 所示。

1）选择【插入】/【元件】/【装配】命令，或者单击特征工具栏中的【装配】按钮 🖳，然后在系统弹出的【打开】对话框中选取零件"tulunzhou ＿ 2"后，单击【打开】按钮，系统立即在绘图区中调入该零件。

2）同时系统还弹出装配操控板，要求用户将打开的零件按照一定的装配约束关系进行空间定位，选择预定义的连接集中的【销钉】连接方式。

3）单击【轴显示】按钮 🖊 以显示轴线，在绘图区中分别选择零件"ganggai"中的轴线

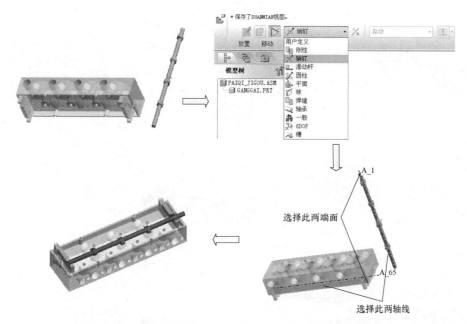

图 5-50　创建零件"tulunzhou＿2"装配的销钉连接

A＿65 和"tulunzhou＿2"中的轴线 A＿1，系统立即对所选择的两条轴线施加轴对齐约束。

4）在绘图区中分别选择零件"ganggai"的外端面和"tulunzhou＿2"的顶面，系统立即对所选择的两个平面施加平移约束。

5）最后单击装配操控板中的【确定】按钮✅，即可确定该零件的空间装配位置，也就是完成了第二个零件的放置。

（11）向装配件"paiqi＿jigou"中调入前面已经创建好的气门组从动件"qimenzu.asm"，然后创建滑动杆连接。如图 5-51 所示，首先创建滑动杆连接中的轴对齐约束。

1）隐藏"ganggai"中的轴线 A＿65 和"tulunzhou＿2"中的轴线 A＿1，取消隐藏"ganggai"中的轴线 A＿30、A＿32、A＿34 和 A＿36。

2）选择【插入】/【元件】/【装配】命令，或者单击特征工具栏中的【装配】按钮🖼，然后在系统弹出的【打开】对话框中选取装配件"qimenzu.asm"后，单击【打开】按钮。系统立即在绘图区中调入该组件，同时系统还弹出装配操控板。

3）选择预定义连接集中的【滑动杆】连接方式。

4）单击【轴显示】按钮📐以显示轴线，在绘图区中分别选择零件"ganggai"中的轴线 A＿36 和"valve＿ex"中的轴线 A＿1，系统立即对所选择的两条轴线施加轴对齐约束。

5）从图 5-51 可以看出，组件"qimenzu.asm"是倒着的，且与装配件"paiqi＿jigou.asm"发生了干涉。首先摆正"气门组"，选择装配操控板中的【移动】菜单上滑面板中的【运动类型】中的【旋转】选项，【旋转】中选择【光滑】选项，在组件"qimenzu.asm"中选择一点，手动拖动直到组件"qimenzu.asm"摆正位置；然后选择该面板中【运动类型】中的【平移】选项，手动拖动将"qimenzu.asm"平移到接近零件"tulunzhou＿2"的位置，这里没有必要精确定位，因后面要通过凸轮连接进行定位。

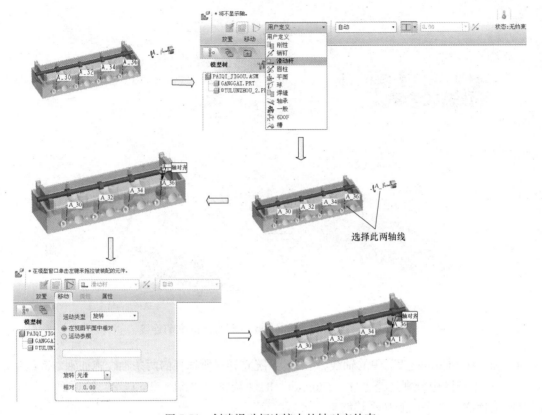

图 5-51　创建滑动杆连接中的轴对齐约束

（12）如图 5-52 所示，创建滑动杆连接中的旋转约束。

1）单击工具栏上的【轴显示】按钮 ，以关闭轴线的显示；隐藏组件"paiqi_jigou. asm"中除 DTM5、DTM34、DTM35 和 DTM36 外的所有平面显示，并隐藏组件"qimenzu. asm"中除 FRONT 外的所有平面显示。

2）单击工具栏上的【平面显示】按钮 ，在绘图区中分别选择零件"ganggai"中的平面 DTM36 和"valve_ex"中的平面 FRONT，系统立即对所选择的两条轴线施加旋转约束。

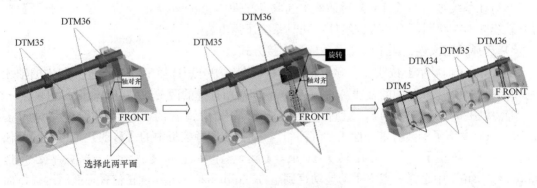

图 5-52　创建滑动杆连接中的旋转约束

　　最后单击装配操控板中的☑️按钮，即完成组件"qimenzu. asm"和组件"paiqi_jigou. asm"的滑动杆连接的定义。

　　（13）采用同样的方法，可完成其他三个组件"qimenzu. asm"和组件"paiqi_ jigou. asm"的滑动杆连接的定义，装配结果如图5-53所示。

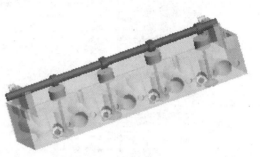

　　提示：要实现上述所装配的排气机构的运动仿真，需要对各气门组与凸轮建立凸轮连接；而凸轮曲面与挺柱的上表面是不能在Pro/E中直接采用选择两曲面的方式来建立凸轮连接，为此需要在四个凸轮和四个挺柱上建立相应的曲线，以采用选择两曲线的方式来建立凸轮连接。

图 5-53　全部滑动杆连接装配结果

　　（14）在零件"tulunzhou_2"上建立用于实现凸轮连接的四段曲线。

　　1）在模型树窗口中的零件"TULUNZHOU_2. PRT"上单击鼠标右键，在弹出的快捷菜单中选择【打开】命令，系统立即打开名为"TULUNZHOU_2. PRT"的零件文件。

　　2）以 FRONT 平面作为参照，并将其平移 106mm，建立一个凸轮位置处的平面DTM1；再将平面 DTM1 平移 134mm 建立平面 DTM2；然后将平面 DTM2 平移 132mm 建立平面 DTM3；最后将 DTM3 平移 134mm 建立平面 DTM4。平面建立的结果如图 5-54所示。

图 5-54　在凸轮轴上建立的四个平面

　　3）分别选择平面 DTM1 及其所在位置处的凸轮表面，然后选择【编辑】/【相交】命令，第一个凸轮上的曲线创建完成，同理创建其他三个凸轮上的曲线。曲线建立的结果如图 5-55 所示。

图 5-55　在凸轮轴上建立的四段曲线

　　（15）如图 5-56 所示，在零件"tingzhu. prt"上建立曲线。

　　1）展开模型树窗口中的组件"QIMENZU. ASM"，在零件"TINGZHU. PRT"上单击鼠标右键，在弹出的快捷菜单中选择【打开】命令，系统立即打开名为"TINGZHU. PRT"的零件。

　　2）首先单击工具栏中的【平面显示】按钮⊿，以显示基准平面；然后单击特征工具栏中的【草绘】按钮～，或者选择主菜单中的【插入】/【模型基准】/【草绘】命令，在打开的【草绘】对话框中选择 RIGHT 作为草绘平面，采用系统默认的参照平面，最后单击该

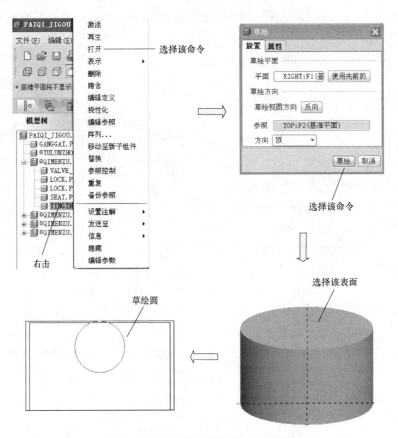

图 5-56　挺柱上曲线圆的创建过程

对话框中的【草绘】按钮，系统立即进入草绘模块。

3) 选择【草绘】/【参照】命令，打开【参照】对话框，选择零件"tingzhu.prt"的上表面。

4) 单击工具栏中的 按钮，调整视图方向。使用【圆心和点】按钮 绘制一个与零件"tingzhu.prt"的上表面相切的圆。

5) 首先单击草绘器右侧工具栏中的【确定】按钮 ，退出草绘模块，重新进入零件模块。然后单击工具栏中的【线框显示】按钮，以线框方式显示零件"tingzhu.prt"。

6) 保存该模型，并关闭零件"tingzhu.prt"文件，退回到组件"paiqi_jigou.asm"文件。

提示：曲线圆的大小和所选择的草绘平面的位置是没有关系的，但要保证草绘平面与零件"tingzhu.prt"的上表面垂直；曲线圆与零件"tingzhu.prt"的上表面相切，以确保凸轮表面与挺柱上表面接触。

(16) 选择【应用程序】/【机构】命令，Pro/E 系统立即进入机构模块的操作界面。现开始创建凸轮从动机构连接。图 5-57 所示为创建第一对凸轮从动机构连接的操作过程。

1) 选择【插入】/【凸轮】命令或者单击 按钮，在系统弹出的【凸轮从动机构连接定义】对话框中【凸轮 1】选项卡中选中【自动选取】复选框。

图 5-57　创建第一对凸轮从动机构连接

2）在绘图区中选择上面建立的一条凸轮曲线，然后单击鼠标中键或者单击【选取】对话框中的【确定】按钮确认。

3）然后在【凸轮从动机构连接定义】对话框的【凸轮 2】选项卡中选中【自动选取】

复选框。

4）在绘图区中选取与该凸轮相配合的挺柱上的曲线圆，然后单击鼠标中键或者单击【选取】对话框中的【确定】按钮确认。

5）最后单击【凸轮从动机构连接定义】对话框中的【确定】按钮，系统便成功创建了凸轮从动机构连接。

6）采用同样的方法，创建其他三对凸轮从动机构连接，结果如图 5-58 所示。

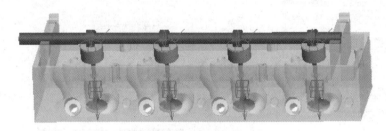

图 5-58　创建的凸轮从动机构连接

（17）单击 按钮，在凸轮轴零件"TULUNZHOU_2"上选取一点，鼠标拾取点出现一个黑色拖动控制句柄，此时无须再次单击鼠标，拖动该点即可拖动凸轮机构模型按预期方式运动。

（18）在弹簧座和气缸盖之间添加点至点弹簧。

1）选择【插入】/【弹簧】命令或者单击 按钮，系统弹出如图 5-59 所示的【弹簧定义】操控板。

图 5-59　弹簧定义操控板

2）选中【延伸或压缩弹簧】按钮，单击【参照】选项卡，在绘图区中分别选择零件"SEAT"和"GANGGAI"上的基准点 PNT2 和 PNT18，如图 5-60 所示。

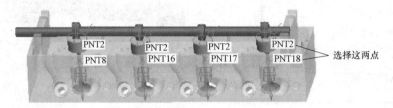

图 5-60　添加弹簧的选取点

3）单击【选项】选项卡，勾选【调整图标直径】复选框，在直径文本框中输入"20"。

4）在【弹簧定义】操控板中的【K】文本框中输入"100"，【U】文本框中输入"60"。

5）单击【弹簧定义】操控板中的【确定】按钮，完成弹簧的创建。

6）使用同样的方法，创建其他三个弹簧座和气缸盖之间的点至点弹簧，最终效果如图 5-61 所示。

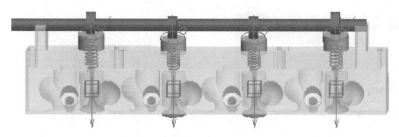

图 5-61 添加弹簧

（19）在弹簧座和气缸盖之间添加点至点阻尼器。

1）选择【插入】/【阻尼器】命令或者单击【阻尼器】按钮✕，系统弹出如图 5-62 所示的【阻尼器定义】操控板。

图 5-62 阻尼器定义操控板

2）选中【阻尼器平移运动】按钮─│，单击【参照】选项卡，在绘图区中分别选择如图 5-60 所示的零件 "SEAT" 和 "GANGGAI" 上的基准点 PNT2 和 PNT18。

3）单击【选项】选项卡，勾选【调整图标直径】复选框，在直径文本框中输入 "20"。

4）在【阻尼器定义】操控板中的【C】文本框中输入 "100"。

5）单击【阻尼器定义】操控板中的【确定】按钮✓，完成阻尼器的创建。

6）使用同样的方法，创建其他三个弹簧座和气缸盖之间的点至点阻尼器，最终效果如图 5-63 所示。

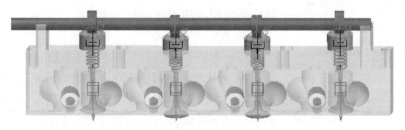

图 5-63 添加阻尼器

（20）创建伺服电动机以便驱动排气机构运动，如图 5-64 所示。

1）选择【插入】/【伺服电动机】命令，或者单击【伺服电动机】按钮，系统弹出【伺服电动机定义】会话框。

2）在【类型】选项卡的【从动图元】选项区域中，选中【运动轴】单选按钮，在绘图区中选择运动轴 Connection _ 6. first _ rot _ axis。

3）在【轮廓】选项卡的【规范】选项区域中选择【速度】选项，在【模】文本框中输入值 "60"，在【图形】选项区域中选中【位置】复选框，同时取消选中【速度】复选框的选中状态，可通过单击【绘图】按钮查看速度与时间的图线以检查设置正确与否。

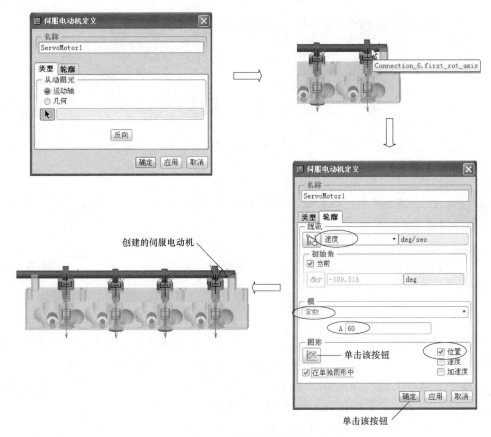

图 5-64　创建伺服电动机

图 5-65　【分析定义】对话框设置

4）单击【伺服电动机定义】对话框中的【确定】按钮，系统便成功创建伺服电动机。

2. 执行运动仿真

（1）单击"模型"工具栏上的【机构分析】按钮，或选择菜单栏中的【分析】/【机构分析】命令，系统弹出【分析定义】对话框，如图 5-65 所示。在【名称】文本框中保持系统默认名称，在【类型】选项区域中选择【运动】选项，在【首选项】选项卡中保持系统的默认设置。

（2）如图 5-66 所示，在【分析定义】对话框的【电动机】选项卡中确保列出了伺服电动机"ServoMotor1"。如果未列出，则可单击【添加】按钮，然后添加伺服电动机"ServoMotor1"。最后，单击【运行】按钮。

（3）排气机构的凸轮轴零件在伺服电动机的驱动下开始回转运动一周，凸轮轴零件在回转的同时带动整个机构进行运动仿真。

（4）单击【分析定义】对话框中的【确定】按钮，完成运动仿真。

3. 查看和分析结果

将运动分析结果保存为回放文件，并查看排气机构的运动分析结果，如图 5-67 所示。

（1）选择【分析】/【回放】命令，或者单击特征工具栏上的【回放】按钮 ◀▶，系统弹出【回放】对话框。在【播放当前结果集】下拉列表框中系统自动选择了前面的分析结果文件"AnalysisDefinition1"，单击对话框中的【回放】按钮 ◀▶。

（2）系统弹出【动画】对话框，单击【播放】按钮 ▶ 。

（3）排气机构中的凸轮轴在伺服电动机的驱动下开始回

图 5-66　【电动机】选项卡

转运动，同时带动整个机构进行运动仿真。当凸轮轴回转一周后，机构自动重新开始进行运动仿真。

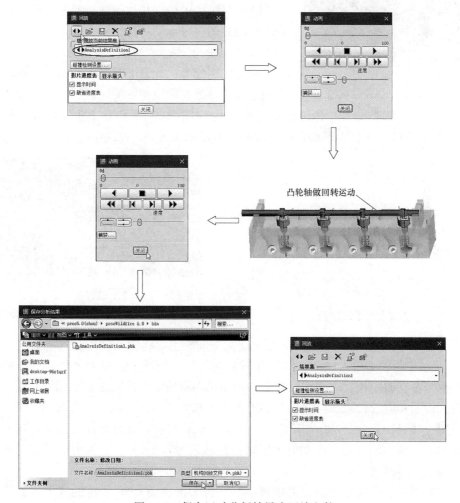

图 5-67　保存运动分析结果为回放文件

（4）单击【回放】对话框中的【关闭】按钮，系统停止机构的运动仿真。

（5）系统重新返回【回放】对话框，单击对话框中的【保存】按钮，在弹出的【保存分析结果】对话框中单击【保存】按钮，可将分析结果保存为"AnalysisDefinition1.pbk"文件。

（6）单击【回放】对话框中的【关闭】按钮，完成机构的结果回放。

4. 将装配件存盘

在主菜单栏中选择【文件】/【保存】命令，或者单击工具栏中的【保存】按钮，系统弹出【保存对象】对话框，直接单击【确定】按钮，将装配件以原来的文件名进行保存。

至此，已顺利完成了配气机构中的排气机构的运动仿真。

三、减速器运动仿真

图 5-68　创建的减速器机构

减速器主要由齿轮、轴、轴承及箱体组成，用于原动件和工作机械或执行机构之间起匹配转速和传递转矩的作用，其核心运动就是齿轮传动。在已创建的图 5-68 所示减速器机构模型（具体创建过程见第四章）的基础上，对该机构进行运动仿真。

1. 纠错分析

在对机构模型进行装配时，可能由于考虑不周或者其他原因，导致机构模型装配完成后，单击菜单栏中的【应用程序】/【机构】命令，Pro/E 系统会弹出如图 5-69 所示的【警告】对话框。单击【接受】按钮，系统进入机构模块，并在绘图区中显示如图 5-70 所示的模型。

图 5-69　【警告】对话框

图 5-70　进入机构模块后的模型

从图 5-69 和图 5-70 可以看出，问题出现在中间轴上，将中间轴附近区域放大，可以看出图 5-71 所示中间轴和输入轴中一对相互啮合的齿轮旋向反了，放大另外一处二轴相互啮合的齿轮也是存在旋向相反的问题。然后，利用第四章所采用的方法将中间轴和输入轴中的两对齿轮，以及相应的轴承、挡油环和轴承盖零件都重新装配好以后，再次单击菜单栏中的【应用程序】/【机构】命令，Pro/E 系统立即进入机构模块，而没有任何提示，同时可以看到中间轴和输入轴、输出轴上面都出现了销钉连接符号，如图 5-72 所示，表示上面的中间轴的连接问题已经解决。

另外，如果在装配过程中的约束处理不好，也会出现图 5-69 所示的【警告】提示。总之，系统提示如图 5-69 所示的【警告】对话框的问题，一般都是由装配环节中出现的问题造成的。

中间轴大齿轮　　输入轴小齿轮

图 5-71　机构装配问题

销钉连接符号

图 5-72　机构正确装配

2. 添加相切约束

从第四章二级减速器的装配过程可知，没有对各轴上相互啮合的齿轮添加相切约束，如图 5-73 所示。从图 5-73 可以看出，输入轴和中间轴相互啮合的齿轮存在干涉现象，问题就是由于模型装配过程中没有添加相啮合齿轮之间的相切约束。

对输入轴和中间轴上相互啮合的一对齿轮添加相切约束的过程如图 5-74 所示。

（1）如果系统在机构模块，则选择【应用程序】/【标准】命令，退出机构模块，重新进入组件模块；如果系统在组件模块中，则省略此步。

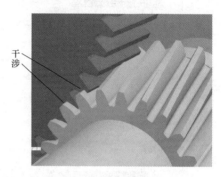

干涉

图 5-73　啮合齿轮存在干涉

（2）隐藏模型中除输入轴、中间轴及二轴上齿轮之外的所有零件。

（3）在模型树中的"ASM-ZHOU-2. ASM"处单击鼠标右键，在弹出的快捷菜单中选择【编辑定义】命令，系统随后弹出装配操控板，利用该操控板可修改"ASM-ZHOU-2. ASM"的装配。

（4）首先单击预定义连接集的下三角按钮，从下拉列表中选择【用户定义】选项，然后单击【放置】菜单，在弹出的对话框中选择【新建约束】选项，表示将添加另一个放置约束，同时要保证【允许假设】复选框没有被选中。

（5）在【放置】菜单上滑面板中选择【约束类型】下拉列表框中的【相切】选项，表示将添加一个相切放置约束。

（6）然后分别选择两齿轮的两个相啮合面以定义相切约束，系统立即在两相啮合面之间添加了相切约束。

同理，可以对其他相互啮合的齿轮也添加相切约束。

提示：此处在设置好相切约束后，第四章中对中间轴与箱体及输出轴与箱体之间设置的销钉连接自动转换为中间轴与箱体及输出轴与箱体之间的放置约束了，所以还需要对中间轴与箱体以及输出轴与箱体之间建立销钉连接。

3. 创建销钉连接

在上面对相啮合齿轮添加相切约束的时候，已经将中间轴和输出轴上设置的销钉连接相当于删除了，在此需要分别添加插入约束和平面对齐约束来重新创建这两轴与箱体的销钉连接，具体创建过程详见第四章。

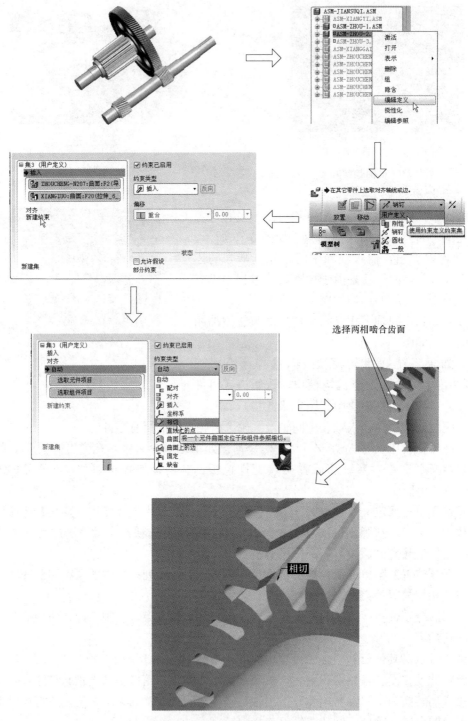

图 5-74　添加两齿轮的相切约束

4. 机构设置

在装配模块中，通过机构连接和约束工具，对模型进行运动设置。然后，就需要进入机构模块对运动机构进行特殊机构连接、检查机构和添加伺服电动机。

（1）设置连接。机构模块中提供凸轮、齿轮、V 带、3A 接触等特殊机构连接的定义。二级斜齿轮减速器中齿轮机构就需要在这里进行设置，可以保证齿轮的传动比符合设计要求。齿轮副连接的创建过程如图 5-75 所示。

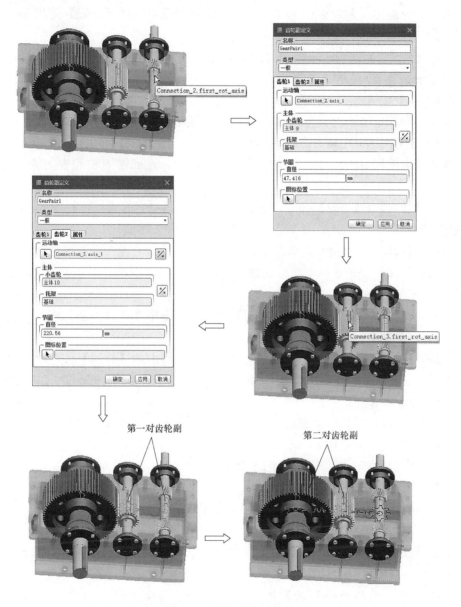

图 5-75　创建齿轮副连接

1）仅隐藏模型中的"ASM-XIANGGAI. ASM"零件，取消其他零件的隐藏状态。

2）选取菜单栏中的【应用程序】/【机构】命令，Pro/E 系统立即进入机构模块的操作界面。

3）选择【插入】/【齿轮】命令，或者单击特征工具栏中的【齿轮】按钮 ，系统弹出【齿轮副定义】对话框。

4）单击【齿轮 1】选项卡，单击【运动轴】选项组中的【选取】按钮![icon]，系统弹出【选取】对话框，选择运动轴"Connection _ 2. axis _ 1"，在【选取】对话框中，单击 确定 按钮。

5）在【齿轮副定义】对话框的【类型】下拉列表框中选择【一般】选项，在【节圆】选项组中【直径】文本框中输入 47.416mm。

6）单击【齿轮 2】选项卡，单击【运动轴】选项组中的【选取】按钮![icon]，系统弹出【选取】对话框，在 3D 模型中选择运动轴"Connection _ 3. axis _ 1"，在【选取】对话框中，单击【确定】按钮。

7）在【齿轮副定义】对话框的【类型】下拉列表框中选择【一般】选项，在【节圆】选项组中【直径】文本框中输入 220.59mm。

8）单击【齿轮副定义】对话框中的【确定】按钮，完成输入轴和中间轴之间齿轮的连接。

9）选择【插入】/【齿轮】命令，或者单击特征工具栏中的【齿轮】按钮![icon]，系统弹出【齿轮副定义】对话框。

10）单击【齿轮 1】选项卡，单击【运动轴】选项组中的【选取】按钮![icon]，系统弹出【选取】对话框，在 3D 模型中选择运动轴"Connection _ 3. axis _ 1"，在【选取】对话框中，单击【确定】按钮。

11）在【齿轮副定义】对话框的【类型】下拉列表框中选择【一般】选项，在【节圆】选项组中【直径】文本框中输入 77mm。

12）单击【齿轮 2】选项卡，单击【运动轴】选项组中的【选取】按钮![icon]，系统弹出【选取】对话框，在 3D 模型中选择运动轴"Connection _ 4. axis _ 1"，在【选取】对话框中，单击【确定】按钮。

13）在【齿轮副定义】对话框的【类型】下拉列表框中选择【一般】选项，在【节圆】选项组中【直径】文本框中输入 266mm。

14）单击【齿轮副定义】对话框中的【确定】按钮，完成中间轴和输出轴之间齿轮的连接。

（2）检查机构。开始标识基础和拖动刚创建好的双级齿轮减速器机构模型，如图 5-76 所示。

1）选择【视图】/【加亮主体】命令，或者单击工具栏上的【加亮主体】按钮![icon]，系统在绘图区中将主体加亮显示。

2）单击【已命名的视图列表】按钮![icon]，然后在弹出的列表框中选择【SHIJIAO】选项。

3）选择【视图】/【方向】/【拖动元件】命令，或者单击工具栏上的【拖动元件】按钮![icon]，系统弹出【拖动】对话框和【选取】对话框，在输入轴上的齿轮上选取一点。

4）鼠标拾取点处出现一个黑色拖动控制句柄，此时无须再次单击鼠标，拖动该点即可拖动齿轮副机构模型按预期方式转动。

5）单击【拖动】对话框中的【关闭】按钮，完成模型的拖动。

（3）添加伺服电动机。接下来创建伺服电动机以使驱动机构运转。

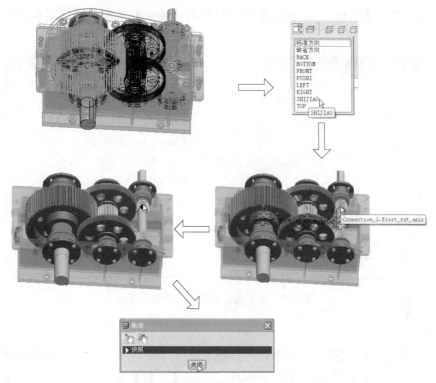

图 5-76 拖标识基础和拖动双级齿轮减速器机构

1) 选择【插入】/【伺服电动机】命令，或者单击特征工具栏上的【伺服电动机】按钮
，系统弹出【伺服电动机定义】对话框。在【类型】选项卡的【从动图元】选项组中选中
【运动轴】单选按钮，单击【选取】按钮 ，如图 5-77 所示。在 3D 模型中选择运动轴
"Connection_2.axis_1"，如图 5-78 所示。

图 5-77 【伺服电动机定义】对话框

图 5-78 选择运动轴

2) 在【伺服电动机】对话框中，单击【轮廓】按钮，选择【规范】下拉列表框中的
【速度】选项，选择【模】下拉列表框中的【常数】选项，在【A】文本框中输入"60"，在
【图形】选项区域中选中【位置】复选框，同时取消【速度】选项的选中状态，最后单击
【绘图】按钮 。系统在【图形工具】窗口中默认显示伺服电动机在 10s 内的位移/时间曲
线，此时可在【图形工具】窗口中调整"X 轴"和"Y 轴"的显示范围来显示机构在 12s 内
的位移曲线，结果如图 5-79 所示。

3）最后，单击【伺服电动机定义】对话框中的【确定】按钮，系统完成伺服电动机的创建。

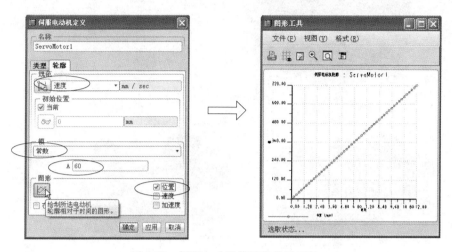

图 5-79   伺服电动机设置及位置显示

5. 执行运动仿真

（1）选择【分析】/【机构分析】命令，或者单击特征工具栏中的【机构分析】按钮，系统弹出【分析定义】对话框，如图 5-80 所示。在【名称】文本框中保持系统默认名称，在【类型】选项区域中选择【运动】选项，在【首选项】选项卡中保持系统的默认设置。

（2）如图 5-81 所示，在【分析定义】对话框的【电动机】选项卡中确保列出了伺服电动机"ServoMotor1"。如果未列出，则可单击【添加】按钮，然后添加伺服电动机"ServoMotor1"。最后，单击【运行】按钮。

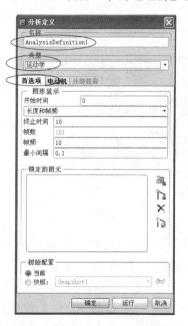

图 5-80 【分析定义】对话框设置

图 5-81 【电动机】选项卡

（3）双级齿轮减速器机构中的输入轴在伺服电动机的驱动下开始回转运动两周，输入轴在回转的同时带动整个机构进行运动仿真。

（4）单击【分析定义】对话框中的【确定】按钮，完成运动仿真。

6. 查看和分析结果

将运动分析结果保存为回放文件，并查看双级齿轮减速器机构的运动分析结果，如图5-82所示。

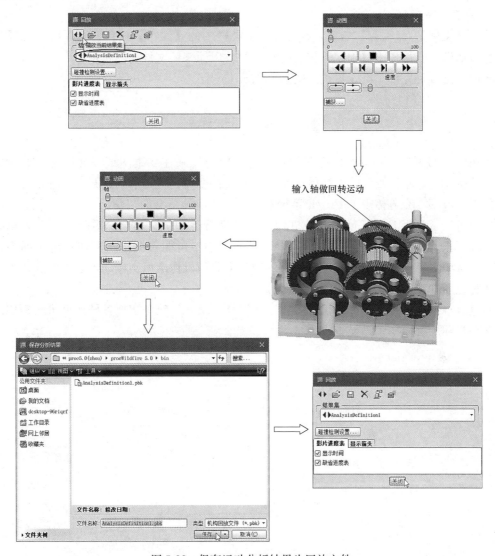

图 5-82　保存运动分析结果为回放文件

（1）选择【分析】/【回放】命令，或者单击特征工具栏中的【回放】按钮，系统弹出【回放】对话框。在【播放当前结果集】下拉列表框中系统自动选择了前面的分析结果文件"AnalysisDefinition1"，单击对话框中的【回放】按钮。

（2）系统弹出【动画】对话框，单击【播放】按钮。

（3）双级齿轮减速器机构中的输入轴在伺服电动机的驱动下开始回转运动，同时带动整个机构进行运动仿真。当输入轴回转两周后，机构自动重新开始进行运动仿真。

（4）单击【回放】对话框中的【关闭】按钮，系统便停止机构的运动仿真。

（5）系统重新返回到【回放】对话框，单击对话框中的【保存】按钮🖫，在弹出的【保存分析结果】对话框中单击【保存】按钮，可将分析结果保存为"AnalysisDefinition1.pbk"文件。

（6）单击【回放】对话框中的【关闭】按钮，完成机构的结果回放。

7. 将装配件存盘

选择【文件】/【保存】命令，或者单击工具栏中的【保存】按钮🖫，系统弹出【保存对象】对话框，直接单击【确定】按钮，将装配件以原来的文件名进行保存。

至此，已顺利完成了减速器机构的运动仿真。

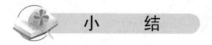

小　　　结

利用 Pro/E 系统提供的机构运动仿真功能可以使原来在二维图纸设计中难以表达的机构运动分析变得非常直观、简洁高效，并且可以大幅度简化机构的设计开发过程，提高复杂产品的设计效率，充分体现了 Pro/E 系统参数化三维实体造型的精髓。

本章讨论了利用 Pro/E 创建各种机构模型并进行运动仿真的全部过程。由于本章内容属于 Pro/E 的高级应用，内容较复杂，限于篇幅本书不可能对机构运动仿真进行面面俱到的讲解。希望读者能够熟练掌握本章中介绍的几个典型机构模型实例的创建方法和运动仿真的基本过程，并在实践中不断探索和练习。

通过对本章内容的学习，相信读者一定能够举一反三，熟练掌握各种典型机构的创建方法，并在实际工程应用中大显身手。

参 考 文 献

[1] 石沛林，李玉善. 汽车 CAD 技术及 Pro/E 应用 [M]. 北京：北京大学出版社，2011.

[2] 姜立标. 汽车数字开发技术 [M]. 北京：北京大学出版社，2010.

[3] 温建民，任倩，于广滨. Pro/E Wildfire 3.0 三维设计基础与工程范例 [M]. 北京：清华大学出版社，2008.

[4] 张启明，关家午. 汽车 CAD 技术 [M]. 北京：人民交通出版社，2005.

[5] 羊玢. 汽车 CAD/CAE 技术基础与实例 [M]. 北京：国防工业出版社，2013.

[6] 韩林山. 现代设计理论与方法 [M]. 郑州：黄河水利出版社，2010.

[7] 王贤坤. 机械 CAD/CAM 技术、应用与开发 [M]. 北京：机械工业出版社，2000.

[8] 陈国聪，杜静. 机械 CAD/CAE 应用技术基础 [M]. 北京：机械工业出版社，2002.

[9] 何雪明，吴晓光，王宗才. 机械 CAD/CAM 基础 [M]. 武汉：华中科技大学出版社，2008.

[10] 高伟强，成思源，胡伟，等. 机械 CAD/CAE/CAM 技术 [M]. 武汉：华中科技大学出版社，2012.

[11] 欧长劲. 机械 CAD /CAM [M]. 西安：西安电子科技大学出版社，2007.

[12] 马秋成. UG 实用教程——CAD 篇 [M]. 北京：机械工业出版社，2001.

[13] 刘伟军，孙玉文. 逆向工程——原理、方法及应用 [M]. 北京：机械工业出版社，2009.

[14] 成思源. 逆向工程技术综合实践 [M]. 北京：电子工业出版社，2010.

[15] 刘晓宇，娄莉莉. Pro/ENGINEER 野火版逆向工程设计专家精讲 [M]. 北京：中国铁道出版社，2014.

[16] 钟日铭. Pro/ENGINEER Wildfire 5.0 从入门到精通 [M]. 北京：机械工业出版社，2010.

[17] 王国业. Pro/ENGINEER Wildfire 5.0 中文版机械设计从入门到精通 [M]. 北京：机械工业出版社，2009.

[18] 林清安. 完全精通 Pro/ENGINEER 野火 5.0 中文版入门教程与手机实例 [M]. 北京：电子工业出版社，2010.

[19] 陈旭. 中文版 Pro/ENGINEER 野火 5.0 技术大全 [M]. 北京：人民邮电出版社，2013.

[20] 胡仁喜，康士廷，刘昌丽，等. Pro/ENGINEER Wildfire 5.0 中文版入门与提高 [M]. 北京：化学工业出版社，2010.

[21] 黄卫东，郝用兴. Pro/ENGINEER Wildfire 5.0 实用教程 [M]. 北京：北京大学出版社，2011.

[22] 张选民，徐超辉. Pro/ENGINEER Wildfire 5.0 实例教程 [M]. 北京：北京大学出版社，2012.

[23] 温建民，赵继俊，林琳. Pro/ENGINEER Wildfire 4.0 中文版基础与进阶 [M]. 北京：机械工业出版社，2009.

[24] 白晶，马松柏，张云杰. 中文版 Pro/ENGINEER Wildfire 3.0 从入门到精通 [M]. 北京：北京希望电子出版社，2007.

[25] 孙江宏，黄小龙，高宏. Pro/ENGINEER Wildfire/2001 结构分析与运动仿真 [M]. 北京：中国铁道出版社，2004.

[26] 李世国，李强. Pro/ENGINEER Wildfire 中文版范例教程 [M]. 北京：机械工业出版社，2005.

[27] 葛正浩，杨芙莲. Pro/ENGINEER Wildfire 3.0 机构运动仿真与动力分析 [M]. 北京：化学工业出版社，2008.

[28] 乔建军，王保平，胡仁喜，等. Pro/ENGINEER Wildfire 5.0 动力学与有限元分析从入门到精通 [M]. 北京：机械工业出版社，2010.